普通高等教育"十一五"国家级规划教材

普通高等教育"十四五"规划教材

动物寄生虫病学实验教程

第 3 版

秦建华　李国清　主编

中国农业大学出版社
·北京·

内 容 简 介

本教材包括实验和实习大纲两部分内容。实验部分主要包括动物蠕虫学粪便检查,动物蠕虫病病原诊断,蠕虫学完全剖检术及蠕虫标本的采集与制作,动物蝇蛆病、虱病和蚤病病原诊断,媒介昆虫形态学鉴定,动物原虫病病原诊断,动物寄生虫病血清学诊断,动物寄生虫病分子生物学(基因)诊断,动物外寄生虫病药浴、动物驱虫及其效果评价等技术。实习大纲部分主要包括鸡球虫病的人工感染试验,寄生虫浸渍标本肉眼与放大镜观察、鉴定和鉴别技术,集约化猪场与奶牛场寄生虫感染情况调查、诊断和防治技术。

本教材内容丰富,重点突出,知识体系、深度、广度适合动物医学专业本科阶段教学的需要。同时,还可作为基层兽医工作者,动物防疫与检疫、检测人员,以及相关科研工作人员和研究生等实用的参考书。

图书在版编目(CIP)数据

动物寄生虫病学实验教程/秦建华,李国清主编 . -- 3 版. --北京:中国农业大学出版社,2022.1
(2023.10 重印)

ISBN 978-7-5655-2677-0

Ⅰ.①动⋯ Ⅱ.①秦⋯②李⋯ Ⅲ.①动物疾病-寄生虫病-高等学校-教材 Ⅳ.①S855.9

中国版本图书馆 CIP 数据核字(2021)第 259485 号

书　　名	动物寄生虫病学实验教程　第 3 版		
作　　者	秦建华　李国清　主编		
策划编辑	张　程	责任编辑	赵　艳
封面设计	郑　川　李尘工作室		
出版发行	中国农业大学出版社		
社　　址	北京市海淀区圆明园西路 2 号	邮政编码	100093
电　　话	发行部 010-62733489,1190	读者服务部	010-62732336
	编辑部 010-62732617,2618	出　版　部	010-62733440
网　　址	http://www.caupress.cn	E-mail	cbsszs@cau.edu.cn
经　　销	新华书店		
印　　刷	北京鑫丰华彩印有限公司		
版　　次	2022 年 1 月第 3 版　　2023 年 10 月第 2 次印刷		
规　　格	185 mm×260 mm　16 开本　13.25 印张　330 千字　彩插1		
定　　价	46.00 元		

第3版编写人员

主　编　秦建华　李国清

副主编　包永占　杨光友　顾有方　徐前明　王传文

编写人员（按姓氏拼音排序）

包永占	河北农业大学	秦建华	河北农业大学
陈福星	河北农业大学	王传文	河北农业大学
崔　平	河北北方学院	王时伟	塔里木大学
高文伟	山西农业大学	翁亚彪	华南农业大学
古小彬	四川农业大学	肖淑敏	华南农业大学
顾有方	安徽科技学院	徐　鹏	辽宁医学院
黄占欣	河北工程大学	徐前明	安徽农业大学
景　翠	河北农业大学	杨光友	四川农业大学
康桂英	内蒙古民族大学	杨晓野	内蒙古农业大学
李　芳	西南大学	袁子国	华南农业大学
李国清	华南农业大学	张　勤	河北省畜牧兽医研究所
李秋明	北京农学院	张瑞强	华南农业大学
林瑞庆	华南农业大学	张西臣	吉林大学
刘　卿	山西农业大学	郑文斌	山西农业大学
刘　伟	湖南农业大学	周荣琼	西南大学
马光旭	浙江大学		

主　审　王承民　广东省科学院动物研究所

第 2 版编写人员

主　　编　秦建华　李国清

副主编　杨晓野　包永占　杨光友　李培英　刘学英　顾有方

编写单位及人员

安徽农业大学　李培英　徐前明

安徽科技学院　顾有方

北京农学院　李秋明

湖南农业大学　刘　毅　刘　伟

华南农业大学　李国清　翁亚彪　林瑞庆　袁子国　肖淑敏
　　　　　　　　周荣琼　张瑞强

河北北方学院　崔　平

河北工程大学　黄占欣

河北农业大学　包永占　陈福星　秦建华　赵月兰　景　翠

河北省畜牧兽医研究所　张　勤

吉林大学　张西臣

辽宁医学院　徐　鹏

内蒙古农业大学　杨晓野

内蒙古民族大学　康桂英

四川农业大学　杨光友　古小彬

山西农业大学　高文伟　刘学英

西南大学　周荣琼　马光旭

塔里木大学　王时伟

中国科学院动物研究所　王承民

主　　审　张　勤　王承民

第1版编写人员

主　编　秦建华　李国清

副主编　杨光友　杨晓野　李培英　刘学英　顾有方　朱兴全　刘　毅

编写单位及人员

内蒙古农业大学　杨晓野

四川农业大学　杨光友

安徽农业大学　李培英

山西农业大学　高文伟　刘学英

河北农业大学　包永占　秦建华　赵月兰

华南农业大学　翁亚彪　林瑞庆　肖淑敏　周荣琼　张瑞强

李国清　朱兴全

安徽科技学院　顾有方

湖南农业大学　刘　毅

河南科技学院　王承民

河北省畜牧兽医研究所　张　勤

主　审　张　勤

第 3 版编写说明

本教材是《动物寄生虫病学实验教程》第 2 版的修订本,即第 3 版。

动物寄生虫与寄生虫病学是动物医学专业一门重要的专业课程。通过实验操作,掌握动物寄生虫学的研究和寄生虫病诊断的方法,培养学生的动手操作能力,学会使用所学理论知识指导实践。学生需要重点掌握检查粪便中的蠕虫卵和球虫卵囊以及虫卵计数的操作技术,掌握动物常见吸虫、绦虫、线虫、棘头虫、节肢动物和原虫的主要形态特征、诊断要点。学生应具备分析问题和解决问题的能力,具有独立获取知识和追踪本学科科技发展的能力,为加快建设农业强国,扎实做好畜产品稳产保供,持续推进畜牧业高质量发展贡献自己的力量。党的二十大报告指出"为全面推进乡村振兴""坚持农业农村优先发展"。学生要加强自身服务农业农村现代化、服务乡村全面振兴的使命感和责任感,努力成为知农、爱农的创新型农业人才,成为德智体美劳全面发展的社会主义建设者和接班人。

第 2 版教材自 2015 年出版以来,在全国范围内多所农业院校动物医学专业和相关专业得到较广泛的使用。本教材编写的初衷是,一方面强化作为实验教程需要学生掌握的基本要领,另一方面力求反映学科的最新发展和动态,以弥补参考书的匮乏。为此,本教材的整体结构仍沿用第 2 版,未作改动,本教材主要改动内容如下。

1. 各章都有不同程度的修改,主要是在内容更新、术语规范、语言简练方面下功夫。

2. 在内容上,添加了常见畜、禽寄生虫的实物图或插图,力求反映病原的全貌和形态结构特征。

3. 适当添加近年来国内外动物寄生虫病学领域取得的新研究成果。

本教材是在参编院校动物寄生虫病学领域的有关教师的共同努力协作下完成的,在此,向对本教材作过贡献的单位和同志深表谢意。

本教材修订再版过程中,由于时间仓促,内容涉及面广,编者水平有限,书稿中不足之处在所难免,恳请广大读者批评指正。

编　者
2023 年 10 月

第 2 版编写说明

本教材是 2007 年出版的《动物寄生虫病学实验教程》的修订本,即第 2 版。第 1 版教材经全国多所农业院校动物医学专业和相关专业教学使用之后,得到了众多任课教师与学生的喜爱与肯定,一致认为,第 1 版教材整体结构与内容较好地满足了教学需要,但也存在不少缺点和问题,为此第 2 版教材的整体结构仍沿用第 1 版,未作改动,第 2 版教材主要改动如下。

1.在内容选择上,紧紧围绕培养学生掌握实践操作技术和提高动手能力为目标。

2.针对目前我国动物寄生虫病流行与防控现状和趋势,重点选择那些兽医临床实践中应用广泛、效果良好的诊断和治疗技术内容。

3.适当选择反映近年来国内外动物寄生虫病学领域研究的新成果。

在国内动物寄生虫病学领域中,众多长期从事教学与研究工作的高校教师、专家、学者参与本教材的修订工作,大家的共同努力,使得修订工作顺利完成。

再版编写过程中,由于时间仓促和编者水平有限,错误和疏漏之处在所难免,恳请广大读者批评指正。

编　者

2014 年 12 月

第 1 版编写说明

　　动物寄生虫病学实验实习是"动物寄生虫病学"的主要内容,是理论联系实际的重要环节,因此教师应按着教学大纲的要求和本地动物寄生虫病的特点确定动物寄生虫病学实验项目,制订计划。由于实验内容较多,为了保证教学效果,在使用动物寄生虫病学实验教程时,有关全国性主要动物寄生虫病的实验内容必须保证完成;对地方性动物寄生虫病的内容可结合当地具体情况加以选择。凡属于动物主要寄生虫及中间宿主、传播者及其病理标本观察项目,可在课堂实验中解决,实验内容也可合并或分次进行。凡属于动物寄生虫病的主要诊断方法和防治技术的实验内容,可在安排1～2周的动物寄生虫病学教学实习中解决。

　　动物寄生虫病学实验实习的教学方法,必须立足于调动学生的学习积极性,使学生在教师指导下独立完成实习任务。学生除认真操作外还要做好动物寄生虫病学实验记录,结束后教师应对本次动物寄生虫病学实验进行简单小结。作业(实习报告)根据内容不同可在课内完成,也可在课后完成,最后由教师填写评语、评定成绩。

　　在动物寄生虫病诊断方法实习中,以采自可疑病畜的待检材料最为理想。在寄生虫病的防治技术实习中,一般以使用附近发生寄生虫病的养殖场的动物群最为合适。在现场实习既能使学生学习防治寄生虫病的用药方法,又能训练学生实际组织实施防治措施的能力。

　　本教材在编写过程中得到了国内预防兽医学领域中许多专家、学者的鼓励和大力支持,老一辈兽医寄生虫病学专家的热情指导与帮助对保证本书的如期完成发挥了重要作用,在此表示衷心感谢!

　　在编写过程中,由于时间仓促,错误和遗漏之处恳请广大读者批评、指正。

编　者
2005 年 6 月

目　　录

实验一　动物蠕虫学粪便检查技术(一)

一、实验目的及要求

(1)掌握动物蠕虫学常见的实验室粪便虫卵检查技术。

(2)在光学显微镜下区分虫卵和异物。

(3)认识吸虫卵、绦虫卵、线虫卵等蠕虫虫卵,掌握其一般特征。

二、实验器材

载玻片,盖玻片,镊子,平皿,烧杯,塑料杯或纸杯,漏斗,漏斗架,胶帽吸管,离心管,试管,玻璃棒,粪筛,纱布,平底管(青霉素小瓶),玻璃珠,小三角烧瓶,100 mL 球状烧瓶,火柴棍,特制金属环,虫卵计数板,普通离心机,光学显微镜等。

甘油,饱和食盐水,0.1 mol/L(或 4%)NaOH 溶液,家畜新鲜粪便等。

三、实验方法、步骤和操作要领(直接涂片法、漂浮法、沉淀法、虫卵计数法)

(一)直接涂片法(examination of directsmears)

在清洁的载玻片上滴 1～2 滴水或 1 滴甘油与水的等量混合液(加甘油的好处是能使标本清晰,并防止过快蒸发变干),其上加少量粪便,用火柴棍仔细混匀。再用镊子去掉大的草棍和粪渣等,之后加盖玻片,置于光学显微镜下观察虫卵或幼虫(图 1-1)。

图 1-1　直接涂片法示意

另一种方法是直接涂片法的改良法,也称回旋法。即取 2～3 g 粪样加清水 2～3 倍,充分混匀成悬液。后用玻璃棒搅拌 0.5～1 min,使之成回旋运动,在搅拌过程中迅速提起玻璃棒,将棒端附着的液体放于载玻片上涂开,加上盖玻片在镜下检查。检查时多取几滴悬液。该方法的原理是回旋搅动,可使玻璃棒端悬液小滴中附有较多量的寄生虫卵或幼虫。

(二)漂浮法(method involving flotation)

漂浮法原理是采用密度高于虫卵的漂浮液,使粪便中的虫卵与粪渣分开而浮于液体表面,然后进行检查。漂浮液通常采用饱和盐水,其方法简便、经济、易行。饱和盐水漂浮法对大多数线虫卵、绦虫卵及某些原虫卵囊均有效,但对吸虫卵、后圆线虫卵和棘头虫卵效果较差。

　　饱和盐水漂浮法操作步骤:取新鲜粪便2 g放在平皿中,用镊子或玻璃棒压碎,加入10倍量的饱和盐水,搅拌混合,用粪筛或纱布过滤到平底管中,使管内粪汁平于管口并稍隆起为好,但不要溢出。静置30 min左右,用盖玻片蘸取后,放于载玻片上,镜下观察;或用载玻片蘸取液面后迅速翻转,加盖玻片后镜检;也可用特制的金属环进行蘸取检查(图1-2)。

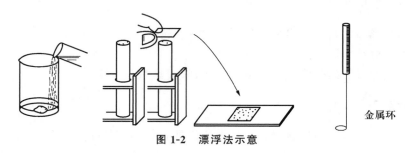

金属环

图1-2　漂浮法示意

　　除上述漂浮方法外,还有一种简单的漂浮技术,可以检查含卵量少的粪便(每克粪便少于50个虫卵)。具体步骤如下:取3 g粪便放于一塑料杯或烧杯内,加进50 mL漂浮液后,用玻璃棒搅匀,通过粪筛或双层纱布过滤到另一个杯中,漂浮10 min。然后用一试管插在滤液的中央底部,并迅速提起。把附在上面的液滴滴落在载玻片上,加上盖玻片镜检。

(三)沉淀法(sedimentation technique)

　　沉淀法原理是利用虫卵密度比水大的特点,让虫卵在重力的作用下,自然沉于容器底部,然后进行检查。沉淀法可分为离心沉淀法和自然沉淀法2种。

　　1. 离心沉淀法　通常采用普通离心机进行离心,使虫卵加速集中沉淀在离心管底,然后镜检沉淀物。方法是取5 g被检粪便,置于平皿或烧杯中,加5倍粪量的清水,搅拌均匀。经粪筛和漏斗过滤到离心管中。置于离心机中离心2~3 min(电动离心机转速约为500 r/min),然后倾去管内上层液体,再加清水搅匀,再离心。这样反复进行2~3次,直至上清液清亮为止,最后倾去大部分上清液,留约为沉淀物1/2的溶液量,用胶帽吸管吹吸均匀后,吸取适量粪汁(2滴左右)置于载玻片上,加盖玻片镜检。

　　2. 自然沉淀法　操作方法与离心沉淀法类似,只不过是将离心沉淀改为自然沉淀过程。沉淀容器可用大的试管。每次沉淀时间约为30 min。自然沉淀法缺点是所需时间较长,但其优点是不需要离心机,因而在基层操作较为方便。

(四)虫卵计数法(egg counting method)

　　虫卵计数法主要用于了解畜禽感染寄生虫的强度及判断驱虫的效果。方法有多种,这里介绍2种常用的计数方法。

　　1. 麦克马斯特氏法(McMaster's method)　计数板构造:计数板由2片载玻片组成,其中一片比另一片窄一些(便于加液)。在较窄的玻片上有1 cm见方的刻度区2个,每个正方形刻度区中又平分为5个长方格。另有厚度为1.5 mm的几个玻璃条垫于2个载玻片之间,以树脂胶黏合。这样就形成了2个计数室,每个计数室的容积为0.15 mL(图1-3)。

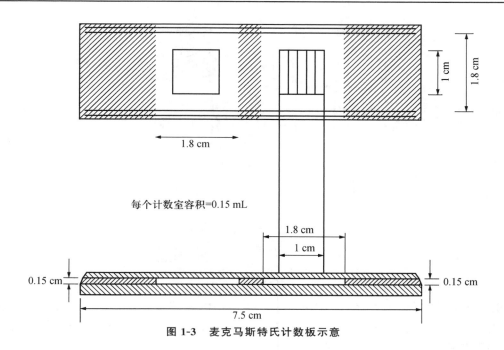

每个计数室容积=0.15 mL

图1-3　麦克马斯特氏计数板示意

计数方法:取2 g粪便混匀,放入装有玻璃珠的小瓶内,加入58 mL饱和盐水充分振荡混合,通过细的粪筛过滤,然后边摇晃小瓶边用吸管吸出少量滤液滴入计数室内,置于显微镜台上并静置几分钟后,用低倍镜将2个计数室内见到的虫卵全部数完,取平均值,再乘以200,即为每克粪便中的虫卵数(EPG)。

2. 斯陶尔氏法(Stoll's method)　用小的特制球状烧瓶,在瓶的下颈部有2个刻度,下面为56 mL,上面为60 mL(若没有这种球状烧瓶,可用大的试管或小三角烧杯代替,但必须事先标好上述2个刻度)。

计数时,先加入0.1 mol/L(或4%)NaOH溶液至56 mL处,再慢慢加入捣碎的粪便,使液面到60 mL处为止(大约加入4 g粪便)。然后加入10个左右小玻璃珠,充分振荡,使其呈细致均匀的粪悬液(也可以过滤)。然后用吸管吸取0.15 mL置于载玻片上,盖以不小于22 mm×40 mm的盖玻片,镜检计数(如果没有大盖玻片,可用若干张小盖玻片代替;或将0.15 mL粪液滴于2～3片载玻片上,分别计数后,再加起来即可)。所见虫卵总数乘以100,即为每克粪便中的虫卵数(图1-4)。

除上述方法之外,也可以用漂浮法或沉淀法来进行虫卵计数。即称取一定量粪便(1～5 g),加入适量(10倍量)的漂浮液或水后,进行过滤,然后用漂浮或反复水洗沉淀,最后用盖玻片或载玻片蘸取表面漂浮液或吸取沉渣,进行镜检,计数虫卵。计数完一片后,再检查第二片、第三片……直到不再发现虫卵或沉渣全部看完为止。然后将见到的虫卵总数除以粪便克数,即为每克粪便虫卵数。

四、实验注意事项

1. 直接涂片法　做直接涂片时,涂片的厚薄以在载玻片的下面垫上有字的纸时,纸上的字迹隐约可见为宜。直接涂片法的优点是简便、易行、快速,适合于虫卵量大的粪便检查;缺点

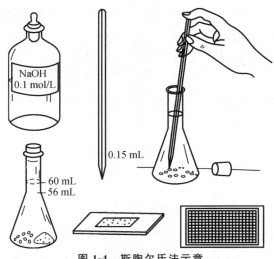

图 1-4　斯陶尔氏法示意

是对虫卵含量低的粪便检出率低。因此,在实际工作中,需多检几片,以提高检出率。检查虫卵时,先用低倍镜顺序检查盖玻片下所有部分,发现疑似虫卵物时,再用高倍镜仔细观察。因一般虫卵(特别是线虫卵)色彩较淡,镜检时视野宜稍暗一些(聚光器下移)。

2. 漂浮法　饱和盐水漂浮法漂浮时间以 30 min 左右较为适宜。时间过短(少于 10 min)漂浮不完全;时间过长(大于 1 h)易造成虫卵变形、破裂,难以识别。另外,漂浮液必须饱和,盐类的饱和溶液须保存在不低于 13 ℃的情况下,才能保持较高的密度,否则效果难以保证。

除饱和盐水漂浮液以外,其他一些漂浮液也可用于一些特殊虫卵的检查。例如,饱和硫酸锌溶液(饱和度为 1 000 mL 水中溶解 920 g 硫酸锌)漂浮力强,检查猪肺丝虫卵效果较好;饱和硫酸镁溶液(饱和度为 1 000 mL 水中溶解 440 g 硫酸镁)多用于结肠小袋纤毛虫包囊的检查;饱和蔗糖溶液(饱和度为 1 000 mL 水中溶解 1 280 g 蔗糖)性温和,适于多种虫卵和卵囊的漂浮。

漂浮法检查多例粪便时,如用金属环蘸取漂浮液面,则检查完一例,再蘸取另一例时,金属环必须先在酒精灯上烧过后再用,以免相互污染,影响结果的准确性。另外,若用载玻片或盖玻片蘸取虫卵,则使用的载玻片或盖玻片一定要干净无油腻,否则难以蘸取。

3. 沉淀法　沉淀法对各种蠕虫卵及幼虫均可应用,特别适用于检查相对密度大的虫卵(如吸虫卵等)。注意此法粪便量少,一次粪检最好多看几片,以提高检出率。

另外,也可将离心沉淀法和漂浮法结合起来应用。例如,可先用漂浮法将虫卵和比虫卵轻的物质漂起来,再用离心沉淀法将虫卵沉下去;或者选用沉淀法使虫卵及比虫卵重的物质沉下去,再用漂浮法使虫卵浮起来,以获得更高的检出率。

4. 虫卵计数法　做虫卵计数时,所取粪便应干净,不能掺杂沙土、草根等;操作过程中,粪便必须彻底粉碎,混合均匀;用吸管吸取粪液时,必须摇匀粪液,在一定深度吸取;采用麦克马斯特氏法计数时,必须调好显微镜焦距(可看到计数室刻度线条);计数虫卵时,不能有遗漏和重复。

为了取得准确的虫卵计数结果,最好在每天的不同时间检查 3 次,并连续检查 3 d,然后取其平均值。这样可以减少寄生虫在每昼夜间排卵不平衡的影响。

将每克粪便虫卵数乘以 24 h 粪便的总质量(g),即是每天所排虫卵的总数,再将此总数除以已知成虫每天排卵数(可查阅相关资料得到的数据),即可得出雌虫的大约寄生数量。若寄生虫是雌雄异体的,则将上述雌虫数再乘以 2,便可得出雌雄成虫寄生总数。

由于粪中虫卵的数目与宿主机体状况、寄生虫的成熟程度、雌虫数目及排卵周期、粪便性状(干、湿)、是否经过驱虫及其他多种因素有关,所以虫卵计数只能是对寄生虫感染程度的一个大致推断。

五、实验报告

(1)记录粪检虫卵结果,并对各种方法做简要叙述和概括总结。

(2)绘制吸虫卵、绦虫卵、线虫卵各一个,并注明虫卵各部分构造名称。

附:参考资料

一、饱和盐水的配制

把食盐加入沸水锅内,直到食盐不再溶解而出现沉淀为止(1 000 mL 沸水中加入约 400 g 食盐),精制盐配制的饱和盐水一般不用过滤,待冷却后即可使用(冷却后的溶液有食盐结晶析出,即为饱和);粗制盐配制的饱和液可用滤纸、纱布或棉花过滤后使用。

二、各类蠕虫卵特征描述

1. 吸虫卵(trematode eggs)　吸虫卵多数呈卵圆形或椭圆形,为黄色、黄褐色或灰褐色。卵壳由数层卵膜组成,比较厚而坚实,卵壳和卵内容物之间空隙很小。大部分吸虫卵的一端有卵盖,卵盖和卵壳之间有一条不明显的缝(在高倍镜下可看见新鲜虫卵)。当毛蚴发育成熟时,会顶盖而出,有的吸虫卵无卵盖,毛蚴会破壳而出。有的吸虫卵卵壳表面光滑,也有的有各种突出物(如结节、小刺、丝等)。新排出的吸虫卵内,有的含有众多卵黄细胞所包围的胚细胞,有的则含有成形的毛蚴(图1-5)。

1. 吸虫卵　2. 绦虫卵(有梨形器)　3. 线虫卵　4. 棘头虫卵

图 1-5　各类蠕虫卵

2. 绦虫卵(cestode eggs)　圆叶目绦虫卵与假叶目绦虫卵构造不同。圆叶目绦虫卵中央有一呈椭圆形具有 3 对胚钩的六钩蚴。六钩蚴被包在一层紧贴着的膜里,该膜称为内胚膜。还有一层膜位于内胚膜之外,称为外胚膜。内外胚膜之间呈分离状态,中间含有体积不等的液体,并常含有颗粒状内含物。有的绦虫卵的内层胚膜上形成突起,称为梨形器(灯泡样结构)。各种绦虫卵卵壳的厚度和结构有所不同。绦虫卵大多数无色或灰色,少数呈黄色、黄褐色。假叶目绦虫卵则非常近似于吸虫卵。

3. 线虫卵(nematode eggs)　一般线虫卵有 4 层膜(光学显微镜下只能看见 2 层)所组成的卵壳,壳内为卵细胞。但有的线虫卵随粪排至外界时,已经处于分裂前期;有的甚至已含有幼虫。各种线虫卵的大小和形状不同，常见椭圆形、卵形或近于圆形。卵壳的表面也不尽相同，大多数完全光滑，有的有结节，有的有小凹陷等。各种线虫卵的色泽也不尽相同，从无色到黑褐色。不同线虫卵卵壳的薄厚不同，蛔虫卵卵壳最厚，其他多数卵壳较薄。

4. 棘头虫卵(thorny-headworm eggs)　虫卵多为椭圆或长椭圆形。卵的中央有一长椭圆形的胚胎，在胚胎的一端具有 3 对胚钩。胚胎被 3 层卵膜包着：最里面的一层常是最柔软的；中间一层常较厚，大多在两端有显著的压迹；最外一层的构造往往变化较大，有的薄而平，有的厚且呈现凹凸不平的蜂窝状构造。

三、牛、马、羊、猪、犬、猫、兔、家禽寄生虫虫卵

牛、马、羊、猪、犬、猫、兔、家禽寄生虫虫卵见图 1-6 至图 1-13。

四、动物粪便内常见的其他物体

动物粪便内常见的其他物体见图 1-14。

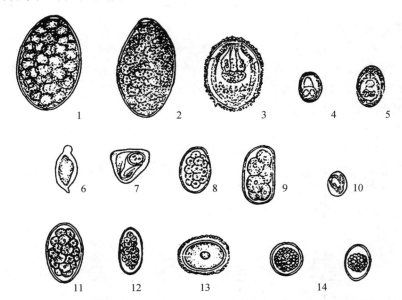

1. 大片吸虫卵　2. 前后盘吸虫卵　3. 日本分体吸虫卵　4. 歧腔吸虫卵　5. 胰阔盘吸虫卵
6. 东毕吸虫卵　7. 莫尼茨绦虫卵　8. 食道口线虫卵　9. 仰口线虫卵　10. 吸吮线虫卵
11. 指形长刺线虫卵　12. 古柏线虫卵　13. 牛弓首蛔虫卵　14. 牛艾美耳球虫卵囊

图 1-6　牛寄生虫虫卵

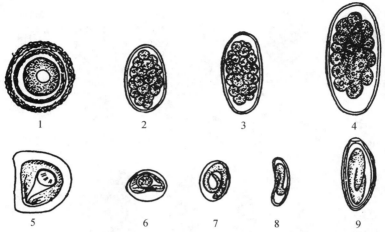

1. 马副蛔虫卵　2. 圆线虫卵　3. 毛线虫卵　4. 细颈三齿线虫卵　5. 裸头绦虫卵
6. 侏儒副裸头绦虫卵　7. 韦氏类圆线虫卵　8. 柔线虫卵　9. 马尖尾线虫卵

图 1-7　马寄生虫虫卵

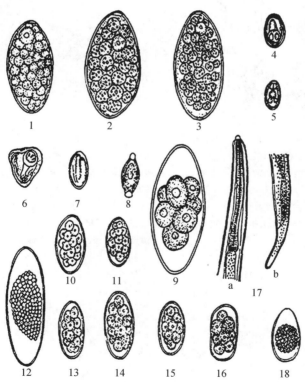

1. 肝片吸虫卵　2. 大片吸虫卵　3. 前后盘吸虫卵　4. 歧腔吸虫卵　5. 胰阔盘吸虫卵　6. 莫尼茨绦虫卵
7. 乳突类圆线虫卵　8. 毛尾线虫卵　9. 细颈线虫卵　10. 奥斯特线虫卵　11. 捻转血矛线虫卵
12. 马歇尔线虫卵　13. 毛圆线虫卵　14. 夏伯特线虫卵　15. 食道口线虫卵　16. 仰口线虫卵
17. 丝状网尾线虫幼虫:a. 前端　b. 尾端　18. 小型艾美耳球虫卵囊

图 1-8　羊寄生虫虫卵

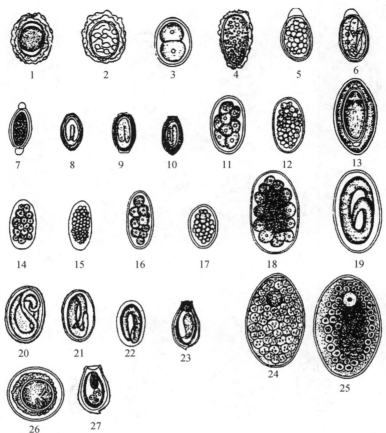

1. 蛔虫卵　2. 猪蛔虫卵表面观　3. 猪蛔虫卵蛋白膜脱落分裂至 2 个细胞阶段　4. 猪蛔虫未
受精卵　5. 刚棘颚口线虫卵(新鲜虫卵)　6. 刚棘颚口线虫卵(已发育虫卵)　7. 猪鞭虫卵
8. 圆形蛔状线虫卵(未成熟虫卵)　9. 圆形蛔状线虫卵(成熟虫卵)　10. 六翼泡首
线虫卵　11. 结节虫卵(新鲜虫卵)　12. 结节虫卵(已发育虫卵)　13. 猪棘头虫卵
14. 球首线虫卵(新鲜虫卵)　15. 球首线虫卵(已发育虫卵)　16. 红色猪圆线虫卵
17. 鲍杰线虫卵　18. 猪肾虫卵(新鲜虫卵)　19. 猪肾虫卵(含幼虫的卵)
20. 野猪后圆线虫卵　21. 复阴后圆线虫卵　22. 兰氏类圆线虫卵
23. 华支睾吸虫卵　24. 姜片吸虫卵　25. 肝片吸虫卵
26. 长膜壳绦虫卵　27. 截形微口吸虫卵

图 1-9　猪寄生虫虫卵

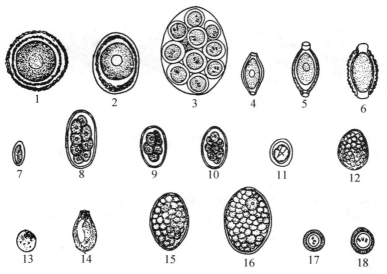

1. 犬弓首蛔虫卵　　2. 狮弓首蛔虫卵　　3. 犬复孔绦虫卵　　4. 毛细线虫卵　　5. 毛尾线虫卵

6. 肾膨结线虫卵　　7. 血色食道线虫卵　　8. 犬钩口线虫卵　　9. 巴西钩口线虫卵

10. 美洲板口线虫卵　　11. 犬胃线虫卵　　12. 裂头绦虫卵　　13. 中线绦虫卵

14. 华支睾吸虫卵　　15. 并殖吸虫卵　　16. 抱茎棘隙吸虫卵

17. 细粒棘球绦虫卵　　18. 泡状带绦虫卵

图 1-10　犬寄生虫虫卵

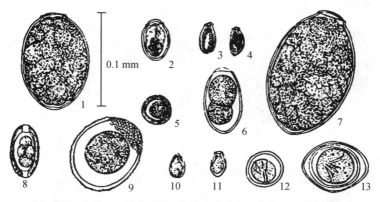

1. 叶状棘隙吸虫卵　　2. 猫后睾吸虫卵　　3. 华支睾吸虫卵　　4. 猫次睾吸虫卵

5. 肥颈带绦虫卵　　6. 多刺颚口线虫卵　　7. 真缘吸虫卵　　8. 肝毛细线虫卵

9. 猫弓首蛔虫卵　　10. 异形吸虫卵　　11. 横川后殖吸虫卵

12. 少钩双殖孔绦虫卵　　13. 多钩莓头绦虫卵

图 1-11　猫寄生虫虫卵

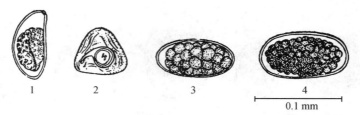

1. 兔蛲虫卵　　2. 易变绦虫卵　　3. 捻转毛圆线虫卵　　4. 多毛胃线虫卵

图 1-12　兔寄生虫虫卵

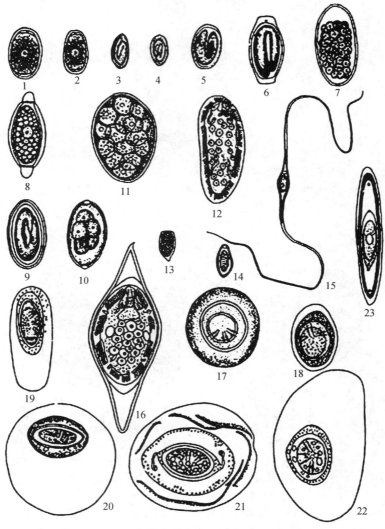

1. 鸡蛔虫卵　　2. 鸡异刺线虫卵　　3. 类圆线虫卵　　4. 孟氏眼线虫卵　　5. 螺旋咽饰带线虫卵
6. 四棱线虫卵　　7. 鹅裂口线虫卵　　8. 毛细线虫卵　　9. 鸭束首线虫卵　　10. 比翼线虫卵
11. 卷棘口吸虫卵　　12. 嗜眼吸虫卵　　13. 前殖吸虫卵　　14. 次睾吸虫卵　　15. 背孔吸虫卵
16. 毛毕吸虫卵　　17. 楔形绦虫卵　　18. 有轮瑞利绦虫卵　　19. 鸭单睾绦虫卵　　20. 膜壳绦虫卵
21. 矛形剑带绦虫卵　　22. 片形皱褶绦虫卵　　23. 鸭多形棘头虫卵

图 1-13　家禽寄生虫虫卵

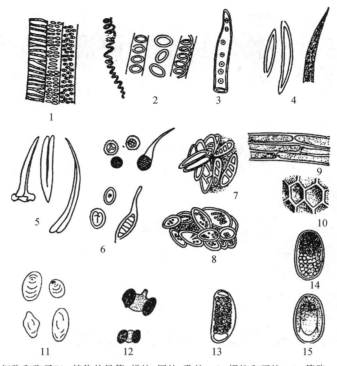

1～10. 植物细胞和孢子(1. 植物的导管:梯纹、网纹、孔纹　2. 螺纹和环纹　3. 管胞　4. 植物纤维
5. 小麦颖毛　6. 真菌孢子　7. 谷壳部分　8. 稻米胚乳　9～10. 植物薄壁细胞)　11. 淀粉粒
12. 花粉粒　13. 植物线虫卵　14. 螨卵(未发育的卵)　15. 螨卵(已发育的卵)

图 1-14　畜禽粪便中常见的其他物体

实验二 动物蠕虫学粪便检查技术(二)

一、实验目的及要求

(1)掌握动物蠕虫学常见的实验室粪便幼虫培养及检查技术。

(2)认识线虫幼虫和吸虫毛蚴等寄生虫幼虫的一般形态特征。

二、实验器材

载玻片,盖玻片,平皿,镊子,烧杯,塑料杯,塑料袋,漏斗,漏斗架,胶帽吸管,离心管,试管,玻璃棒,纱布,脱脂棉,粪筛,锦纶筛(260目),搪瓷缸,三角量筒,三角烧杯,胶塞,表玻璃,酒精灯,平底孵化瓶,贝尔曼氏装置(乳胶管两端分别连接漏斗和小试管),显微镜测微器(目镜测微尺、物镜测微尺),血细胞计数板,普通温箱和光学显微镜等。

碘液,家畜新鲜粪便等。

三、实验方法、步骤和操作要领(幼虫培养法、毛蚴孵化法、幼虫分离法、寄生虫学测微法)

(一)幼虫培养法(technique for the culture of third-stage larvae)

圆线虫目中有很多线虫的虫卵在形态结构上非常相似,难以进行鉴别。有时为了进行科学研究或达到确切诊断目的,可进行第三期幼虫的培养(图 2-1),之后再根据这些幼虫的形态特征,进行种类的判定。另外,做人工寄生性线虫感染试验时,也要用到幼虫培养技术。

幼虫培养的方法很多,这里仅介绍最简单的一种。即取一些新鲜粪便,弄碎置于平皿中央堆成半球状,顶部略高出,然后在平皿内边缘加水少许(如粪便稀可不必加水),加盖盖好使粪与平皿盖接触。放入 25～30 ℃的温箱内培养(夏天放置室内亦可)。每日观察粪便是否干燥,要保持适宜的湿度。经 7～15 d,第三期幼虫即可出现(Egg-L_1-L_2-L_3),它们从粪便中出来,爬到平皿盖内侧或四周。这时,可用胶帽吸管吸上生理盐水把幼虫冲洗下来,滴在载玻片上覆以盖玻片,在显微镜下进行观察。

培养幼虫时可用一大一小两个平皿,将小平皿(去掉盖)加上粪便放于大平皿中央,大平皿内加少许水,然后用大平皿盖盖上,即可进行培养。也可用两个塑料杯来培养幼虫,效果更好。即先将一个塑料杯(上大下小)一截为二,较小的底部用针扎许多小孔,装满待培养粪便,上用双层纱布蒙上,再把截下的那部分套上(头向下),使纱布绷紧。然后,在另一个塑料杯内加少量水,把需培养的粪便杯套在该杯上(纱布面朝下),外面套上塑料袋进行培养即可。培养好后,用幼虫分离法分离幼虫。即把装粪便的小杯放在分离装置的漏斗上(用三角量筒也可),同时把塑料杯内的水也倒入(用水冲洗几次)。在放培养物时务必小心,不要使粪便散开。

(二)毛蚴孵化法(miracidium hatching method)

毛蚴孵化法是专门用来诊断血吸虫病的,其原理是将含有血吸虫卵的粪便在适宜的温度条件下孵化,等毛蚴从虫卵内孵出来后,根据蚴虫向上、向光、向清的特性,进行观察,做出诊断。方法有多种,如常规沉孵法、棉析毛蚴孵化法、湿育孵化法、塑料杯顶管孵化法、锦纶筛网集卵孵化法等,这里只介绍其中两种方法(图2-2)。

1. 常规沉孵法(又称沉淀孵化法或沉孵法) 取粪便 100 g,放入搪瓷缸内捣碎。加水约 500 mL,搅拌均匀,通过粪筛滤入另一个容器内,加水至九成满,静置沉淀,之后将上清液倒掉,再加清水搅匀,沉淀。如此反复 3～4 次。第一次沉淀时间约为 30 min,以后 20 min 即可。最后将上述反复淘洗后的沉淀材料加 30 ℃ 的温水置于三角烧杯中,瓶口用

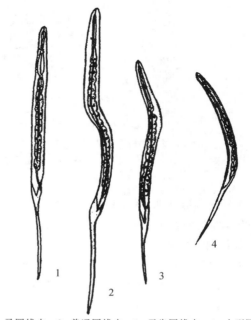

1. 马圆线虫 2. 普通圆线虫 3. 无齿圆线虫 4. 小型圆线虫

图 2-1 马属动物圆线虫第三期幼虫

中央插有玻璃管的胶塞塞上(或用搪瓷杯加硬纸片盖上倒插试管的办法)。杯内的水量以至杯口 2 cm 处为宜,且必须使玻璃管或试管中有一段露出的水柱,之后放入 25～30 ℃ 的温箱中孵化。30 min 后开始观察水柱内是否有毛蚴;若无,以后每隔 1 h 观察一次,共观察数次。任何一次发现毛蚴,即可停止观察(图 2-3)。

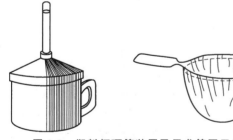

图 2-2 塑料杯顶管装置及尼龙筛网示意

图 2-3 沉孵法装置示意

(引自 Yang,2005)

毛蚴为似针尖大小的白色虫体,在水面下方 4 cm 以内的水中做快速平行直线运动,或沿管壁绕行。怀疑有虫体时,可用胶帽吸管吸出,在显微镜下观察。有时混有纤毛虫,其色彩也为白色,须加以区别。小型纤毛虫呈不规则螺旋形运动或短距离摇摆;大型纤毛虫(体大、呈透明的片状)呈波浪式或翻转运动。血吸虫卵及毛蚴可见图2-4。

也可用锦纶筛(筛绢孔径为 260 目)集卵的办法来取代上述的反复水洗沉淀过程,对洗后所剩的粪便再进行孵化。

A.　东毕吸虫卵　　B.　日本血吸虫卵　　C.　日本血吸虫毛蚴

1. 原肠　2. 头腺　3. 侧穿入腺管　4. 焰细胞　5. 神经节　6. 肠细胞　7. 纤毛　8. 排泄孔

图 2-4　血吸虫卵及毛蚴

2. **棉析毛蚴孵化法**(简称棉析法)(图 2-5)　取粪便 50 g,经反复淘洗或锦纶筛淘洗后(不淘洗也可),将粪便移入 300 mL 的平底孵化瓶中,灌注 25 ℃的清水至瓶颈下部,在液面上方塞一薄层脱脂棉,大小以塞住瓶颈下部不浮动为宜,再缓慢加入 20 ℃清水至距瓶口 1～3 mm处。如棉层上面水中有粪便浮动,可将这部分水吸去再加清水,然后进行孵化。

这种方法的优点是粪便只需略微淘洗或不淘洗就可装瓶孵化,毛蚴出现后可集中在棉花上层有限的清水水域中,可与下层混浊的粪液隔开,因而便于毛蚴的观察。

(三)幼虫分离法(又称 Baermann's technique)

本法又称为贝尔曼氏法。主要用于畜禽生前诊断一些肺线虫病。即从粪便中分离肺线虫的幼虫,建立生前诊断。也可用于从粪便培养物中分离第三期幼虫或从被剖检畜禽的某些组织中分离幼虫。其分离装置如图 2-6 所示。

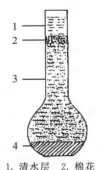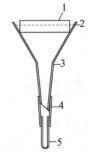

1. 清水层　2. 棉花　　　　　　　1. 铜丝网筛　2. 水平面　3. 玻璃漏斗

3. 浊水层　4. 粪渣　　　　　　　4. 乳胶管　5. 小试管

图 2-5　棉析法装置示意　　　**图 2-6　贝尔曼氏幼虫分离装置示意**

操作方法:用贝尔曼氏装置进行。即用一根乳胶管两端分别连接漏斗和小试管,然后置于漏斗架上,通过漏斗加入 40 ℃的温水,水量约达到漏斗中部。之后漏斗内放上置有被检材料的粪筛。静置 1 h 后,拿下小试管,弃掉上清液,吸取管底沉淀物,进行镜检。

也可以用简单的平皿法来分离幼虫,即取粪球 3～10 个,置于放有少量热水(不超过 40 ℃)的表玻璃或平皿内,经 10～15 min,取出粪球,吸取皿内的液体,在显微镜下检查幼虫。

(四)寄生虫学测微法(micrometry in parasitology)

显微镜测微器(图 2-7)是在光学显微镜下测量细菌、细胞、寄生虫卵、幼虫、某些成虫和原虫等大小的仪器。它由两个元件组成:一是目镜测微尺,二是物镜测微尺。目镜测微尺为一圆形小玻璃片,它的中央刻有 100 等份的小格,每 5 个和 10 个小格之间有一稍长线或长线相隔。这些小格在镜下并没有绝对长度的意义,是随着目镜和物镜倍数的不同和镜筒的长短而变化的。因此,在测量前须用物镜测微尺在各种不同放大倍数的目镜和物镜的搭配下测出目镜测微尺每一刻度的绝对值。物镜测微尺为一个特制的载玻片,其中央有一黑圈(或是一个圆玻璃片,上有黑圈),在圈的中间有一长为 1 mm 横线,被平均分成 100 格,每 5 格和 10 格之间有一稍长线或长线相隔。每格为 0.01 mm 或 10 μm,这是绝对长度。

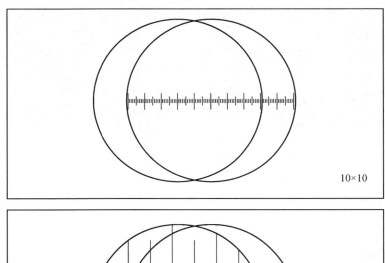

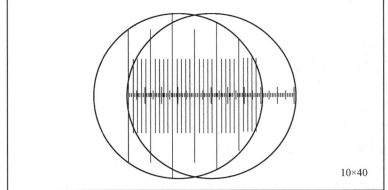

图 2-7　显微镜测微器构造示意

使用时,将目镜测微尺放于接目镜内,物镜测微尺放在载物台上。然后用低倍镜调节焦距,使目镜测微尺和物镜测微尺的零点对齐,再寻找目镜测微尺和物镜测微尺较远端的另一重合线,算出目镜测微尺的几格相当于物镜测微尺的几格,从而计算出目镜测微尺上每格的长度,以后测量时,只用目镜测微尺量度即可。为了便于计算,可将目镜测微尺在固定显微镜和固定倍数物镜下的 0~9 格的长度事先计算好,列于卡片上,具体测量时,一查便知。

在没有物镜测微尺时,可以用血细胞计数板代替使用。以该板内 1 个小方格的长度为标准,即可按上述方法测出目镜测微尺每格的微米数。

　　用目镜测微尺测量虫卵大小时，一般是测量虫卵的最长和最宽处（图 2-8），圆形虫卵则是测量直径；测量幼虫和某些成虫时，测量虫体的长度、宽度及各部构造的尺寸大小；虫体弯曲时，可通过旋转目镜测微尺的办法，来进行分段测量，最后将数据加起来即可。

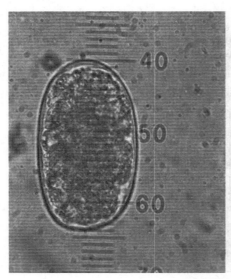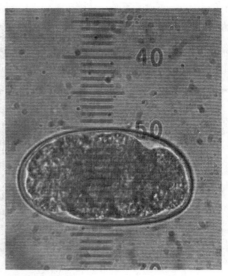

图 2-8　测微尺测量虫卵示意

（引自 Thienpont 等，1986）

四、实验注意事项

　　1. 幼虫培养法　如果是为了研究某种蠕虫卵或幼虫的生物学特性，那就必须先将患畜粪便用蠕虫卵检查法或蠕虫幼虫检查法加以处理，然后将同种的虫卵或幼虫搜集在一起，放于平皿内，在 25～30 ℃的温箱中进行培育。平皿内必须预先放好相应培养基。

　　对于吸虫卵、绦虫卵、棘头虫卵和大多数线虫卵，可用水或生理盐水作为培养基。最好的培养基是灭菌的粪便或粪汁，尤以后者为佳。因为用粪汁培育虫卵或幼虫时，可以直接将培育有虫卵或幼虫的平皿放于显微镜下，观察虫卵或幼虫的发育情况。粪便和粪汁的灭菌方法是 100 ℃的温度下煮沸 2 h。粪汁接种虫卵或幼虫之前，须先用棉絮过滤。

　　2. 毛蚴孵化法　被检粪便务必新鲜，不可触地污染；洗粪容器不宜过小，免得增加换水次数，影响毛蚴早期孵出；换水时要一次倒完，避免沉淀物翻动。如有翻动，须沉淀后再换水；孵化用水一定要清洁，自来水须放置过夜脱氯后使用，所有与粪便接触过的用具，须清洗后再用沸水烫泡，方可再用。另外，多畜检查时，需做好登记，附好标签，以免混乱。

　　3. 幼虫分离法　凡是检查组织器官材料，应尽量撕碎；但检查粪便时，则将完整粪球放入，不必弄碎，以免粪渣落入小试管底部，镜检时不易观察；温水必须充满整个小试管和乳胶管，并使其浸泡住被检材料（使水不流出为止），中间不得有气泡或空隙；为了静态观察幼虫形态构造，可用酒精灯加热或滴入少量碘液，将载玻片上的幼虫杀死后进行观察。

　　4. 寄生虫学测微法　注意某个显微镜测出的目镜测微尺每格的长度只适用于该显微镜一定的目镜倍数和一定的物镜倍数。更换其中任一条件，其每格的长度必须重新测量换算。此外，如需要用油镜时，必须在物镜测微尺上加盖玻片后再测量，以免损坏格线。

五、实验报告

(1)记录上述各种粪检技术结果,并对相关方法做简要叙述和概括总结。

(2)绘出一个线虫第三期幼虫形态图,并注明其各部构造名称。

附:参考资料

家畜肺线虫中,网尾线虫、原圆线虫和后圆线虫,它们的第一期幼虫主要是根据虫体的大小、头钮的有无、尾部的形态特点和背刺的有无来进行区别(表 2-1 和图 2-9)。

表 2-1 家畜肺线虫第一期幼虫的鉴别特征

(引自 Yang,2004)

项目	网尾线虫幼虫	原圆线虫幼虫	后圆线虫幼虫
大小/mm	0.32～0.56	0.25～0.32	虫卵呈椭圆形,外膜不平滑,表面有细小的乳突状突起,卵内含有发育的幼虫
头钮	丝状网尾线虫:有 胎生网尾线虫:无	无	
尾部	丝状网尾线虫:较钝,不呈波状 胎生网尾线虫:较尖,呈波状	较尖、平直或波状	
背刺	无	原圆线虫:无 缪勒线虫:有	

1.长刺后圆线虫(头部和尾部) 2.柯氏原圆线虫(头部和尾部)

3.丝状网尾线虫 4.胎生网尾线虫 5.毛样缪勒线虫

图 2-9 家畜肺线虫第一期幼虫

实验三　吸虫的基本构造及家禽吸虫的形态学观察

一、实验目的及要求

掌握畜禽体内常见吸虫的基本构造,并能识别寄生于家禽的常见吸虫的形态特征。

二、实验器材

1. 器械　光学显微镜、投影仪、放大镜、解剖针、载玻片与盖玻片等。

2. 标本

(1)浸渍标本。卵圆前殖吸虫成虫、透明前殖吸虫成虫、卷棘口吸虫成虫及虫卵等。

(2)封片标本。卵圆前殖吸虫成虫、透明前殖吸虫成虫、卷棘口吸虫成虫等。

三、实验方法、步骤和操作要领

1. 虫体的观察　对于虫体比较小的染色封片应在显微镜下用低倍镜观察,而较大的虫体染色封片应用放大镜观察。

2. 虫卵的观察　取洁净的载玻片,在其中央滴一小滴虫卵保存液(内含虫卵),在虫卵保存液上盖上盖玻片,置于显微镜的暗视野下进行检查。必要时,用解剖针轻轻移动盖玻片,以便能清晰辨认虫卵结构。

四、实验注意事项

(1)观察虫体时一定要识别其内部结构。

(2)观察虫卵时要注意调节显微镜光圈的大小或灯的亮度,使视野的亮度适中。

五、实验报告

(1)绘出卵圆前殖吸虫及透明前殖吸虫虫体形态图。

(2)绘出卷棘口吸虫及虫卵形态图。

附:参考资料

一、吸虫的基本构造描述及插图

吸虫是扁形动物门吸虫纲的动物,包括单殖吸虫、盾殖吸虫和复殖吸虫三大类。寄生于畜禽的吸虫以复殖吸虫为主,可寄生于肠道、结膜囊、肠系膜静脉、肾和输尿管、输卵管及皮下部位。

(一)外部形态

复殖吸虫具有扁形动物所有的主要特征。虫体多为背腹扁平,呈树叶状或舌状,有的呈近似圆形或圆柱状,甚至有的吸虫呈线状(分体吸虫)。成虫的大小通常为 2～15 mm,但最大的可达 80 mm(如大片吸虫 *Fasciola gigantica*),最小的仅有 0.3～0.5 mm(如异形科的某些吸虫）。吸虫一般有2个吸盘：口吸盘位于虫体的前端,通常口吸盘围绕于口孔的周围,口孔位于口吸盘的中央。腹吸盘多位于虫体的腹面,位置因虫种的不同可在腹面中央,也可靠前或靠后,有的种腹吸盘位于虫体的后端,称为后吸盘。腹吸盘或后吸盘,只是司附着的形似杯状的肌质器官,与内部的组织和器官不相通,当肌质收缩,排出空气变为负压即可吸附在宿主的被寄生部位。虫体不分节,颜色一般为淡红色或棕红色,固定后为灰白色,体表有口孔、生殖孔、排泄孔等。生殖孔多位于腹吸盘的前缘或后缘处,排泄孔位于虫体的末端。

（二）体壁

体壁由皮层和肌层所组成,又称皮肌囊。无体腔,囊内含有大量的网状组织——实质(parenchyma),各系统的器官位居其中。皮层(tegument)从外向内包括3层:外质膜(external plasma membrane)、基质(matrix)和基质膜(basal plasma membrane)。肌肉附着于由胶原纤维组成的基层,包括外环肌、内纵肌与中斜肌,是虫体伸缩活动的组织。皮层是一个新陈代谢活跃的细胞单位,在不同虫体或不同发育阶段其构造也不尽相同,但均具有保护虫体、营养吸收以及感觉的功能(图3-1)。

（三）内部构造

1. 消化系统　一般由口、前咽(prepharynx)、咽(pharynx)、食道和肠管组成(图3-2)。口通常在虫体前端口吸盘的中央。前咽为口与咽之间的细管,短小或缺如。无前咽时,口后即为咽。咽为肌质构造,呈球状,也有咽退化者(同盘科吸虫 Paramphistomidae)。食道或长或短,肠管常分为左、右两条盲管,称为盲肠(caecum),向后伸至不同水平处。绝大多数吸虫的两条肠管不分支,但有的肠管分支,如肝片吸虫;有的左、右两条肠管后端合成一条,如血吸虫;有的末端连接成环状,如舟状嗜气管吸虫(*Tracheophilus cymbium*),无肛门。有些种类的肠退化严重,如部分异形科的吸虫,有逐渐过

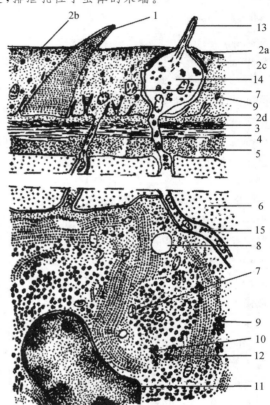

1. 体棘　2. 角质层(2a. 颗粒层 2b. 外质膜 2c. 基质 2d. 基质膜)3. 基层　4. 环肌　5. 纵肌　6. 实质细胞　7. 线粒体　8. 脂滴　9. 分泌小体　10. 高尔基体　11. 细胞核　12. 内质网　13. 感觉纤毛　14. 感觉囊　15. 神经突

图3-1　吸虫成虫体壁结构

渡到以体表吸收营养为主的情况。吸虫的营养物质包括宿主的上皮细胞、黏液、肝分泌物(胆汁)、消化管的内含物及血液等。未被消化吸收的食物残渣可经口排出体外。

2. 生殖系统　吸虫生殖系统发达,除分体吸虫外,皆雌雄同体。

（1）雄性生殖系统。包括睾丸(testes)、输出管(vas efferent)、输精管(vas deferent)、贮精囊(seminal vesicle)、射精管(ejaculatory duct)、前列腺、雄茎(cirrus)、雄茎囊(cirrus pouch)和生殖孔(genital pore)等(图3-3)。雄性生殖器官比雌性生殖器官发育早。睾丸的数目、形态、大小和位置随吸虫的种类而不同。吸虫通常有两个睾丸,呈圆形、椭圆形或分叶,左右排列或前后排列。位于腹吸盘下

方或虫体的后半部。睾丸发出的输出管汇合为输精管,其远端可以膨大及弯曲成为贮精囊。贮精囊接射精管,其末端为雄茎,在这些结构周围围绕着一组由单细胞组成的前列腺。雄茎开口于生殖窦或向生殖孔开口。上述的贮精囊、射精管、前列腺和雄茎可以一起被包围在雄茎囊内。贮精囊被包在雄茎囊内时,称为内贮精囊(internal seminal vesicle),如肝片吸虫等多种吸虫;在雄茎囊外时称为外贮精囊(external seminal vesicle),如背孔吸虫 Notocotylidae)。还有不少吸虫没有雄茎囊(如同盘科吸虫 Paramphistomidae)。交配时,雄茎可以伸出生殖孔外,与雌性生殖器官相交接。

(2)雌性生殖系统。包括卵巢(ovary)、输卵管(oviduct)、卵模(ootype)、受精囊(spermatheca)、梅氏腺(Mehlis's gland)、卵黄腺(vitelline gland)、子宫(uterus)及生殖孔(genital pore)等(图3-4)。卵巢的形态、大小及位置常因种而异。卵巢的位置常偏于虫体的一侧,卵巢发出输卵管,管的远端与受精囊及卵黄总管(common vitelline duct)相接。劳氏管(Laurer's canal)一端接着受精囊或输卵管,另一端向背面开口或成为盲管。卵黄总管是由左、右两条卵黄管(vitelline duct)汇合而成,汇合处可能膨大形成卵黄囊。卵黄腺的位置与形状

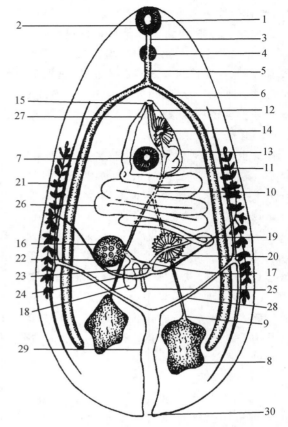

1. 口　2. 口吸盘　3. 前咽　4. 咽　5. 食道　6. 盲肠　7. 腹吸盘
8. 睾丸　9. 输出管　10. 输精管　11. 贮精囊　12. 雄茎
13. 雄茎囊　14. 前列腺　15. 生殖孔　16. 卵巢　17. 输卵管
18. 受精囊　19. 梅氏腺　20. 卵模　21. 卵黄腺　22. 卵黄管
23. 卵黄囊　24. 卵黄总管　25. 劳氏管　26. 子宫　27. 子宫颈
28. 排泄管　29. 排泄囊　30. 排泄孔

图3-2　复殖吸虫成虫的构造

也因种而异,但一般多在虫体两侧,由许多卵黄滤泡组成。卵黄总管与输卵管汇合处的囊腔即卵模,其周围由一群单细胞腺——梅氏腺包围着,成熟的卵细胞由于卵巢的收缩作用而移向输卵管,与受精囊中的精子相遇受精,受精卵向前移入卵模,卵黄腺分泌的卵黄颗粒进入卵模与梅氏腺的分泌物相结合形成卵壳。子宫起始处以子宫瓣(uterine valve)为标志,子宫的长短与盘旋情况随虫种而异,接近生殖孔处多形成阴道。阴道与雄茎多数开口于一个共同的生殖窦或生殖腔,再经生殖孔通向体外。有的种类无生殖腔,雌、雄生殖孔分别单独向外开口。

3. 排泄系统　为原肾型排泄系统,由焰细胞(flame cell)、毛细管、集合管、排泄总管、排泄囊和排泄孔等部分组成(图3-5和图3-6)。焰细胞布满虫体的各部分,位于毛细管的末端,为凹形细胞,在凹入处有一束纤毛,纤毛颤动时很像火焰跳动,因而得名。焰细胞收集的排泄物,经毛细管、集合管集中到排泄囊,最后由末端的排泄孔排出体外。排泄囊依据虫体种类的不同呈圆形、管形、Y形和V形等。成虫排泄孔只有一个,位于虫体的末端,尾蚴之前各期幼虫的排泄孔均有两个,尾蚴到形成尾部后,排泄孔即合二为一。焰细胞的数目与排列,在分类上具有重要意义。

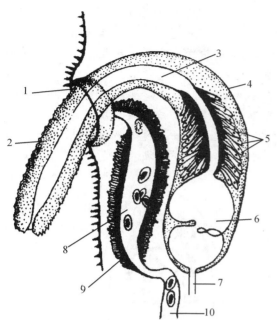

1. 生殖腔 2. 雄茎 3. 射精管 4. 雄茎囊
5. 前列腺 6. 贮精囊 7. 输精管 8. 子宫颈
9. 子宫颈腺 10. 子宫

图 3-3 复殖吸虫雄性生殖器官的末端构造

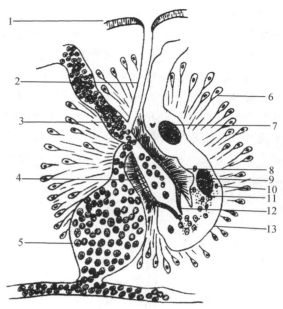

1. 外角皮 2. 劳氏管 3. 输卵管 4. 梅氏腺分泌物（厚壁）
5. 卵黄总管 6. 梅氏腺细胞 7. 卵
8. 卵模 9. 卵黄细胞 10. 卵的形成
11. 腺分泌物 12. 子宫瓣 13. 子宫

图 3-4 复殖吸虫雌性生殖器官的一部分

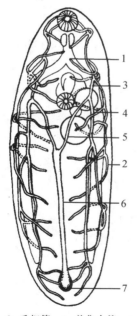

1. 焰细胞 2. 毛细管 3. 前集合管 4. 后集合管
5. 排泄总管 6. 排泄囊 7. 排泄孔

图 3-5 复殖吸虫排泄系统

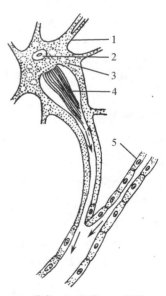

1. 胞突 2. 胞核 3. 胞质
4. 纤毛 5. 毛细管

图 3-6 焰细胞的结构

4. 淋巴系统　单盘类及对盘类等吸虫有独立的类似淋巴系统的构造。由体侧 2～4 对纵管及分支和淋巴窦相接(图 3-7)。由于虫体的伸缩,淋巴液不断地被输送到各器官去,管内淋巴液中有浮游的实质细胞。淋巴系统可能具有营养物质的输送功能。没有明确淋巴系统的吸虫,实质间充满液体,到处流通,代替了部分或全部淋巴系统的作用。

5. 神经系统　为梯形神经系统(图 3-8)。在咽两侧各有一个神经节,相当于神经中枢。从两个神经节各发出前后 3 对神经干,分别分布于背、腹和侧面。向后延伸的神经干,在几个不同的水平上皆有神经环相连。由前后神经干发出的神经末梢分布于口吸盘、咽及腹吸盘等器官。在皮层中有许多感觉器。有些吸虫的自由生活期幼虫,如毛蚴和尾蚴常具有眼点(eye spot),具感觉器官的功能。

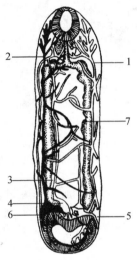

1. 背淋巴管　2. 腹淋巴管　3. 中淋巴管
4. 后中淋巴窦　5. 后背淋巴窦
6. 后腹淋巴窦　7. 盲肠

图 3-7　对盘吸虫的淋巴系统

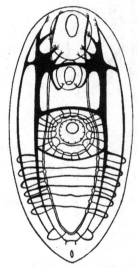

图 3-8　吸虫的神经系统

二、家禽体内常见吸虫

1. 卷棘口吸虫(*Echinostoma revolutum*)(图 3-9)

2. 宫川棘口吸虫(*Echinostoma miyagawai*)(图 3-10)

3. 接睾棘口吸虫(*Echinostoma paraulum*)(图 3-11)

4. 日本棘隙吸虫(*Echinochasmus japonicus*)(图 3-12)

5. 曲领棘缘吸虫(*Echinoparyphium recurvatum*)(图 3-13)

6. 似锥低颈吸虫(*Hypoderaeum conoideum*)(图 3-14)

7. 光洁锥棘吸虫(*Petasiger nitidus*)(图 3-15)

图 3-9　卷棘口吸虫成虫和虫卵

图 3-10　宫川棘口吸虫成虫和虫卵

图 3-11　接睾棘口吸虫

图 3-12　日本棘隙吸虫

图 3-13　曲领棘缘吸虫成虫和虫卵

图 3-14　似锥低颈吸虫成虫和虫卵

图 3-15　光洁锥棘吸虫

8. 前殖吸虫　前殖吸虫种类很多,分类上属于前殖科(Prosthogonimidae)的前殖属 (Prosthogonimus)。寄生在家鸡、鸭、鹅、野鸭及其他鸟类的直肠、输卵管、腔上囊和泄殖腔,偶 见于蛋内。较常见的有下列5种:卵圆前殖吸虫,透明前殖吸虫,楔形前殖吸虫,鲁氏前殖吸 虫,家鸭前殖吸虫(图 3-16)。

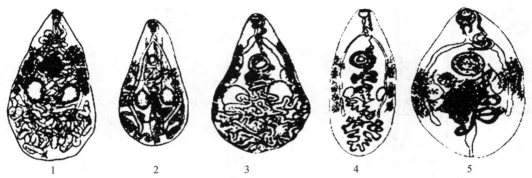

　　1. 卵圆前殖吸虫　2. 透明前殖吸虫　3. 楔形前殖吸虫　4. 鲁氏前殖吸虫　5. 家鸭前殖吸虫

图 3-16　前殖吸虫的成虫

9. 禽后睾吸虫　禽后睾吸虫包括后睾科的后睾属(Opisthorchis)、次睾属(Metorchis)、 对体属(Amphimerus)及支囊属(Cladocystis)吸虫,寄生于禽类的胆囊和肝胆管内。在我国 家禽体内已发现12种后睾科吸虫,其中以东方次睾吸虫(Metorchis orientalis)(图 3-17)、台 湾次睾吸虫(M. taiwanensis)(图 3-18)、鸭对体吸虫(Amphimerus anatis)(图 3-19)和鸭后睾 吸虫(Opisthorchis anatis)(图 3-20)分布较广,对禽类危害最严重。

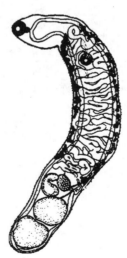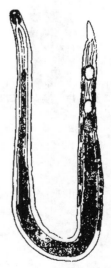

图 3-17　东方次睾吸虫　　　　**图 3-18　台湾次睾吸虫**　　　　**图 3-19　鸭对体吸虫**

10. 背孔吸虫　属于背孔科背孔属(Notocotylus)的吸虫,寄生于禽类的肠道。我国的鸡、 鸭、鹅等家禽和野生水禽感染极为普遍,感染最常见于盲肠中,已报道的吸虫种类较多,常见的 是纤细背孔吸虫(N. attenuatus)(图 3-21)。

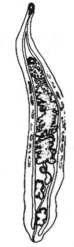
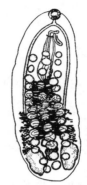

图 3-20　鸭后睾吸虫　　　　　图 3-21　纤细背孔吸虫

11. 环肠科吸虫　寄生于禽类的体腔、气囊、鼻腔和气管内,国内在家禽中发现的种类分属于 7 个属,其中以嗜气管属(*Tracheophilus*)的舟形嗜气管吸虫(*T. cymbium*)最为常见(图 3-22)。

12. 嗜眼科吸虫　寄生于鸟类的结膜囊、眼窝、鼻腔、泄殖腔、法氏囊,少数寄生于肠道,有的种类可以寄生在小型哺乳动物甚至人的眼中,我国已发现 24 种,其中 18 种为嗜眼属(*Philophthalmus*)的种类。嗜眼属吸虫寄生于禽类的结膜囊,国内发现的种类中,以涉禽嗜眼吸虫(*P. gralli*)较为常见(图 3-23)。

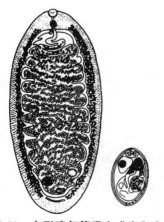

图 3-22　舟形嗜气管吸虫成虫和虫卵　　　　　图 3-23　涉禽嗜眼吸虫

实验四　家畜吸虫病常见病原形态学观察

一、实验目的及要求

掌握家畜常见吸虫的主要形态特征。

二、实验器材

1. 器械　光学显微镜、投影仪、放大镜、解剖针、载玻片与盖玻片等。

2. 标本

(1)浸渍标本。肝片吸虫成虫及虫卵,大片吸虫成虫,布氏姜片吸虫成虫及虫卵,歧腔吸虫成虫,日本分体吸虫成虫、毛蚴、尾蚴及虫卵,阔盘吸虫成虫,前后盘吸虫成虫及虫卵,华支睾吸虫成虫及虫卵,东毕吸虫成虫等。

(2)封片标本。肝片吸虫成虫,大片吸虫成虫,布氏姜片吸虫成虫,歧腔吸虫成虫,日本分体吸虫成虫、尾蚴及虫卵,阔盘吸虫成虫,华支睾吸虫成虫,东毕吸虫成虫等。

(3)病理标本。肝片吸虫寄生肝脏、日本分体吸虫寄生兔肠道等病理标本。

三、实验方法、步骤和操作要领

同家禽吸虫的形态学观察。

四、实验注意事项

同家禽吸虫的形态学观察。

五、实验报告

(1)绘出肝片吸虫成虫及虫卵图。

(2)绘出布氏姜片吸虫成虫及虫卵图。

(3)绘出胰阔盘吸虫、腔阔盘吸虫和支睾阔盘吸虫成虫及虫卵图。

附:参考资料

1. 肝片吸虫(*Fasciolahepatica*)(图 4-1)

2. 大片吸虫(*Fasciolagigantica*)(图 4-1)

3. 矛形歧腔吸虫(*Dicrocoelium dendriticum*)(图 4-2)

4. 中华歧腔吸虫(*Dicrocoelium chinensis*)(图 4-2)

5. 日本分体吸虫(*Schistosoma japonicum*)(图 4-3)

6. 阔盘吸虫　阔盘吸虫在我国报道有 3 种,均属双腔科(Dicrocoeliidae)阔盘属(*Eurytrema*),它们是:胰阔盘吸虫(*E. pancreaticum*)、腔阔盘吸虫(*E. coelomaticum*)和支睾阔盘吸虫(*E. cladorchis*),寄生于牛、羊、猪、骆驼和人的胰脏(胰管)中,有时也可寄生于胆管和十二指肠(图 4-4 和表 4-1)。

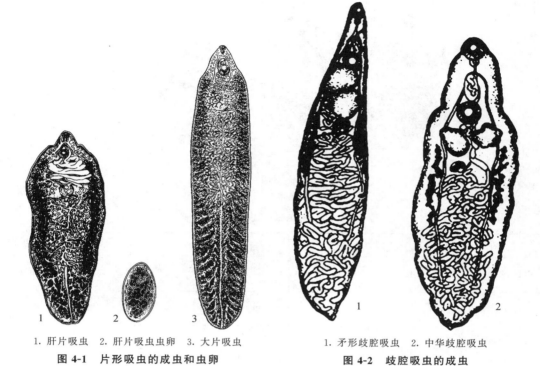

1. 肝片吸虫 2. 肝片吸虫虫卵 3. 大片吸虫

图 4-1 片形吸虫的成虫和虫卵

1. 矛形歧腔吸虫 2. 中华歧腔吸虫

图 4-2 歧腔吸虫的成虫

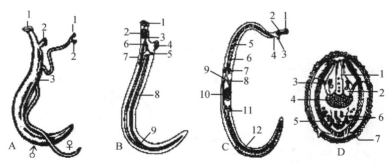

A. 雌雄虫合抱 1. 口吸盘 2. 腹吸盘 3. 抱雌沟

B. 雄虫 1. 口吸盘 2. 食道 3. 腺体 4. 腹吸盘 5. 生殖孔

6、8. 肠管 7. 睾丸 9. 合一的肠管

C. 雌虫 1. 口吸盘 2. 肠管 3. 腹吸盘 4. 生殖孔

5、6. 虫卵与子宫 7. 梅氏腺 8. 输卵管 9. 卵黄管

10. 卵巢 11. 肠管合并处 12. 卵黄腺

D. 虫卵 1. 头腺 2. 穿刺腺 3. 神经突 4. 神经元 5. 焰细胞

6. 胚细胞 7. 卵模

图 4-3 日本分体吸虫成虫和虫卵

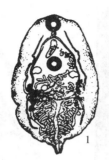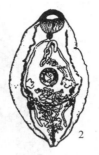

1. 腔阔盘吸虫　2. 胰阔盘吸虫　3. 支睾阔盘吸虫　4. 阔盘吸虫的虫卵

图 4-4　阔盘吸虫成虫和虫卵

表 4-1　3 种阔盘吸虫的形态比较

项目	胰阔盘吸虫	腔阔盘吸虫	支睾阔盘吸虫
虫体形状	椭圆形	短椭圆形,体后具一明显的尾突	前端尖后端钝的瓜子形
虫体大小/ mm	$(6.46 \sim 14.5) \times (3.18 \sim 6.07)$	$(5 \sim 8) \times (3 \sim 5)$	$(4.49 \sim 7.9) \times (2.17 \sim 3.07)$
口、腹吸盘之比	$(1.43 \sim 2.2) : 1$	$(0.9 \sim 1.1) : 1$	$(0.7 \sim 0.8) : 1$
睾丸形状	圆形,边缘具深缺刻	圆形或边缘有缺刻	大而分支
卵巢形状	分 3～6 瓣	圆形,少数也有缺刻或分叶	分 5～6 瓣

7. 前后盘吸虫(图 4-5)

8. 土耳其斯坦东毕吸虫(*Orientobilharzia turkestanicum*)(图 4-6)

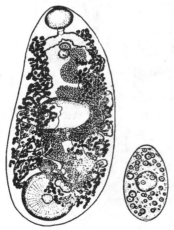

图 4-5　前后盘吸虫成虫和虫卵

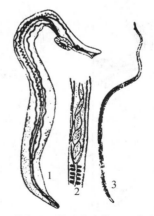

1. 雄虫　2. 雌虫的卵巢　3. 雌虫

图 4-6　土耳其斯坦东毕吸虫

9. 程氏东毕吸虫(*Orientobilharzia cheni*)
10. 姜片吸虫(*Fasciolopsis buski*)（图 4-7）
11. 华支睾吸虫(*Clonorchis sinensis*)（图 4-8）

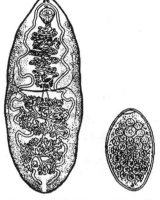

图 4-7　姜片吸虫成虫和虫卵　　　　图 4-8　华支睾吸虫成虫和虫卵

12. 截形微口吸虫(*Microtrema truncatum*)（图 4-9）
13. 卫氏并殖吸虫(*Paragonimus westermani*)（图 4-10）

图 4-9　截形微口吸虫　　　　图 4-10　卫氏并殖吸虫

实验五　绦虫蚴及其成虫形态学观察

一、实验目的及要求

（1）通过对猪囊尾蚴、牛囊尾蚴、细颈囊尾蚴、脑多头蚴、棘球蚴、连续多头蚴、斯氏多头蚴、绵羊囊尾蚴、豆状囊尾蚴、链状囊尾蚴的形态学进行观察，掌握各种绦虫幼虫的基本形态和构造。

（2）通过形态学观察，掌握猪带绦虫的形态特征及其与牛带绦虫的鉴别要点；了解泡状带绦虫、多头带绦虫、细粒棘球绦虫、连续多头绦虫、斯氏多头绦虫、豆状带绦虫、带状带绦虫的基本形态构造特点。

（3）通过观察患病器官的病理变化，初步掌握其致病特点，并了解各种动物绦虫蚴病与公共卫生的关系。

二、实验器材

1. 多媒体课件　上述病原（绦虫蚴及其成虫）的形态图。

2. 示教图

（1）绦虫蚴的构造模式图。

（2）猪囊尾蚴、牛囊尾蚴、细颈囊尾蚴、脑多头蚴、细粒棘球蚴、多房棘球蚴、连续多头蚴、斯氏多头蚴、豆状囊尾蚴、链状囊尾蚴及其成虫的形态图。

3. 标本

（1）猪囊尾蚴、牛囊尾蚴、细颈囊尾蚴、脑多头蚴、细粒棘球蚴、多房棘球蚴、连续多头蚴、斯氏多头蚴、绵羊囊尾蚴、豆状囊尾蚴、链状囊尾蚴的虫体标本及其病理标本。

（2）上述各种绦虫蚴的头节的染色标本（制片标本）。

（3）猪带绦虫、牛带绦虫、泡状带绦虫、多头带绦虫、细粒棘球绦虫、多房棘球绦虫、连续多头绦虫、斯氏多头绦虫、豆状带绦虫、带状带绦虫的虫体标本。

（4）上述各种绦虫的头节及孕卵节片的染色标本（制片标本）。

4. 器材

（1）生物显微镜、体视显微镜、手持放大镜。

（2）标本针、眼科弯头镊子、表玻璃（或培养皿）、尺。

（3）多媒体、幻灯机、显微镜投影仪（电视机、投影显微镜）。

三、实验方法、步骤和操作要领

（1）教师用多媒体及显微投影仪带领学生共同观察猪囊尾蚴、牛囊尾蚴、细颈囊尾蚴、脑多头蚴、细粒棘球蚴、多房棘球蚴、连续多头蚴、斯氏多头蚴、绵羊囊尾蚴、豆状囊尾蚴、链状囊尾蚴头节的染色标本以及猪带绦虫、牛带绦虫、泡状带绦虫、多头带绦虫、细粒棘球绦虫、多房棘球绦虫、连续多头绦虫、斯氏多头绦虫、绵羊带绦虫、豆状带绦虫、带状带绦虫孕卵节片的染色标本，并明确指出各种绦虫蚴及其成虫形态构造的特点。

（2）学生分组独立进行绦虫蚴及其成虫的形态观察。首先取绦虫蚴的浸渍标本，置于表玻璃（或培养皿）中。观察囊泡的大小，囊壁的厚薄，头节的有无与多少。然后取染色标本在生物显微镜下仔细观察头节的构造。

（3）取上述绦虫蚴的成虫的染色标本，在生物显微镜下详细观察头节及孕卵节片的外形与子宫分支。

（4）观察主要绦虫蚴（猪囊尾蚴、牛囊尾蚴、细颈囊尾蚴、脑多头蚴、细粒棘球蚴）的病理标本，了解其主要病理变化。

四、实验注意事项

（1）用肉眼或放大镜观察绦虫蚴的基本外形（浸渍标本），重点观察囊泡的颜色、大小、头节的有无及其数量。

（2）用显微镜观察主要绦虫蚴及其成虫（染色制片标本）的形态构造特点，重点观察绦虫蚴和绦虫的头节及绦虫的孕卵节片。

（3）用肉眼和放大镜观察患病器官的病理变化。

（4）按有关标本管理要求，将本次实验用标本放回原处。

五、实验报告

（1）在绦虫蚴的类型模式图中，标出各绦虫蚴的名称。

（2）绘出猪带绦虫头节和孕节图，并注明其结构。

（3）将观察猪囊尾蚴、牛囊尾蚴、细颈囊尾蚴、脑多头蚴、细粒棘球蚴所见的特征按表 5-1 格式制表填入。

表 5-1　常见动物绦虫蚴的形态特征

名称	头节数	侵袭的动物及寄生部位	成虫名称及鉴别要点
猪囊尾蚴			
牛囊尾蚴			
细颈囊尾蚴			
脑多头蚴			
细粒棘球蚴			

附：参考资料

一、绦虫的基本形态结构描述及插图

绦虫属于扁形动物门（Platyhelminthes）绦虫纲（Cestoidea），寄生于动物及人体的绦虫主要有圆叶目和假叶目。

1. 形态　绦虫虫体呈带状、扁平，黄白或乳白色，身体分节，虫体大小差异较大，自数毫米至 10 m 以上。整个虫体分头节（scolex）、颈节（neck）和链体或称体节（strobila）3 部分。

（1）头节。为附着器官，位于虫体的最前端，一般分为如下 3 种类型。

①吸盘型（acetabulate type of holdfast）　头节上有 4 个圆形吸盘，对称性分布于头节的四周。有的绦虫头节顶端中央有顶突（rostellum），能伸缩或不可伸缩，其上有一排或数排小

钩,也具有吸附作用,如圆叶目绦虫(图 5-1)。

②吸槽型(bothriate type of holdfast)　头节背腹面各有一条沟状的吸槽,如假叶目绦虫。

③吸叶型(bothridial type of holdfast)　头节呈长形,前端具有 4 个叶状构造,分别附在可弯曲的小柄上或直接长在头节上,如四叶目绦虫。

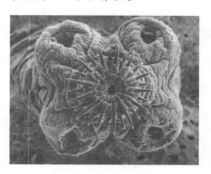

图 5-1　绦虫头节的电镜扫描照片

(引自孔繁瑶,1981)

(2)颈节。为紧靠头节后面的一节。颈节一般比头节细,不分节,链体的节片由此向后生出,故又称生长节。但也有缺颈节者,其生长带则位于头节后缘。

(3)链体(体节)。绦虫的最显著部分,位于颈节之后,由少则数个节片(proglottid 或 segment),多则数千个节片连接而成,如链状带绦虫(图 5-2)。根据节片发育程度的不同将体节分成如下 3 类。

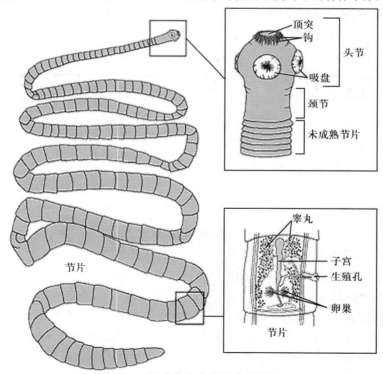

图 5-2　链状带绦虫的代表性结构

(引自 Pearson,2020)

①未成熟节片(幼节)。靠近颈节的部分,由于生殖器官尚未发育成熟,所以称为"未成熟节片",简称"幼节"。

②成熟节片(成节)。幼节逐渐发育,至节片内生殖器官发育完成就称为"成熟节片",简称"成节"。

③孕卵节片(孕节)。成节发育至最后子宫内充满虫卵则形成"孕卵节片",简称"孕节"。

老的节片逐节或逐段从虫体后端脱离,新的节片不断形成。所以,绦虫仍能保持它们的每个种别的固有的长度与一定的节片数目。

2. 体壁　绦虫体壁(body wall)的最外一层是皮层(tegument),皮层覆盖着链体的各个节片,其下为肌肉系统,由皮下肌层和实质肌组成。皮下肌层的外层为环肌,内层为纵肌。纵肌较强,贯穿整个链体,唯在节片成熟后逐渐萎缩退化,越往后端退化越为显著,于是最后端孕节经常能自动从链体脱落(图 5-3)。

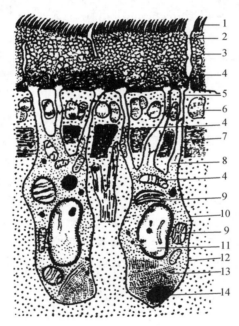

1. 微绒毛　2. 孔道　3. 皮层　4. 线粒体　5. 基膜　6. 环肌
7. 纵肌　8. 连接管　9. 内质网　10. 电子致密细胞
11. 核　12. 实质　13. 蛋白质　14. 脂肪或糖原

图 5-3　绦虫体壁的电镜结构

(引自孔繁瑶,1997)

3. 实质　绦虫无体腔,由体壁围成一个囊状结构,称"皮肤肌肉囊",囊内充满着海绵样的实质,也称髓质区,各器官均埋藏在此区内(图 5-4)。

4. 消化系统　绦虫无消化系统,靠皮层外的微绒毛吸收营养物质。绦虫皮层和它相关的细胞具有相当于其他动物消化系统的功能。

5. 循环及呼吸系统　均无,进行厌氧呼吸。

6. 神经系统　神经中枢在头节中,由几个神经节和神经干联合构成;自中枢部分伸出两个大的和几条小纵神经干,贯穿各个体节,直达虫体后端。

7. 排泄系统　链体两侧有纵排泄管,每侧各有一条背排泄管和一条腹排泄管,位于腹侧的较粗大。纵排泄管在头节内形成蹄系状联合,通常腹纵排泄管在每个节片中的后缘处有横管相连。一个总排泄管开口于最后节片的中央,当最后节片脱落后,就没有总排泄孔,而由各节的排泄管直接向外开口。排泄系统起始于焰细胞,由焰细胞发出来的细管汇集成为较大的排泄管,再和纵管相连。

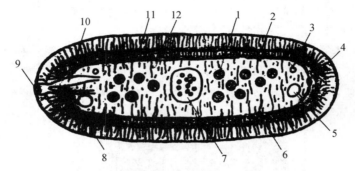

1. 睾丸　2. 背神经干　3. 背排泄管　4. 侧神经干　5. 腹排泄孔　6. 腹神经干
7. 子宫　8. 阴道　9. 生殖孔　10. 雄茎囊　11. 纵肌　12. 实质

图 5-4　绦虫节片的横断面

(引自 Threadgold,1986)

8. 生殖系统　绦虫的生殖系统特别发达,每个节片中都具有雄性和雌性生殖系统各一组或两组。生殖器官的发育是从紧接颈节的幼节开始分化的,最初节片尚未出现雌雄的性别特征,继后逐渐发育,开始先见到节片中出现雄性生殖系统,当雄性生殖系统发育完成后,接着出现雌性生殖系统的发育,再后形成成节。在圆叶目绦虫节片受精后,雄性生殖器官渐渐趋于萎缩后消失,雌性生殖器官系统则加快发育,至子宫扩大充满虫卵时,雌性生殖器官的其他部分萎缩消失,至此即成为孕节,充满虫卵的子宫占满整个节片。而在假叶目绦虫,子宫向外开口,即子宫口,其位于节片中央。虫卵成熟后可由子宫孔排出,子宫不如圆叶目绦虫发达(图 5-5 和图 5-6)。

图 5-5　圆叶目绦虫生殖器官的模式构造

(引自孔繁瑶,1997)

图 5-6　假叶目绦虫生殖器官的模式构造

（引自孔繁瑶,1997）

二、绦虫幼虫的类型及其形态描述与插图

绦虫蚴期即为绦虫的幼虫阶段,又称中绦期,大致有以下几类:体为实心结构的有原尾蚴（procercoid）及实尾蚴（plerocercoid）;体为囊状结构的有囊尾蚴（cysticercus）与似囊尾蚴（cysticercoid）。在中绦期,因其发育程度或状态的不同,在结构上也有差异。

绦虫卵因种类不同,形态上差异很大。假叶目绦虫虫卵卵壳颇厚,其一端常有卵盖。圆叶目绦虫的卵壳不仅脆弱,且缺少卵盖,卵壳多在未离母体前脱落,因此,常见的所谓"卵壳"实际上是胚膜,胚层紧附卵壳或胚膜,不易察见。胚膜为双层膜,在带绦虫类两膜间密布着辐射状棒状体;假叶目等类的胚膜被有许多纤毛。假叶目绦虫的虫卵产出后,在水中经过发育变成具有 3 对小钩的胚胎,由于外面有着密布纤毛的胚膜,因此,又称为钩毛蚴或钩球蚴（图 5-7 和图 5-8）。

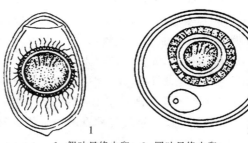

1. 假叶目绦虫卵　2. 圆叶目绦虫卵

图 5-7　绦虫卵的模式构造

（引自汪明,2003）

1. **原尾蚴**　出现于假叶目绦虫的生活史中,其特征除体为实心结构外,还保留着 3 对小钩在体的后端。以裂头绦虫的发育为例,钩毛蚴被剑水蚤（*Cyclops*）吞食后,消化液对胚膜起软化作用,借助蚴体及其小钩的活动冲破胚膜而逸出,穿过肠壁达血腔,经过 4～10 d 发育成原尾蚴。原尾蚴的前端有一凹陷处,称为前漏斗,末端有带有六钩的小尾球（cercomer）,体表出现无数体棘,密布全身。

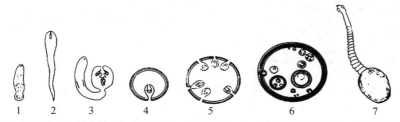

1. 原尾蚴　2. 裂头蚴　3. 似囊尾蚴　4. 囊尾蚴　5. 多头蚴　6. 棘球蚴　7. 链尾蚴

图 5-8　各种类型绦虫中绦期的模式构造

（引自孔繁瑶,1997）

2. **实尾蚴**　含有原尾蚴的剑水蚤被第二中间宿主吞食后,原尾蚴发育成为实尾蚴。实尾蚴无小钩,具有成虫样的头节,但链体及生殖器官尚未发育,常称为条带或裂头蚴（pletocer-

coid)。各种实尾蚴发育的经过不同,有的实尾蚴必须在鱼类体中发育,有的在蛙、蝌蚪体内发育。成熟的实尾蚴被终宿主吞食后发育为成虫。

3. 似囊尾蚴 为一个含有凹入头节的双层囊状体,其一端具有带六钩的尾状结构,发育经过随绦虫的种类而异。主要可分为头节在囊内发育及头节在囊外发育后缩入囊内的两个发育类型。犬复孔绦虫的虫卵被跳蚤吞食后,六钩蚴从胚膜中逸出,经胃壁入血腔,初期变化是体积增大,原始囊腔出现,带有六钩的前端开始分化为尾体或小尾球,在囊内逐渐形成头节,小尾球最后脱落,经 1 个月左右似囊尾蚴成熟。有的绦虫,似囊尾蚴的尾巴只出现在发育的早期,这种绦虫蚴称为隐似囊尾蚴(cryptocysitis),如果早晚期均有尾巴则称有尾似囊尾蚴(cercocystis)。

4. 囊尾蚴 为一半透明囊体,在囊壁凹入处含有头节 1 个,头节能向外翻出。带科绦虫生活史中的中绦期,其基本结构均属囊尾蚴型。囊尾蚴寄生的部位随绦虫的种类而不同,肝、腹腔、肌肉、脑、眼均为常见的寄生部位。六钩蚴入中间宿主后,在十二指肠孵化逸出,钻入黏膜随血流到达肝脏,最终定居场所视绦虫种类而异。

在带科绦虫里,有的囊壁上可以产生一个以上的似头节样的原头蚴(protoscolex),这种囊体称为共囊尾蚴或多头蚴(coenurus),为多头绦虫的幼虫。还有的囊体可以产生无数生发囊,每个生发囊又产生许多原头蚴,这种就称棘球蚴,为细粒棘球绦虫的幼虫。另外,还有链状囊尾蚴(strobilocercus),头节在体的前端,一个小囊泡在体末端,头节与囊泡之间有很长并且分成许多节但无性器官的链体,这是猫带状泡尾绦虫(*Hydatigera taeniaeformis*)的幼虫。以上3 种中绦期基本上与囊尾蚴相似,所以仍归在囊尾蚴里。

三、动物主要绦虫蚴及其成虫的形态描述及插图

1. 猪囊尾蚴(*Cysticercus cellulosae*)(图 5-9)和猪带绦虫(*Taenia solium*)(图 5-10)

图 5-9 猪囊尾蚴

(引自孔繁瑶,1997)

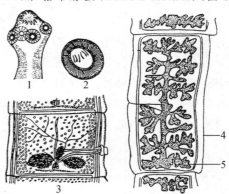

1. 头节 2. 虫卵 3. 成节 4. 孕节 5. 子宫侧支

图 5-10 猪带绦虫

(引自杨光友,2005)

2. 牛带绦虫(*Taeniarhynchus saginatus*)(图 5-11)

3. 细颈囊尾蚴(*Cysticercus tenuicollis*)(图 5-12)和泡状带绦虫(*Taenia hydatigena*)(图 5-13)

4. 多头绦虫(*Coenurus cerebralis*)(图 5-14)

5. 细粒棘球蚴(图 5-15)和细粒棘球绦虫(*Echinococcus granulosus*)(图 5-16)
6. 羊带绦虫(*Taeniaovis*)(图 5-17)

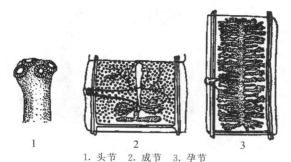

1. 头节　2. 成节　3. 孕节

图 5-11　牛带绦虫成虫的头节、成节和孕节的构造

(引自孔繁瑶，1997)

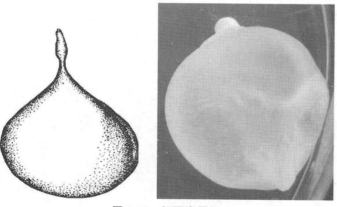

图 5-12　细颈囊尾蚴

(包永占提供)

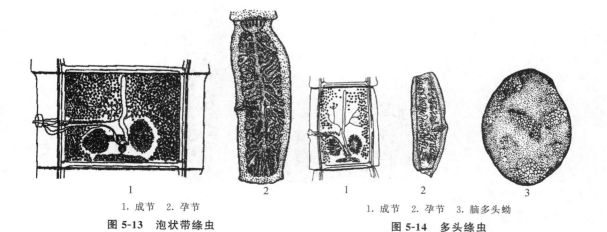

1. 成节　2. 孕节　　　　　　　1. 成节　2. 孕节　3. 脑多头蚴

图 5-13　泡状带绦虫　　　　　　　**图 5-14　多头绦虫**

(引自孔繁瑶，1997)　　　　　　　　(引自汪明，2003)

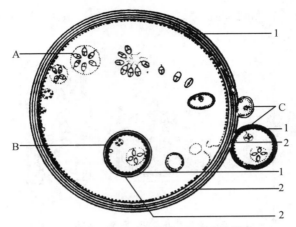

A. 生发囊　B. 内生性子囊　C. 外生性子囊

1. 角皮层　2. 胚层

图 5-15　细粒棘球蚴模式构造

(引自孔繁瑶,1997)

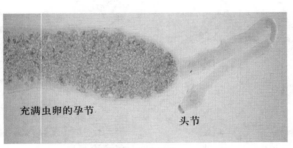

充满虫卵的孕节　　　头节

图 5-16　细粒棘球绦虫

(秦建华提供)

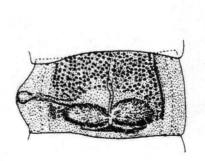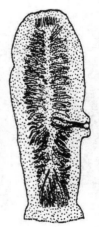

1. 成节　2. 孕节

图 5-17　羊带绦虫

(引自孔繁瑶,1997)

7. 豆状囊尾蚴(*Cysticercus pisiformis*)(图 5-18)和豆状带绦虫(*Taenia pisiformis*)(图 5-19)

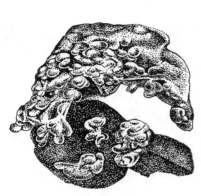

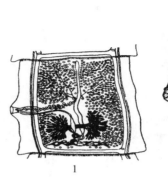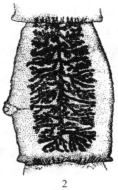

1. 成节　2. 孕节

图 5-18　豆状囊尾蚴

（引自孔繁瑶，1997）

图 5-19　豆状带绦虫

（引自孔繁瑶，1997）

8. 带状带绦虫(*Taenia taeniaeformis*)(图 5-20)

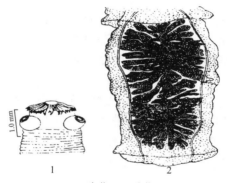

1. 头节　2. 孕节

图 5-20　带状带绦虫

（引自孔繁瑶，1997）

四、猪囊尾蚴的活力实验

经冷冻或盐腌处理的轻度感染的囊尾蚴样本，在检测之前，应测定囊尾蚴的活性。

（一）胆汁刺激法

1. 原理　利用同源动物的胆汁溶液在一定温度下培养，能激活囊尾蚴的头节使其自行翻出。

2. 仪器　恒温水浴箱或恒温箱。

3. 试剂　50%～80%胆汁生理盐水：取 5～8 份同源动物胆汁与 2～5 份生理盐水混合均匀，经过滤即成。

4. 操作方法　由样本深部摘取不少于 10 个囊尾蚴，放入清洁的培养皿内，小心剪破其外层包囊(不能损伤头节)，以助头节自行外翻。将经预热到 40 ℃的 50%～80%胆汁生理盐水注入培养皿中，使其将虫体淹没为宜。在 38～40 ℃的水浴中或 37 ℃温箱中孵育 1～3 h 后观察。

5. 判定标准　如头节自行翻出,表示囊尾蚴具有生活力。若经过 4 h 后头节仍不翻出,表示囊尾蚴已经失去生活力。

(二)染色法

1. 原理　根据某些染料对死亡的囊尾蚴具有良好的着染性这一特点,用染色法来鉴定囊尾蚴有无生存能力。

2. 试剂

(1)明矾卡红染色液:取卡红 1 g,溶于 100 mL 25％的铵明矾(硫酸铝铵)溶液中,煮沸 20～30 min,冷却,过滤即可。为了防止发霉,可加入 0.1％甲醛溶液。

(2)苏木精染色液:取苏木精晶体 1 g,加入 10 mL 95％的乙醇溶液、100 mL 铵明矾饱和溶液,均匀混合并置于无色瓶中,在日光或温箱中经过 2 周氧化成熟,最后加 25 mL 甘油和 25 mL 甲醛溶液,再经 3～5 d,过滤瓶装为储备溶液。临用前将储备溶液以水进行 10～15 倍稀释,即为苏木精应用染色液。

(3)骆氏(Loeffler)碱性美蓝染色液:取亚甲蓝(美蓝)0.3 g,溶于 30 mL 95％的乙醇溶液中,加入 100 mL 0.01％的氢氧化钾溶液。

3. 操作方法　量取明矾卡红染色液、苏木精染色液、骆氏碱性美蓝染色液各 30 mL,分别盛于培养皿或烧杯中。每个培养皿中放入经压迫包囊内的虫体 10 个左右,经 1 min 染色,取出,用水冲洗,然后用两片载玻片夹压虫体,于低倍镜下观察着染程度。

注:本实验如限于条件,可选一种染色液测定;染色也可在夹压虫体的载玻片上直接进行。

4. 判定标准　上述 3 种染色液对死囊尾蚴均着染良好,对活囊尾蚴不着染或着染不良。

(三)食盐含量的测定

当腌肉中食盐含量达 5.5％～7.5％时,囊尾蚴不能生存。故通过测定经盐腌处理的感染囊尾蚴的样本中食盐含量,可以间接推测腌肉中囊尾蚴是否死亡。

1. 原理　在中性溶液中,氯化钠与硝酸银作用,生成难溶于水的氯化银白色沉淀。

$$NaCl + AgNO_3 \longrightarrow AgCl \downarrow + NaNO_3$$

当氯离子与硝酸银反应完全后,稍过量的硝酸银即与指示剂铬酸钾反应,生成橘红色的铬酸银沉淀,即为终点。

$$2AgNO_3 + K_2CrO_4 \longrightarrow Ag_2CrO_4 \downarrow + 2KNO_3$$

以滴定样品时消耗硝酸银的量求得肉制品中氯化钠的含量(％)。

2. 试剂

(1)0.1 mol/L 硝酸银标准溶液:精确称取 17.5 g 硝酸银,加适量蒸馏水溶解并稀释至 1 000 mL 混匀,标定。于棕色瓶中密闭保存。

(2)5％铬酸钾溶液。

3. 测定方法

(1)样品处理:精确称取 1～2 g 切碎均匀的瘦肉样品,置于瓷蒸发皿中,用小火炭化完全,用玻璃棒将炭化的肉轻轻研碎,然后加 25～30 mL 蒸馏水,用小火煮沸,冷却后过滤到 250 mL 容量瓶中,并以热水少量分次洗涤残渣及滤器,洗液倒入容量瓶中,冷却至室温,加水至刻度,混匀备用。

(2)测定:精密吸取样品滤液 25 mL 于瓷蒸发皿中,加入 1 mL 5％铬酸钾溶液作为指示剂,摇匀,用 0.1 mol/L 硝酸银标准溶液滴定初现橘红色即为终点。同时做试剂空白实验。

（3）计算：

$$氯化钠含量（\%）=\frac{(V_1-V_2)\times c\times 0.058\ 5}{m\times 25/250}\times 100$$

式中：V_1 为样品消耗硝酸银溶液的体积，mL；V_2 为试剂空白消耗硝酸银溶液的体积，mL；c 为硝酸银溶液的浓度，mol/L；m 为样品质量，g；0.058 5 为 1 mL 1 mol/L 硝酸银标准溶液相当于氯化钠的克数。

4. 判定标准　腌腊肉制品深层肌肉中氯化钠的含量应不低于 6%～12%。因含囊尾蚴而进行无害处理的肉，其食盐含量不少于 7% 时可认为已经达到无害程度。广式腊肉食盐含量一般不超过 10%。

实验六　动物绦虫病常见病原形态学观察

一、实验目的及要求

(1)对莫尼茨绦虫进行详细观察,使学生掌握绦虫构造的共同特征。

(2)通过对比观察的方法,掌握猪、牛、马、食肉动物和禽类的主要绦虫(马裸头绦虫、莫尼茨绦虫、曲子宫绦虫、无卵黄腺绦虫、鸡瑞利绦虫、节片戴文绦虫、双壳绦虫、膜壳绦虫、中绦绦虫以及双叶槽绦虫)的形态结构特点。

(3)掌握扩展莫尼茨绦虫和贝氏莫尼茨绦虫的鉴别要点。

(4)了解中间宿主剑水蚤和地螨等形态结构特点。

二、实验器材

1. 多媒体课件　上述病原(绦虫及其中间宿主)的形态图。

2. 挂图

(1)绦虫构造模式图,马裸头绦虫、莫尼茨绦虫、曲子宫绦虫、无卵黄腺绦虫、鸡瑞利绦虫、节片戴文绦虫、双壳绦虫、膜壳绦虫、中绦绦虫、双叶槽绦虫的形态图。

(2)绦虫中间宿主(剑水蚤和地螨)的形态图。

3. 标本

(1)马裸头绦虫、莫尼茨绦虫、曲子宫绦虫、无卵黄腺绦虫、鸡瑞利绦虫、节片戴文绦虫、双壳绦虫、膜壳绦虫、中绦绦虫、双叶槽绦虫的浸渍标本。

(2)马裸头绦虫、莫尼茨绦虫、曲子宫绦虫、无卵黄腺绦虫、鸡瑞利绦虫、节片戴文绦虫、双壳绦虫、膜壳绦虫、中绦绦虫、双叶槽绦虫的染色标本(制片标本)。

(3)剑水蚤和地螨的浸渍标本和制片标本。

(4)严重感染马裸头绦虫、莫尼茨绦虫、曲子宫绦虫、无卵黄腺绦虫、鸡瑞利绦虫、双壳绦虫的病理标本。

4. 器材

(1)显微镜、体视显微镜、手持放大镜。

(2)标本针、眼科弯头镊子、表玻璃(或培养皿)、尺。

(3)多媒体、幻灯机、显微镜投影仪(电视机、投影显微镜)。

三、实验方法、步骤和操作要领

(1)教师采用多媒体(或幻灯机)及显微投影仪带领学生观察莫尼茨绦虫、曲子宫绦虫、无卵黄腺绦虫、鸡瑞利绦虫、节片戴文绦虫、双壳绦虫、膜壳绦虫、中绦绦虫、双叶槽绦虫和马裸头绦虫的形态特征,并明确指出各种绦虫形态构造的特点。

(2)学生分组独立进行绦虫形态学观察。首先对莫尼茨绦虫的浸渍标本进行观察,将标本置于瓷盘中观察其一般形态,用尺测量虫体的全长及最宽处,测量成熟节片的长度及宽度,用放大镜或体视显微镜观察其形态,然后再用同样方法观察其他绦虫的浸渍标本。

（3）取莫尼茨绦虫头节、成熟节片的 HE 染色标本,在显微镜下详细观察头节的构造,成熟节片的睾丸分布、卵巢形状、卵黄腺及梅氏腺的位置、生殖孔的开口以及孕卵节片内子宫的形态和位置。同样,再对其他绦虫的染色标本进行观察。观察时主要注意成熟节片内生殖器官的组别、生殖孔开口的位置和数量、睾丸的位置、排列方式以及孕卵节片内子宫的形态和位置等。

（4）取剑水蚤和地螨的标本,在显微镜或体视显微镜下观察。

四、实验注意事项

（1）从标本瓶内取出绦虫的浸渍标本时,一定要轻取轻放,以防节片脱落。

（2）在显微镜下观察绦虫头节、成熟节片和孕卵节片的染色制片标本时,一定要对照图谱进行观察。

（3）用肉眼和放大镜观察患病器官的病理变化。

（4）用肉眼、放大镜和体视显微镜着重观察剑水蚤和地螨的浸渍标本外部形态。

（5）按有关标本管理要求,将本次实验用标本放回原处。

五、实验报告

（1）在莫尼茨绦虫头节和成熟节片的形态图中,标出各部位的名称。

（2）将观察马裸头绦虫、莫尼茨绦虫、鸡瑞利绦虫、双壳绦虫、膜壳绦虫和双叶槽绦虫标本所见的形态特征,按表 6-1 格式制表填入。

表 6-1　常见动物绦虫形态特征

虫名	虫体长	虫体宽	头节大小	头节吸盘附属物	成节生殖孔位置和数量	成节生殖器组数	成节睾丸位置	成节卵黄腺有无	成节节间腺形状	孕节子宫形状和位置
马裸头绦虫										
莫尼茨绦虫										
鸡瑞利绦虫										
双壳绦虫										
膜壳绦虫										
双叶槽绦虫										

附:参考资料

一、动物主要绦虫的形态特征描述及插图

1. 马裸头绦虫　马裸头绦虫病的病原体常见的有 3 种:叶状裸头绦虫(*Anoplocephala perfoliata*)(图 6-1)、大裸头绦虫(*A. magna*)(图 6-2)和侏儒副裸头绦虫(*Paranoplocephala mamillana*)(图 6-3)。

2. 莫尼茨绦虫　在我国常见的莫尼茨绦虫有 2 种:扩展莫尼茨绦虫(*Moniezia expansa*)(图 6-4 和图 6-5)和贝氏莫尼茨绦虫(*M. benedeni*)(图 6-4 和图 6-6),以及中间宿主形态特征(图 6-5),均寄生于反刍动物的小肠内。二者在外观上颇为相似,不易区别,均为大型绦虫。

图 6-1　叶状裸头绦虫头节

（引自孔繁瑶，1997）

图 6-2　大裸头绦虫头节

（引自孔繁瑶，1997）

图 6-3　侏儒副裸头绦虫

（引自孔繁瑶，1997）

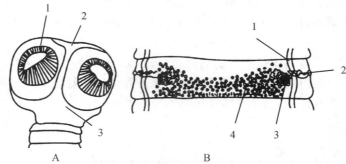

A　　　　　　　　　　　　B

A. 莫尼茨绦虫头节示意图(1. 吸盘　2. 顶突　3. 头节)

B. 莫尼茨绦虫成熟节片示意图(1. 纵排泄管　2. 生殖孔　3. 卵巢　4. 睾丸)

图 6-4　莫尼茨绦虫形态结构图

（引自 Gibbons，Jones & Khalil，1996）

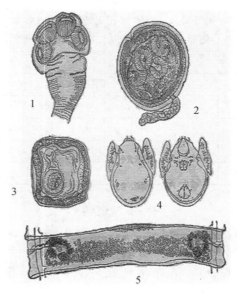

1. 成虫头节　2. 似囊尾蚴　3. 成熟虫卵

4. 甲螨　5. 成熟节片

图 6-5　扩展莫尼茨绦虫及其中间宿主

（引自赵辉元，1996）

3. 曲子宫绦虫（图 6-7）

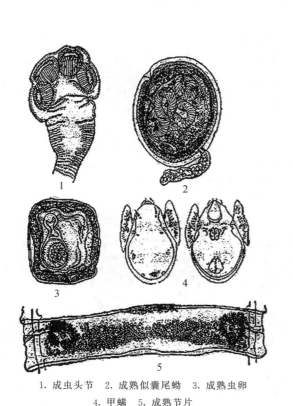

1. 成虫头节　2. 成熟似囊尾蚴　3. 成熟虫卵
4. 甲螨　5. 成熟节片

图 6-6　贝氏莫尼茨绦虫及其中间宿主

（引自赵辉元，1996）

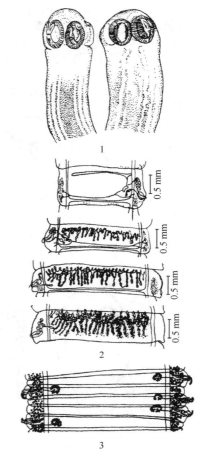

1. 头节　2. 孕节　3. 成节

图 6-7　曲子宫绦虫

（引自孔繁瑶，1997）

4. 无卵黄腺绦虫　成熟节片内有一套生殖器官，生殖孔左右不规则地排列在节片的边缘。卵巢位于生殖孔一侧，子宫在节片中央，睾丸位于纵排泄管两侧。无卵黄腺（图 6-8）。

5. 瑞利绦虫　鸡瑞利绦虫病是对鸡危害最大的一类绦虫病，尤其对地面平养的雏鸡危害严重，发病率和死亡率都很高。瑞利绦虫种类很多，但最常见、危害性最大的是戴文科瑞利属的 3 种绦虫：四角瑞利绦虫（*Raillietina tetragona*）、棘沟瑞利绦虫（*R. echinobothrida*）和有轮瑞利绦虫（*R. cesticillus*）（图 6-9）。

6. 节片戴文绦虫　吸盘上具有几排小棘，极易脱落。生殖孔有规则地交替开口于节片侧面边缘的前方。睾丸数目 12～21 个。含有六钩蚴的虫卵分别包在卵囊里（图 6-10）。

7. 犬复孔绦虫　头节近似菱形，横径约 0.4 mm，具有 4 个吸盘和 1 个发达的、呈棒状且可伸缩的顶突，其上有约 60 个玫瑰刺状的小钩，常排成 4 圈（1～7 圈），小钩数和圈数可因虫龄和顶突受损伤程度不同而异（图 6-11）。

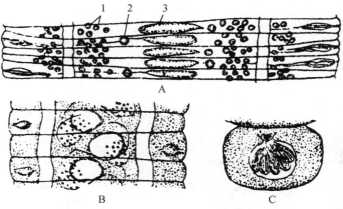

A. 成节　B. 孕节　C. 副子宫器

1. 睾丸　2. 卵巢　3. 子宫

图 6-8　中点无卵黄腺绦虫

（引自孔繁瑶,1997）

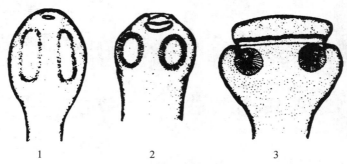

1. 四角瑞利绦虫　2. 棘沟瑞利绦虫　3. 有轮瑞利绦虫

图 6-9　瑞利绦虫

（引自孔繁瑶,1997）

图 6-10　节片戴文绦虫

（引自孔繁瑶,1997）

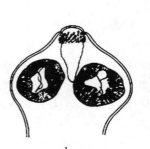

1. 头节　2. 成节

图 6-11　犬复孔绦虫

（引自孔繁瑶,1997）

8. 膜壳绦虫

(1) 矛形剑带绦虫（*Drepanidotaenia lanceolata*）（图 6-12）。

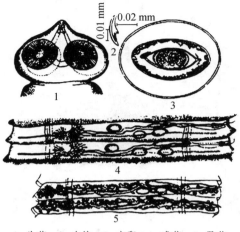

1. 头节　2. 小钩　3. 虫卵　4. 成节　5. 孕节

图 6-12　矛形剑带绦虫

（引自孔繁瑶，1997）

(2) 片形皱褶绦虫（*Fimbriaria fasciolaris*）（图 6-13）。

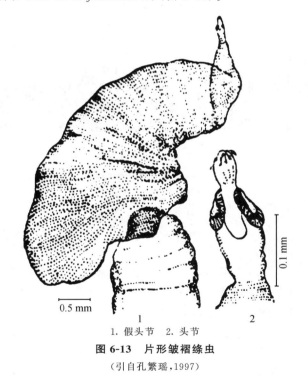

1. 假头节　2. 头节

图 6-13　片形皱褶绦虫

（引自孔繁瑶，1997）

(3) 微小膜壳绦虫（图 6-14）。

(4) 克氏伪裸头绦虫（*Pseudanoplocephala crawfordi*）（图 6-15）。

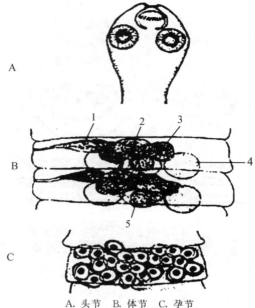

A. 头节 B. 体节 C. 孕节

1. 雄茎囊 2. 贮精囊 3. 卵巢 4. 睾丸 5. 卵黄腺

图 6-14 微小膜壳绦虫

（引自孔繁瑶,1997）

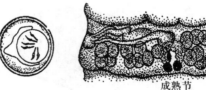

1. 头节 2. 虫卵 3. 成节

图 6-15 克氏伪裸头绦虫

（引自杨光友,2005）

9. 中绦绦虫 线中绦虫（*Mesocestoides lineatus*）（图 6-16）属中绦科（Mesocestoididae），寄生于犬、猫和野生食肉动物的小肠内，偶寄生于人体。头节无顶突和小钩,具有 4 个椭圆形的吸盘。颈节很短,成熟节片近方形,每节有一套生殖系统。子宫为盲管,位于节片的中央,生殖孔开口于背面。孕节似桶状,其中有子宫和一卵圆形的副子宫器,副子宫器内含一成熟的虫卵。

10. 双叶槽绦虫 常见的双叶槽科（Diphyllobothriidae）绦虫有两种:宽节裂头绦虫（*Diphyllobothrium latum*）,寄生于人、犬、猫、猪、北极熊及其他食鱼的哺乳动物的小肠内。成虫长可达 2～12 m,头节上有 2 个肌质纵行的吸槽,槽狭而深。成节和孕节均呈四方形。睾丸 750～800 个,与卵黄腺一起散在于体两侧。卵巢分两叶,位于体中央后部。子宫呈玫瑰花状,在体中央的腹面开孔,其后为生殖孔。虫卵呈卵圆形,两端钝圆,淡褐色,具有卵盖,大小为（0.067～ 0.071）mm×（0.040～0.051）mm。孟氏裂头绦虫（*Spirometra mansoni*）（又名孟氏迭宫绦虫,图

6-17)，寄生于犬、猫和一些食肉动物包括虎、狼、豹、狐狸、貉、狮、浣熊等的小肠内。

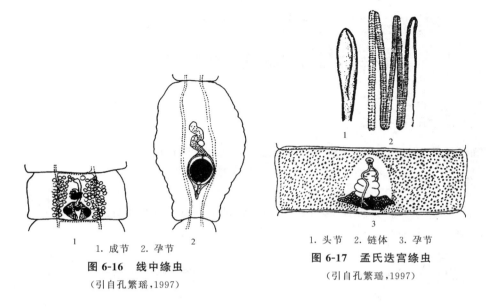

1. 成节　2. 孕节

图 6-16　线中绦虫

（引自孔繁瑶，1997）

1. 头节　2. 链体　3. 孕节

图 6-17　孟氏迭宫绦虫

（引自孔繁瑶，1997）

二、剑水蚤和地螨的形态特征描述及插图

1. 剑水蚤的形态特征　剑水蚤科昆虫的头胸部较宽大，腹部较窄小。头节与第 1 胸节愈合，额部弯向腹面。雌性第 1 触角分 6～21 节，雄性分 17 节，或少于 17 节，为执握状肢。第 2 触角分 4 节。上唇末缘具有细锯齿，大颚须退化成一小突起，附刚毛 2～3 根；小颚的内、外肢退化成一简单的片状；颚足内肢退化。无节幼体期，大颚内肢第 1 节形成撕嚼叉。第 1～4 胸足发达，分内、外肢，各分 2～3 节。第 5 胸足退化，无两性差异。卵囊一对，位于腹部两侧（图 6-18）。

2. 地螨的形态特征　地螨，也称甲螨。甲螨亚目现已发现有 800 个属，数量多，分布广。大多数甲螨行动迟缓，体背具坚硬外骨骼，躯体大小为 0.200～1.300 mm。气管呼吸，气管在足的足盘腔（acetabular cavity）处开口或通过短气管（brachytracheae）传到外面，短气管在足基部或前背假气门孔处开口。地螨形态如图 6-19 所示。

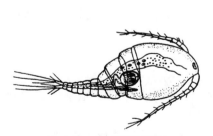

图 6-18　剑水蚤的形态

（引自杨光友，2005）

图 6-19　地螨的形态

（引自杨锡林，1984）

实验七　线虫一般构造和蛔虫病病原形态学观察

一、实验目的及要求

了解线虫的基本构造,掌握动物常见蛔虫的主要形态特征。

二、实验器材

1. 器械　光学显微镜、手持放大镜、镊子、解剖针、平皿、载玻片与盖玻片等。
2. 试剂　乳酸酚透明液等。
3. 标本

(1)浸渍标本。猪蛔虫、马副蛔虫、牛弓首蛔虫、犬弓首蛔虫、猫弓首蛔虫、狮弓首蛔虫、鸡蛔虫、鸽蛔虫等。

(2)封片标本。猪蛔虫口唇、鸡蛔虫头端与尾端、猪蛔虫卵、牛弓首蛔虫卵等。

(3)病理标本。猪蛔虫、鸡蛔虫引起的肠道阻塞,猪的胆道蛔虫病等。

三、实验方法、步骤和操作要领

(1)分别挑取犬弓首蛔虫、猫弓首蛔虫及狮弓首蛔虫的雌雄虫各一条,分别放在载玻片上,滴加乳酸酚透明液 2～3 滴,在光学显微镜下观察透明虫体的详细构造。

(2)在光学显微镜下观察封片标本的形态构造。

(3)用肉眼或借助手持放大镜观察虫体浸渍标本及病理标本。

四、实验注意事项

(1)乳酸酚透明液具有一定的腐蚀性,因此不宜滴加太多,以防溢出载玻片而腐蚀光学显微镜的载物台。

(2)虫体在滴加乳酸酚透明液后,应尽快放到光学显微镜下进行观察,若虫体透明过度,则不利于虫体内部形态构造的观察。

五、实验报告

(1)列表比较猪蛔虫、牛弓首蛔虫、犬弓首蛔虫、猫弓首蛔虫、狮弓首蛔虫及鸡蛔虫虫体主要形态构造的区别以及各虫种生活发育过程的异同点。

(2)列表比较猪蛔虫卵、牛弓首蛔虫卵、犬弓首蛔虫卵、猫弓首蛔虫卵、狮弓首蛔虫卵及鸡蛔虫卵的主要区别点。

附:参考资料

一、线虫的一般形态构造

大多数线虫呈圆柱状,两端逐渐变细,有的呈线状或毛发状。整个虫体一般可分为头端、尾端、背面、腹面及侧面。线虫的大小依种类的不同差别很大。活体线虫常呈乳白色或淡黄色,而吸血的线虫则呈淡红色。绝大多数寄生线虫为雌雄异体,雄虫通常比雌虫小,后端不同程度地弯曲并有一些与生殖有关的辅助构造,易与雌虫相区别。

1. 线虫的体表　线虫体表由一层无色、透明的角皮所覆盖。角皮由位于其下的皮下组织分泌而成。许多线虫的角皮还分化形成了多种特殊的组织构造,包括头泡、颈泡、唇、叶冠、颈翼、侧翼、尾翼、颈乳突、尾乳突、性乳突、交合伞、饰板和饰带、刺、嵴等;这些特殊的组织构造不仅具有附着、感觉、辅助交配等功能,而且它们的形状、位置及排列也是分类的重要依据(图7-1和图7-2)。

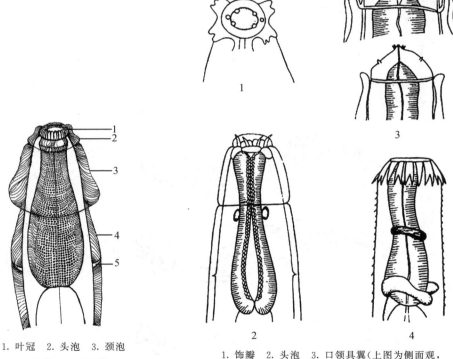

1. 叶冠　2. 头泡　3. 颈泡
4. 颈翼　5. 颈乳突

图 7-1　线虫角皮的分化构造

(引自 Urquhart 等,1996)

1. 饰瓣　2. 头泡　3. 口领具翼(上图为侧面观,
下图为腹面观)　4. 头棘

图 7-2　角皮的附属物

(引自汪明,2003)

(1)头部与体部。虫体顶端与神经环之间为头部,神经环之后的虫体为体部。

(2)口领。在头部最前端形成一个界限(称为横沟),界线以上为口领。食道口属线虫的口领很发达。

(3)叶冠。着生在口领之上,由口囊边缘的细小乳突环绕排列而成,有些虫体有两圈叶冠,即外叶冠和内叶冠。食道口属线虫和圆线属的一些虫种其叶冠特别明显。

(4)环口乳突与侧器(头感器)。环口乳突位于口领亚背侧和亚腹侧,突出于口领,侧器位于口领两侧,呈圆泡状而不突出于口领。

(5)头泡。位于口孔周围,口领下缘与颈沟之间的角皮膨大为头泡。

(6)颈泡。食道区的角皮膨大。

(7)颈沟。头部与体部之间有一显著的环沟称为颈沟。颈沟围绕着虫体的腹面及两侧。

(8)颈乳突及尾乳突。颈乳突位于食道后方较远处。尾乳突则位于尾部后段,呈刺状或指状突起。

(9)颈翼、侧翼及尾翼。分别位于食道区、体侧面及尾部,是由表皮伸出的扁平翼状突起。无交合伞线虫的尾翼不发达,其上有排列对称或不对称的性乳突,性乳突的形态、大小、数量及排列具有分类学意义。

(10)饰板和饰带。旋尾目的多种线虫其角皮表面有呈板状和带状的突出饰物,称为饰板和饰带。

(11)尾感器。位于虫体肛门之后尾尖部,为一对小孔或突起,其内部膨大成一袋状构造,有神经末梢分布,其有无为区分亚纲的特征。

2. 消化系统

(1)口腔。线虫的消化系统呈管状(图7-3)。许多线虫的口只是一个简单的开口,其周围可能围有2~3片唇并直接通向食道。而有些线虫的口很大,口腔壁衬有角质层而形成可能含有齿的口囊。无唇片的种类,有的在口缘部分发育为叶冠、角质环(口领)或齿、板等构造(图7-4)。

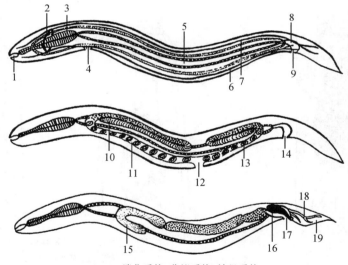

1~9. 消化系统、分泌系统、神经系统

1. 口腔　2. 神经环　3. 食道　4. 排泄孔　5. 肠
6. 腹神经索　7. 背神经索　8. 直肠　9. 肛门

10~14. 雌性生殖系统

10. 卵巢　11. 子宫　12. 阴门　13. 虫卵　14. 肛门

15~19. 雄性生殖系统

15. 睾丸　16. 交合刺　17. 泄殖腔　18. 肋　19. 交合伞

图7-3　线虫纵切面示意

(引自 Urquhart 等,1996)

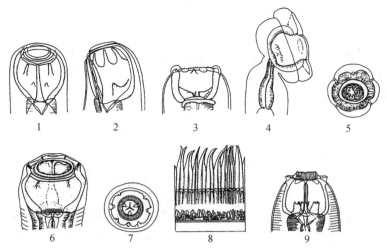

1. 角质环(口囊正面观)　2. 角质环(口囊侧面观)　3. 角质隆突　4. 齿轮状突(侧面观)　5. 齿轮状突(顶面观)
6. 齿片　7. 叶冠(顶面观)　8. 叶冠的一部分(顶面观)　9. 叶冠(正面观)

图 7-4　口缘结构

(引自汪明,2003)

(2)食道。线虫的食道通常为肌质结构,管腔呈三角形辐射状。食道壁内有数个(通常为3个)食道腺,分别位于背位及侧腹位,开口于食道腔、齿顶端等处。有的线虫在其食道末端处还有小胃。不同类线虫的食道其形态结构差异很大,常可作为线虫高级分类阶元的初步鉴别特征。根据其形态的不同,可将线虫食道分为如下六大类。

①丝状型食道。食道简单,其后端稍厚,呈细的圆柱状,见于蛔虫类线虫。

②球状型或灯泡型食道。食道后端膨大,多见于圆线虫类。

③双球状型或双灯泡型食道。食道前、后端均膨大,多见于尖尾线虫。

④肌质-腺质型食道。食道前端呈肌质,后端呈腺质,多见于丝虫及旋尾线虫。

⑤毛尾线虫型食道。食道细长,呈毛线状,由一连串杆细胞组成的杆状体围绕着细的食管腔而成,见于毛尾目线虫。

⑥杆状型食道。又称为杆线虫型食道。这是最原始的食道,可分为体部、狭部及球部共3个部分。此型食道见于多种线虫的寄生前期幼虫以及成虫营自由生活的线虫(图 7-5)。

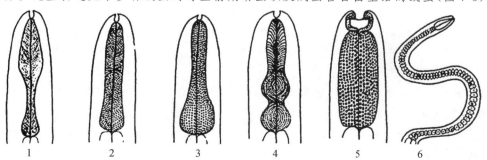

1. 杆状型　2. 丝状型　3. 球状型　4. 双球状型　5. 肌质-腺质型　6. 毛尾线虫型

图 7-5　线虫食道的基本形状

(引自 Urquhart 等,1996)

（3）肠。肠道呈管状,肠腔由单层细胞或合胞体围绕而成,肠的后部为很短的直肠。雌虫直肠的末端是肛门,单独开口于雌虫尾部。雄虫的直肠末端有一个功能类似肛门的泄殖腔,开口于尾部腹面,称为泄殖孔,射精管也开口于此处,交合刺从这里伸出。

从肛门或泄殖孔到虫体末端的部分称为尾部。不同种线虫其雌、雄虫尾部形态不同,是分类与鉴定的依据之一(图7-3)。

3. 排泄系统　线虫的排泄系统是非常原始的,有腺型和管型两类。无尾感器线虫的排泄系统为腺型,而有尾感器线虫的排泄系统为管型。排泄孔通常开口于食道部腹面正中线上,同种线虫其位置固定,因而具有分类学意义(图7-3)。

4. 神经系统　神经环为线虫神经系统的中枢,位于食道的周围,在颈沟水平线的稍后方(图7-3)。

5. 生殖系统　线虫为雌、雄异体,雄虫与雌虫的生殖系统均由丝状管道构成(图7-3)。

（1）雄虫。雄性生殖器官通常为单管型,由一个睾丸、一条输精管、一个贮精囊以及一条通向泄殖腔的射精管组成。雄虫生殖器官的末端部分还有几个辅助生殖器官,包括交合刺、引器及副引器等,有的线虫还有生殖锥、交合伞和副伞膜等辅助生殖器官。它们的形态、位置以及有无在亚目、科、属、种(特别是毛圆科线虫)的鉴定上有重要意义(图7-6)。

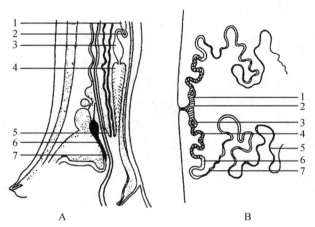

A. 雄性生殖器官　1. 睾丸　2. 输精管　3. 贮精囊　4. 胶黏腺
5. 射精管　6. 引带　7. 交合刺
B. 雌性生殖器官　1. 阴道　2. 阴门　3. 括约肌　4. 子宫
5. 卵巢　6. 受精囊　7. 输卵管

图 7-6　生殖器官

（引自汪明,2003）

①交合刺。几丁质的交合刺通常成对出现,1根者少见。成对时,2根交合刺可等长或不等长,形状相同或不同(图7-7)。

②引器(导刺带)。也是几丁质的结构,嵌于泄殖腔壁上,位于交合刺背部(图7-8)。

③副引器(副导刺带)。有的线虫除具有引器外,还有一个副引器,也为几丁质的结构,嵌于泄殖腔的侧腹壁上。

④伞前乳突。位于交合伞之前。

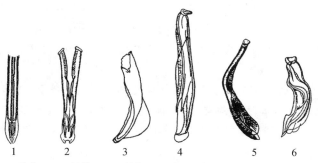

1. 针状 a　2. 针状 b　3. 靴状　4. 三叉状　5. 双叶状　6. 弯钩状

图 7-7　交合刺

(引自汪明,2003)

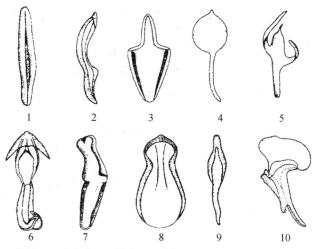

1. 菱形　2. 弯曲形　3. 铲状　4. 球拍状　5. 三齿耙状　6. 锚钩状
7. 钩槽状　8. 鞋底状　9. 蝌蚪状　10. 枪套状

图 7-8　引器

(引自汪明,2003)

⑤交合伞。交合伞是从膨大的尾翼演化而来的,它由两个侧叶和一个小的背叶组成,由被称为肋的伸长的尾乳突支撑着。肋一般对称排列,可分为腹肋组、侧肋组及背肋组 3 组。腹肋组又可细分为 2 对,即腹腹肋(又称前腹肋)和侧腹肋(又称后腹肋)。侧肋组可细分为 3 对,分别为前侧肋、中侧肋和后侧肋。背肋组包括 1 对外背肋及 1 个背肋,背肋的远端有时再分为数支。交合伞不仅在雄虫的分类、鉴定上具有很重要的作用,而且在雌雄虫交配时能抱着和固定雌虫(图 7-9)。

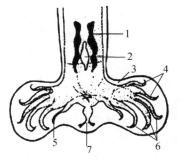

1. 交合刺　2. 引器　3. 交合伞　4. 腹肋
5. 外背肋　6. 侧肋　7. 背肋

图 7-9　雄虫尾端构造

(引自 Urquhart 等,1996)

⑥生殖锥。为虫体腹面末端部的延伸,顶部为生殖孔的开口处。由生殖孔将生殖锥区分为背唇和腹唇两部分。生殖锥左右对称,腹唇中央为锥形,两侧各连接一个短而宽的钝圆形隆起,两侧隆起与中央锥形部之间形成凹痕,背唇的中央部分短窄,两侧各连接一实质泡状乳突,其下腹侧各连有一个小的乳状突。

(2)雌虫。雌性生殖器官通常为双管型,由卵巢、输卵管、受精囊、子宫、阴门和一般较短的阴道组成。有的线虫在子宫和阴道的交汇处,还有排卵器;有的线虫还有一个明显的阴门盖。依虫种的不同,阴门可位于虫体腹面的前部、中部或后部。阴门及阴门盖的形态及位置通常具有分类学意义(图7-6)。

①阴门。为阴道向外的开口处,位于虫体腹面,开口于肛门的前方。

②排卵器。有些虫种在阴道与子宫连接处有一肌质的排卵器,一般呈肾形,它可以辅助排卵。

6. 虫卵　线虫虫卵的大小及形状差异很大,卵壳厚度不一。线虫卵壳通常由3层构成:内膜较薄,具有脂质特性;中间层具几丁质而较坚韧,它赋予虫卵硬性,当这一层很厚时使虫卵呈黄色;最外层为蛋白膜,由蛋白质组成,蛔虫类虫卵的该层很厚而且具有黏性,使虫卵对外界环境条件具有较强抵抗力,在蛔虫的流行病学上具有重要意义。相反,有些线虫的卵壳很薄。

二、动物常见蛔虫的形态特征

1. 猪蛔虫(*Ascaris suum*)　寄生于猪的小肠。为大型线虫,呈长圆柱形,中间稍粗,头尾两端较细,形似蚯蚓。体表光滑,鲜活虫体呈淡红色或微黄色,死后变为苍白色或灰白色。虫体前端有3个呈品字形排列的唇片,其中的一片背唇较大,两片腹唇较小(图7-10)。

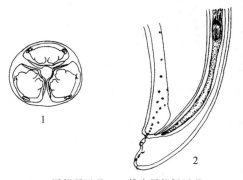

1. 唇部顶面观　2. 雄虫尾部侧面观

图 7-10　猪蛔虫

(引自汪明,2003)

雄虫长15~35 cm,宽2~4 mm。其尾端向腹面弯曲,形似鱼钩,有1对近等长的交合刺。泄殖腔开口于近尾端。

雌虫可长达40.0 cm,宽3~6 mm。虫体较直,尾端稍钝。阴门开口于虫体前1/3与中1/3交界处附近的腹面中线上。肛门开口于虫体末端附近。

受精卵呈短椭圆形,黄褐色,大小为(50~75)μm×(40~80)μm。卵壳厚,由3层组成,卵壳的最外层凹凸不平,有不规则的乳头状突起,为蛋白质膜,常被胆汁染成棕黄色。

2. 犊弓首蛔虫(*Toxocara vitulorum*)　寄生于6月龄内犊牛的小肠。虫体粗大,新鲜时呈粉红色;表皮透明,可以透过表皮看到内脏器官。头端有唇3片,唇基部宽而前窄。食道呈圆柱形,后端以一小胃与肠管相连(图7-11)。

雄虫长11~26 cm,尾部有一小锥突,弯向腹面。有形状相似的交合刺1对。雌虫长14~30 cm,尾直。生殖孔开口于虫体前部1/8~1/6处。

虫卵呈亚球形,淡黄色,卵壳厚,凹凸不平,大小为(70~80) μm×(60~66) μm(图7-12)。

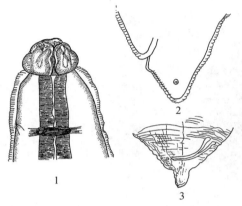

1. 成虫头端侧面　2. 雌虫尾部侧面

3. 雄虫尾部亚侧面

图 7-11　犊弓首蛔虫

(引自蒋学良,2004)

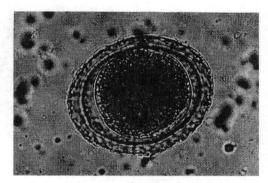

图 7-12　犊弓首蛔虫卵

(引自杨光友,2005)

3. 马副蛔虫(*Parascaris equorum*)　寄生于马属动物的小肠。体形比猪蛔虫粗大。唇部显著,主唇3个,其内侧面上各有一横沟,将唇分为前、后两个部分。主唇之间有小的间唇。

雄虫体长15~28 cm,尾部有小的侧翼,尾端部腹面有很多小乳突。交合刺长2~2.5 mm。雌虫体长18~37 cm,阴门位于身体前1/4与后3/4的交界处(图7-13)。

虫卵近圆形,直径90~100 μm,呈黄色或黄褐色。卵壳表层蛋白膜凹凸不平。

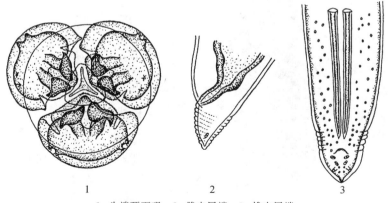

1. 头端顶面观　2. 雌虫尾端　3. 雄虫尾端

图 7-13　马副蛔虫

(引自卢俊杰和靳家声,2002)

4. 犬弓首蛔虫(*Toxocara canis*)　寄生于犬的小肠。虫体呈白色,头端有3片唇,在虫体前端两侧有向后延伸的颈翼膜。食道和肠道由小胃相连。

雄虫长 5～11 cm，尾端弯曲，有 1 个小的指状突起，具有尾翼。雌虫长 9～18 cm，尾端直，阴门开口于虫体前半部。

虫卵呈黑褐色，亚球形，卵壳厚，表面有许多点状的凹陷，大小为（68～85）μm×（64～72）μm（图 7-14）。

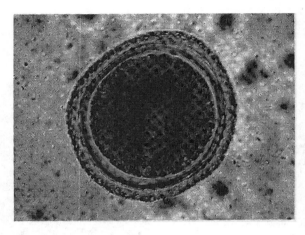

图 7-14　犬弓首蛔虫卵

（引自杨光友，2005）

5. 猫弓首蛔虫（*T. cati*）　寄生于猫的小肠。具有蛔虫的典型特征，是一种较大的白色虫体。虫体外形与犬弓首蛔虫很相似（图 7-15）。

雄虫长 3～6 cm，有 1 对不等长的交合刺，尾部有一个小的指状突起；雌虫长 4～12 cm。

虫卵呈亚球形，无色，具有厚的凹凸不平的卵壳，大小约为 65 μm×70 μm。

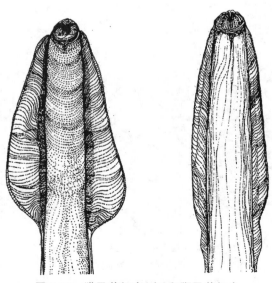

图 7-15　猫弓首蛔虫（左）和狮弓首蛔虫

（右）颈翼比较

（引自 Urquhart 等，1996）

6. 狮弓首蛔虫（*Toxascaris leonina*）　寄生于犬、猫的小肠。成虫头端向背侧弯曲，颈翼呈柳叶刀形（图 7-15）。无小胃。

雄虫长 3～7 cm，交合刺长 0.7～1.5 mm；雌虫长 3～10 cm，阴门开口于虫体前 1/3 与中 1/3 的交界处。

虫卵略呈卵圆形，卵壳厚而光滑，大小为（49～61）μm×（74～86）μm（图 7-16）。

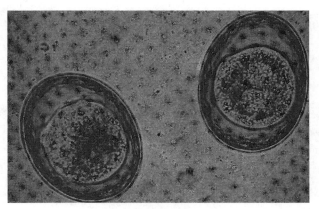

图 7-16　狮弓首蛔虫卵

（引自杨光友，2005）

狮弓首蛔虫与犬弓首蛔虫、猫弓首蛔虫在形态上的主要区别：犬弓首蛔虫的雄虫尾部有一个指状突起，而狮弓首蛔虫的雄虫尾部无突起；狮弓首蛔虫的颈翼呈柳叶刀形，而猫弓首蛔虫的颈翼呈箭头状（图 7-15）。

7. 鸡蛔虫（*Ascaridia galli*）　寄生于鸡的小肠。是鸡体内最大的一种线虫，呈黄白色，圆筒形，体表角质层具有横纹，口孔位于体前端，其周围有一个背唇和两个侧腹唇。口孔下接食道，在食道前方 1/4 处有神经环；排泄孔位于神经环后的体腹侧。

雄虫体长 2.6～7 cm，尾部有尾翼，并有性乳突 10 对，泄殖孔的前方有近似椭圆形的肛前吸盘，吸盘上有明显的角质环，角质环后有一个圆形乳突，交合刺 1 对，近于等长。雌虫体长 6.5～11 cm，阴门开口于虫体的中部，肛门位于虫体的亚末端（图 7-17）。

虫卵呈椭圆形，深灰色，卵壳厚而光滑，大小为（70～90）μm×（47～51）μm。

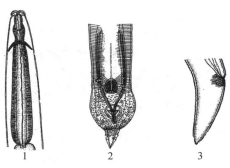

1. 虫体头部　2. 雄虫尾部　3. 雌虫尾部

图 7-17　鸡蛔虫

（引自卢俊杰和靳家声，2002）

实验八　动物线虫病常见病原形态学观察(一)

一、实验目的及要求

熟悉线虫的基本构造,掌握动物常见线虫的主要形态特征。

二、实验器材

1. 器械　光学显微镜、手持放大镜、镊子、解剖针、平皿、载玻片与盖玻片等。
2. 试剂　乳酸酚透明液等。
3. 标本

(1)浸渍标本。

网尾科线虫:丝状网尾线虫、鹿网尾线虫和胎生网尾线虫等。

原圆科线虫:毛样缪勒线虫、柯氏原圆线虫和肺变圆线虫等。

后圆科线虫:野猪后圆线虫和复阴后圆线虫等。

毛圆科线虫:捻转血矛线虫、奥斯特属线虫等。

钩口科线虫:羊仰口线虫、牛仰口线虫、长尖球首线虫、萨摩亚球首线虫和锥尾球首线虫。

盅口科线虫:哥伦比亚食道口线虫、辐射食道口线虫、微管食道口线虫、粗纹食道口线虫、有齿食道口线虫、长尾食道口线虫和短尾食道口线虫等。

冠尾科线虫:有齿冠尾线虫。

圆线科线虫:马圆线虫、无齿圆线虫和普通圆线虫等。

毛尾科线虫:猪毛尾线虫、绵羊毛尾线虫、球鞘毛尾线虫及斯氏毛尾线虫等。

毛形科线虫:旋毛虫等。

颚口科线虫:刚棘颚口线虫和陶氏颚口线虫。

吸吮科线虫:罗氏吸吮线虫和丽嫩吸吮线虫等。

丝状科线虫:马丝状线虫、鹿丝状线虫和指形丝状线虫等。

尖尾科线虫:马尖尾线虫。

(2)封片标本。动物横纹肌中的旋毛虫幼虫、颚口线虫的中间宿主(剑水蚤)等。

(3)病理标本。后圆线虫引起猪支气管堵塞、食道口线虫幼虫引起动物肠道的结节病变、毛尾线虫头部钻入动物肠壁、钻入动物胃壁的颚口线虫等。

三、实验方法、步骤和操作要领

(1)挑取捻转血矛线虫或粗纹食道口线虫的雌、雄虫各一条,分别放在两张载玻片上,滴加乳酸酚透明液1~2滴,盖上盖玻片,在光学显微镜下观察透明虫体的详细构造。

(2)在光学显微镜下观察封片标本的形态构造。

(3)用肉眼或借助手持放大镜观察虫体浸渍标本及病理标本。

四、实验注意事项

(1)乳酸酚透明液具有一定的腐蚀性,因此不宜滴加太多,以防溢出载玻片而腐蚀光学显微镜的载物台。

(2)虫体在滴加乳酸酚透明液后,应尽快放到光学显微镜下进行观察,若虫体透明过度,则不利于虫体内部形态构造的观察。

(3)雄虫尾端交合伞常包裹在一起,可用解剖针轻轻移动盖玻片,让交合伞展开,以观察交合伞内肋的形态。

五、实验报告

(1)绘出捻转血矛线虫虫体头端、雄虫尾端构造,或绘出粗纹食道口线虫的前部、雌虫与雄虫后部的形态构造图,并标出各部位的名称。

(2)列出实验中所观察线虫的中间宿主、终宿主与寄生部位。

附:参考资料

大动物常见线虫的形态特征

1. 网尾科线虫　网尾科(Dictyocaulidae)的线虫较大,故又称大型肺线虫。网尾科网尾属(Dictyocaulus)的线虫寄生于反刍动物和马属动物的气管和支气管。网尾属线虫虫体呈乳白色丝状,较长。头端有4片小唇,口囊小。雄虫交合伞发达,前侧肋独立;中侧肋和后侧肋合二为一,有的仅末端分开;背肋为两个独立的分支,每支末端分为2个或3个指状突起。交合刺两根等长,呈暗褐色,为多孔性结构。引器颜色稍淡,也呈泡孔状构造。雌虫阴门位于体中部。虫卵内含幼虫。

常见虫种有:丝状网尾线虫(D. filaria),寄生于绵羊、山羊、骆驼等反刍动物的支气管;鹿网尾线虫(D. eckerti),寄生于绵羊、山羊、驯鹿、马鹿、羚牛等动物的支气管和气管;胎生网尾线虫(D. viviparus),寄生于牛、骆驼和多种野生反刍动物的支气管和气管;骆驼网尾线虫(D. cameli),寄生于骆驼的气管和支气管;安氏网尾线虫(D. arnfieldi),寄生于马属动物的支气管。这几种网尾线虫的主要特征如下。

(1)丝状网尾线虫。雄虫长25～80 mm,交合伞的中侧肋和后侧肋合二为一,只在末端稍分开,两个背肋分支末端各有3个小分支;交合刺呈靴形。雌虫长43～112 mm。虫卵大小为(120～130) $\mu m \times$ (80～90) μm(图8-1)。

(2)鹿网尾线虫。雄虫长24～38 mm,交合伞的中、后侧肋完全融合,前侧肋末端膨大呈球形;交合刺呈棒状。雌虫长34～56 mm。虫卵大小为(49～97) $\mu m \times$ (32～59) μm。

(3)胎生网尾线虫。雄虫长40～50 mm,交合伞的中侧肋与后侧肋完全融合;交合刺呈棒状。雌虫长60～80 mm。虫卵大小为(82～88) $\mu m \times$ (33～38) μm(图8-2)。

(4)骆驼网尾线虫。雄虫长32～55 mm,交合伞的中、后侧肋完全融合,仅末端稍膨大;外背肋短;背肋末端各有呈梯级的3个分支;交合刺呈棒状。雌虫长46～68 mm。虫卵大小为(49～99) $\mu m \times$ (32～49) μm。

(5)安氏网尾线虫。雄虫长24～40 mm,交合伞的中、后侧肋在开始时为一总干,后半段分开;交合刺呈棒状。雌虫长55～70 mm。虫卵大小为(80～100) $\mu m \times$ (50～60) μm。

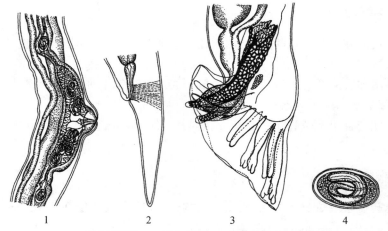

1. 雌虫阴门部　2. 雌虫尾端　3. 雄虫尾端　4. 虫卵

图 8-1　丝状网尾线虫

(引自卢俊杰和靳家声,2002)

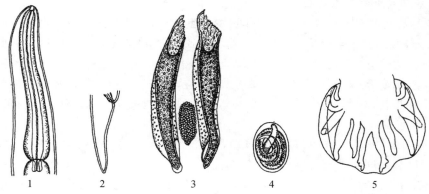

1. 成虫前端　2. 雌虫尾端　3. 交合刺与引器　4. 虫卵　5. 雄虫尾端

图 8-2　胎生网尾线虫

(引自卢俊杰和靳家声,2002)

2. 原圆科线虫　原圆科(Protostrongylidae)的原圆属(*Protostrongylus*)、缪勒属(*Muellerius*)、变圆属(*Varestrongylus*)等几个属的多种线虫寄生于羊的肺泡、毛细支气管、细支气管、肺实质等处。此类线虫多系混合感染,虫体细小,有的肉眼刚能看到,故又称小型肺线虫。雄虫的交合伞不发达,背肋单个,交合刺具膜质羽状的翼膜,引器由头、体和脚部组成;雌虫的阴门位于近肛门处。常见种为:毛样缪勒线虫(*Muellerius capillaris*)、柯氏原圆线虫(*Protostrongylus kochi*)和肺变圆线虫(*Varestrongylus pneumonicus*)。

(1)毛样缪勒线虫。雄虫长 11～26 mm,和原圆科其他线虫不同之处在于其交合伞高度退化,雄虫尾部呈螺旋状卷曲,泄殖孔周围有许多乳突。背肋较其他肋发达,于后 1/4 处分为 3 支。交合刺两根,弯曲,近端部有翼膜,远端部分为两支。引器 1 对,结构简单,不分为头、体、脚三部分。副引器发达。雌虫长 18～30 mm。虫卵呈褐色,产出时细胞尚未分裂,大小为 (82～104) μm×(28～40) μm(图 8-3)。

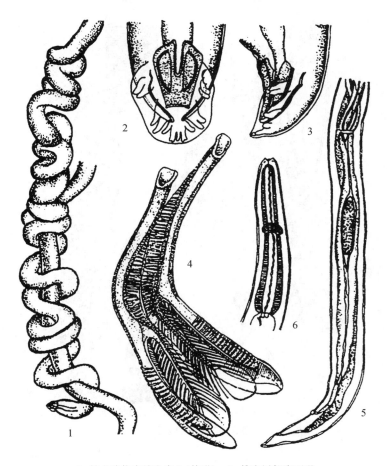

1. 雄虫缠绕在雌虫身上(外形)　2. 雄虫尾部腹面观
3. 雄虫尾部侧面观　4. 交合刺　5. 雌虫后部　6. 头部

图 8-3　毛样缪勒线虫

(引自孔繁瑶,1997)

(2)柯氏原圆线虫。虫体纤细红褐色。雄虫长 24.3～30.0 mm；交合伞小，背肋为一丘形的隆突，上有 6 个乳突。交合刺呈暗褐色；引器由头、体和脚 3 部分组成，头部有两个尖形的耳状结构，脚部末端有 3～5 个齿状突起；副引器发达。雌虫长 28～40 mm。阴道内虫卵的大小为(69～98) μm×(36～54) μm(图 8-4)。

(3)肺变圆线虫。同义名:舒氏歧尾线虫(*Bicaulus schulzi*)。虫体黄色,细线状。雄虫长 13.77～23.10 mm；交合伞较小,背肋呈圆扣状,其腹面有 5 个乳突；交合刺 1 对,等长。引器由体与脚两部分组成,体部为单一的棒状,脚 1 对,上有 4 个小齿；副引器不发达。雌虫长 22～27 mm。虫卵呈椭圆形,大小为(39～56) μm×(26～39) μm。

3. 后圆科线虫　　后圆科(Metastrongylidae)后圆属(*Metastrongylus*)的线虫,寄生于猪的支气管和细支气管内。常见种为:野猪后圆线虫(*M. apri*)和复阴后圆线虫(*M. pudendotectus*)。

虫体呈乳白色或灰色长丝状,口囊很小,有 1 对呈三叶状的侧唇。交合伞明显,背叶小,全

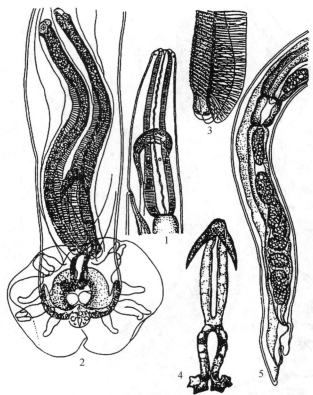

1. 头部　2. 雄虫尾部　3. 交合刺远端　4. 引器　5. 雌虫尾部

图 8-4　柯氏原圆线虫

(引自孔繁瑶,1997)

部肋均粗短,有的肋有一定程度的融合。交合刺1对,细长,末端有单钩或双钩。阴门紧靠肛门,前方覆一角质阴门盖。随粪便排出的虫卵中含有幼虫。

(1)野猪后圆线虫。又称长刺后圆线虫(*M. elongatus*)。雄虫长 11～25 mm。交合伞的前侧肋大,末端膨大;中侧肋和后侧肋融合在一起;背肋极小。交合刺呈丝状,长4.0～4.5 mm,末端为单钩。无引器。雌虫长 20～50 mm。阴道长,超过 2 mm,阴门盖较大。尾长 90 μm,稍弯向腹面。虫卵大小为(51～54) μm×(33～36) μm,内含幼虫(图 8-5)。

(2)复阴后圆线虫。雄虫长 16～18 mm。交合刺长1.4～1.7 mm,末端为双钩。有引器。雌虫长 22～35 mm,尾直。阴道短于 1 mm,阴门盖大而呈球形。虫卵大小为(57～63) μm×(39～42) μm。

4. 捻转血矛线虫　寄生于牛、羊、骆驼和其他反刍动物真胃和小肠的毛圆科(Trichostrongylidae)线虫种类很多,往往呈混合感染,分布遍及全国各地,引起反刍动物

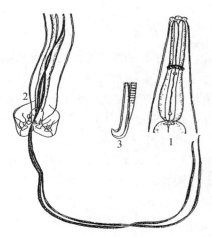

1. 前部侧面　2. 雄虫尾部　3. 交合刺末端

图 8-5　野猪后圆线虫

(引自孔繁瑶,1997)

毛圆线虫病,危害十分严重。反刍动物毛圆科的线虫主要有血矛属($Haemonchus$)、长刺属($Mecistocirrus$)、奥斯特属($Ostertagia$)、马歇尔属($Marshallagia$)、古柏属($Cooperia$)、毛圆属($Trichostrongylus$)、细颈属($Nematodirus$)和似细颈属($Nematodirella$)的多种线虫,此科线虫所引起疾病的流行病学、症状与病理变化、诊断与防治等方面有许多共同点,其中以血矛属的捻转血矛线虫($H.\ contortus$)致病力最强。

捻转血矛线虫也称捻转胃虫,主要寄生于牛、羊等反刍动物的真胃,偶见于小肠。捻转血矛线虫的新鲜虫体,其雄虫整个虫体均呈淡红色;雌虫因白色的子宫缠绕红色的肠管,使其外观呈红、白相间的捻转状,固定后为淡黄色。虫体头端有一小口囊,内有一个小的矛状齿,食道前1/4处有一对明显的刺状颈乳突,伸向后面。

雄虫尾端具有交合伞而呈缝针形,交合伞侧叶发达,背叶不对称,位于左侧。前、后腹肋起于共同主干,弯向腹面,直达伞缘;3个侧肋也起于共同主干,前侧肋长而直,中、后侧肋向背面弯曲;外背肋细长。背肋呈倒 Y 字形,位于左侧。两根交合刺等长,其末端各有一个倒钩,引器(导刺带)呈梭形。雌虫生殖孔位于虫体后半部,有呈舌状或球形的阴门盖,阴门开口其基部。虫卵大小为($75\sim95$)μm×($40\sim50$)μm(图8-6)。

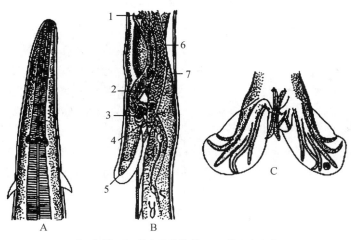

A. 头端　　B. 雌虫生殖孔部　　C. 雄虫交合伞

1. 子宫　2. 输卵管　3. 阴道　4. 阴门　5. 阴门盖　6. 卵巢　7. 肠

图 8-6　捻转血矛线虫

(引自杨光友,2005)

5. 仰口线虫　也称钩虫。钩口科(Ancylostomatidae)仰口属($Bunostomum$)线虫寄生于牛、羊的小肠。此属线虫的特点是头部向背侧弯曲(仰口)。口囊大呈漏斗状,口孔腹缘有 1 对半月形切板,口囊内有背齿 1 个,亚腹齿若干,随种类不同而异。雄虫交合伞的外背肋不对称。雌虫的阴门在虫体中部之前。常见种有:羊仰口线虫($B.\ trigonocephalum$)和牛仰口线虫($B.\ phlebotomum$)。

(1)羊仰口线虫。主要寄生于羊的小肠。虫体乳白色或淡红色。口囊底部背侧生有 1 个大背齿,背沟由此穿出;底部腹侧有 1 对小的亚腹侧齿。雄虫长 $12.5\sim17.0$ mm。交合伞发达。外背肋不对称,右外背肋细长,由背肋的基部伸出;左外背肋短,由背肋的中部伸出。交合刺等长,扭曲,褐色。无引器。雌虫长 $15.5\sim21.0$ mm,尾端钝圆。阴门位于虫体中部前方不远处。虫卵具有一定特征性:色深,大小为(79～97) μm×(47～50) μm,两端钝圆,两侧平直,内有 8～16 个胚细胞(图 8-7)。

(2)牛仰口线虫。主要寄生于牛的小肠(主要是十二指肠)。形态和羊仰口线虫相似,但口囊底部腹侧有两对亚腹侧齿;雄虫的交合刺长 3.5～4.0 mm,为羊仰口线虫的 5～6 倍。雄虫长 10～18 mm,雌虫长 24～28 mm。卵的大小为 106 μm×46 μm,两端钝圆,胚细胞呈暗黑色(图 8-7)。

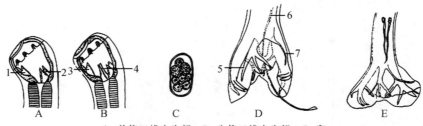

A. 羊仰口线虫头部　B. 牛仰口线虫头部　C. 卵

D. 牛仰口线虫雄虫尾部　E. 羊仰口线虫雄虫尾

1、3. 背齿　2、4. 亚腹齿　5. 左侧外背肋　6. 交合刺　7. 右侧外背肋

图 8-7　牛羊仰口线虫

(引自杨光友,2005)

6. 球首线虫　又称猪钩虫。钩口科(Ancylostomatidae)球首属(*Globocephalus*)的一些线虫寄生于猪的小肠内。球首属线虫虫体粗短,口孔亚背位,口囊呈球形或漏斗状,外缘有角质环,无叶冠。口囊底部有 1 对亚腹齿。背沟明显。雄虫背肋末端分为 2 支,每支末端形成 3 个指状突出,交合刺纤细。雌虫尾端呈尖刺状,阴门位于虫体中部后方。虫卵呈卵圆形,灰色,壳薄,卵细胞颜色较深。

主要虫种有:长尖球首线虫(*G. longemucronatus*)(又称长刺圆口钩虫)、萨摩亚球首线虫(*G. samoensis*)、锥尾球首线虫(*G. urosubulatus*)(又称猪钩虫或针尖球首线虫或康氏球首线虫(*G. connorfilli*)。

(1)长尖球首线虫。口囊内无齿。雄虫长约 7 mm,雌虫长约 8 mm。

(2)萨摩亚球首线虫。口囊内有 2 枚齿。雄虫长 4.5～5.5 mm,雌虫长 5.2～5.6 mm。

(3)锥尾球首线虫。口囊内有 2 枚亚腹齿。雄虫长 4.4～5.5 mm,雌虫长 5～7.5 mm(图 8-8)。

7. 食道口线虫　盅口科(Cyathostomidae)食道口属(*Oesophagostomum*)的线虫寄生于反刍家畜和猪的大肠(主要是结肠)内。某些种类的食道口线虫幼虫可在寄生部位的肠壁上形成结节,故又称为结节虫。食道口属线虫的特征是:口囊呈小而浅的圆筒形,其外周为一显著的口领,口孔周围有 1～2 圈叶冠;颈沟位于腹面,颈乳突位于食道部或稍后的虫体两侧,有或无头泡及侧翼膜。雄虫交合伞较发达,有 1 对等长的交合刺。雌虫阴门位于肛门前方不远处,排卵器发达,呈肾形(图 8-9)。

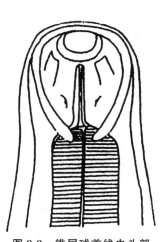

图 8-8 锥尾球首线虫头部

(引自孔繁瑶,1997)

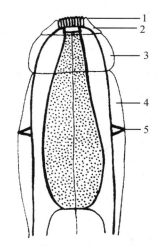

1. 叶冠 2. 口领 3. 头泡 4. 颈翼 5. 颈乳突

图 8-9 食道口线虫头前部构造

(引自汪明,2003)

牛、羊常见的种类有:哥伦比亚食道口线虫(*O. columbianum*)、辐射食道口线虫(*O. radiatum*)、微管食道口线虫(*O. venulosum*)、粗纹食道口线虫(*O. asperum*)和甘肃食道口线虫(*O. kansuensis*)等。猪常见的种类有:有齿食道口线虫(*O. dentatum*)、长尾食道口线虫(*O. longicaudum*)和短尾食道口线虫(*O. brevicaudum*)等。

(1)哥伦比亚食道口线虫。有发达的侧翼膜,致使身体前部弯曲;头泡不甚膨大;颈乳突在颈沟的稍后方,其尖端突出于侧翼膜之外。雄虫长 12.0～13.5 mm,交合伞发达。雌虫长 16.7～18.6 mm,阴道短,横行引入肾形的排卵器;尾部长。虫卵呈椭圆形,大小为(73～89)μm ×(34～45)μm(图 8-10)。

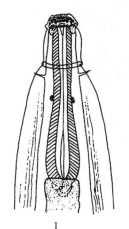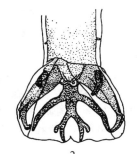

1. 虫体头端 2. 雄虫尾端腹面观 3. 雄虫尾端侧面观

图 8-10 哥伦比亚食道口线虫

(引自汪明,2003)

(2)微管食道口线虫。无侧翼膜,前部直;口囊较宽而浅;颈乳突位于食道后面。雄虫长 12～14 mm。雌虫长 16～20 mm。

（3）粗纹食道口线虫。无侧翼膜；口囊较深，头泡显著膨大；颈乳突位于食道后方。雄虫长13～15 mm。雌虫长17.3～20.3 mm。

（4）辐射食道口线虫。侧翼膜发达，前部弯曲；缺外叶冠，内叶冠也只是口囊前缘的一小圈细小的突起，38～40叶；头泡膨大，上有一横沟，将头泡区分为前后两部分；颈乳突位于颈沟的后方。雄虫长13.9～15.2 mm。雌虫长14.7～18.0 mm。

（5）甘肃食道口线虫。有发达的侧翼膜，前部弯曲；头泡膨大；颈乳突位于食道末端或前或后的侧翼膜内，尖端稍突出于膜外。雄虫长14.5～16.5 mm。雌虫长18～22 mm。

（6）有齿食道口线虫。虫体乳白色；雄虫长8～9 mm，交合刺长1.15～1.30 mm。雌虫长8.0～11.3 mm，尾长0.35 mm。

（7）长尾食道口线虫。虫体呈灰白色。雄虫长6.5～8.5 mm，交合刺长0.9～0.95 mm。雌虫长8.2～9.4 mm，尾长0.4～0.46 mm。

（8）短尾食道口线虫。雄虫长6.2～6.8 mm，交合刺长1.05～1.23 mm。雌虫长6.4～8.5 mm，尾长仅0.081～0.12 mm。

8. 冠尾线虫　冠尾科（Stephanuridae）冠尾属（*Stephanurus*）的有齿冠尾线虫（*S. dentat-us*）寄生于猪的肾盂、肾周围脂肪和输尿管壁等处，偶见于腹腔和膀胱，又称猪肾虫。

虫体粗壮，形似火柴杆。新鲜时呈灰褐色，体壁半透明，其内部器官隐约可见。口囊呈杯状，壁厚，底部有6～10个小齿。口缘有一圈细小的叶冠和6个角质隆起。雄虫长20～30 mm，交合伞小，肋短粗；腹肋并行，其基部为一总干；侧肋基部亦为一总干，前侧肋细小，中侧肋和后侧肋较大；外背肋细小，自背肋基部分出；背肋粗壮，其远端分为4个小支。生殖锥突出于伞膜之外。交合刺2根，有引器和副引器。雌虫长30～45 mm，阴门靠近肛门。卵呈长椭圆形，较大，灰白色，两端钝圆，卵壳薄，大小为（99.8～120.8）μm×（56～63）μm，内含32～64个深灰色的胚细胞，胚与卵壳间有较大空隙（图8-11）。

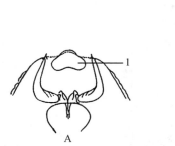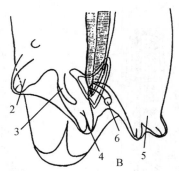

A. 头端腹面　B. 交合伞侧面

1. 腹面角质隆起　2. 腹肋　3. 前侧肋　4. 中、后侧肋　5. 背肋　6. 外背肋

图 8-11　有齿冠尾线虫

（引自孔繁瑶，1997）

9. 马属动物圆线虫　圆线目的多种线虫可寄生于马体内。根据虫体大小分为大型圆线虫和小型圆线虫两大类，寄生于马属动物大肠，以盲肠和结肠为主。

大型圆线虫属于圆线科（Strongylidae）圆线属（*Strongylus*）。虫体较大、粗硬，长14～47 mm，形如火柴杆状，呈红褐色或深灰色。头端钝圆，有发达的口囊，其内有齿或无。口孔周围有叶冠环绕。雄虫有发达的交合伞和两根细长的交合刺。主要有 3 种：马圆线虫 (*S. equinus*)，特征是口囊内有 1 个大背齿(末端有分支)和 2 个亚腹齿；无齿圆线虫 (*S. edentatus*)，特征是口囊内无齿，又称为无齿阿尔夫线虫；普通圆线虫(*S. vulgaris*)，特征是口囊内有 1 对耳状齿，又称为普通戴拉风线虫(图 8-12、图 8-13 和图 8-14)。

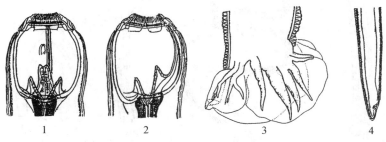

1. 口囊腹面观　2. 口囊侧面观　3. 雄虫尾部　4. 雌虫尾部

图 8-12　马圆线虫

(引自唐仲璋,1987)

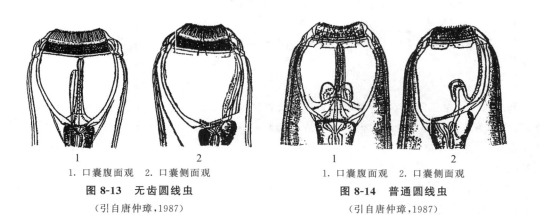

1. 口囊腹面观　2. 口囊侧面观　　　　1. 口囊腹面观　2. 口囊侧面观

图 8-13　无齿圆线虫　　　　　　**图 8-14　普通圆线虫**

(引自唐仲璋,1987)　　　　　　　(引自唐仲璋,1987)

10. 毛尾线虫　毛尾科(Trichuridae)毛尾属(*Trichuris*)的线虫寄生于猪、羊的盲肠内。毛尾线虫因其形态特点，也被称为鞭虫或毛首线虫(*Trichocephalus*)。除猪和羊外，可寄生于牛、骆驼、鹿、犬、麝、羚牛等动物。

该属的基本形态特点：虫体呈乳白色，长 20～80 mm。虫体外观形如鞭状。前部细长为食道部，约占整个虫体长的 2/3，内含由一串单细胞围绕着的食道。后部粗短为体部，内有生殖器官和肠管。雄虫尾部卷曲，泄殖孔位于体末端，无交合伞；有交合刺 1 根，包藏在有刺的交合刺鞘内，刺及刺鞘均可伸缩于体内外。雌虫尾部较直，阴门位于粗细交界处，肛门位于体末端。虫卵为棕黄色，呈腰鼓形，卵壳较厚，两端有卵塞。

本属线虫的种类较多，常见于猪的是猪毛尾线虫(*T. suis*)(图 8-15)；常见于牛、羊的有绵羊毛尾线虫(*T. ovis*)、球鞘毛尾线虫(*T. globulosa*)及斯氏毛尾线虫(*T. skrjabini*)等多种。

11. 旋毛虫　毛形科(Trichinellidae)毛形属(*Trichinella*)的旋毛虫(*T. spiralis*)寄生于猪、犬等动物体内。旋毛虫成虫细小，呈毛发状。

雄虫长 1～1.8 mm，宽 0.03～0.05 mm。消化道为一简单管道，由口腔、食道、有刷状缘的中肠

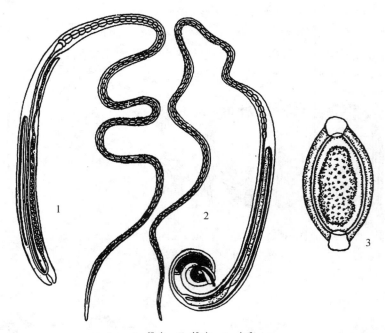

1. 雌虫 2. 雄虫 3. 虫卵

图 8-15 猪毛尾线虫

（引自杨光友，2005）

及直肠组成。口呈圆形，内有一锥刺。食道总长占整个体长的 1/3～1/2，除神经环后的部分略膨大外，其余均为毛细管状。食道膨大部分之后邻接杆状体(stichosome)；杆状体由 45～55 个圆盘状杆细胞组成，呈单层串珠状排列；杆细胞的分泌物经管道系统排入食道。直肠开口于泄殖腔，尾端的泄殖孔外侧有 1 对呈耳状悬垂的交配叶，其内侧有 2 对性乳突或小结节。缺乏交合刺。

雌虫长 1.3～3.7 mm，宽 0.05～0.06 mm。生殖器官为单管型，卵巢位于虫体的后部，呈管状。卵巢之后为一短而窄的输卵管。在输卵管和子宫之间为受精囊。子宫较卵巢长，可在其内观察到胚胎发生的全过程。阴门开口于虫体前端 1/5 处的腹面。胎生。

成虫寄生于小肠，称为肠旋毛虫；幼虫寄生于横纹肌内，称为肌旋毛虫（图 8-16）。

12. 颚口线虫 颚口科（Gnathostomatiidae）颚口属（*Gnathostoma*）的刚棘颚口线虫（*G. hispidum*）和陶氏颚口线虫（*G. doloresi*）寄生于家猪及野猪的胃内。

(1) 刚棘颚口线虫。新鲜虫体呈淡红色，圆柱形，体壁较透明。体前端有膨大的头球，其上有 11 圈小钩，头球前端有 2 个大的侧唇。全身体表面披有环列的小棘，体前部的棘呈鳞片状，较短宽，其游离缘小齿数最多可达 10 个。体后部的棘细长而呈针状。雄虫体长 15～25 mm，左右交合刺不等长。雌虫体长 22～45 mm。卵呈椭圆形，大小为 (72～74) μm×(39～42) μm，卵壳表面有细颗粒，一端有帽状的似卵盖样的突起（图 8-17）。

(2) 陶氏颚口线虫。头球具有 8～13 环列小钩。虫体全身布满体棘，在体前 1～18 环列的体棘后缘小齿数目 3～6 个，以后渐减为 3 齿，体后半部为针状的单棘。在雄虫的尾部腹面泄殖腔前后有一个椭圆形的无棘区。雄虫体大小 (25.5～38.0) mm×(0.9～1.7) mm，左右交合刺不等长。尾部腹面有 4 对大的具柄侧乳突和 4 对小的腹乳突。雌虫大小 (30～52) mm×(1.3～2.8) mm。卵呈椭圆形，大小为 (56～67) μm×(31～37) μm，卵壳表面有细颗粒状突起,两端各有一卵盖样的帽状突起(图 8-18)。

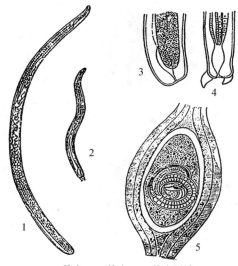

1. 雌虫　2. 雄虫　3. 雌虫尾端
4. 雄虫尾端　5. 幼虫包囊

图 8-16　旋毛虫

(引自杨光友,2005)

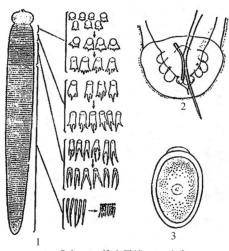

1. 成虫　2. 雄虫尾端　3. 虫卵

图 8-17　刚棘颚口线虫

(引自杨光友,2005)

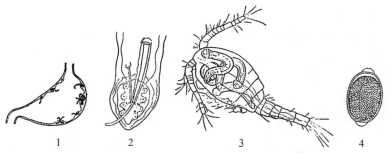

1. 寄生于猪胃内的成虫　2. 雄虫尾部　3. 剑水蚤体内的颚口线虫幼虫　4. 虫卵

图 8-18　陶氏颚口线虫

(引自杨光友,2005)

　　13. 吸吮线虫　吸吮科(Thelaziidae)吸吮属(*Thelazia*)的多种吸吮线虫可寄生于动物及人的眼部,故又称眼线虫。我国的常见虫种有:罗氏吸吮线虫(*T. rhodesii*)和丽嫩吸吮线虫(*T. callipaeda*),主要侵害黄牛、水牛、山羊、绵羊、马、野牛、犬等。

　　(1)罗氏吸吮线虫。虫体细长,体表角皮具有粗横纹。雄虫体长 10.2～15.5 mm,尾端钝圆。肛前乳突 14 对,肛后乳突 2 对。左交合刺细长,右交合刺粗短。雌虫体长 15.4～16.5 mm,尾端钝圆,阴门位于虫体前部。虫卵大小为(32～43) μm×(21～26) μm(图 8-19)。

　　(2)丽嫩吸吮线虫。又称结膜吸吮线虫。虫体细长、半透明、浅红色,离开宿主后转为乳白色。体表除头尾两端外,均具有横纹。雄虫体长 9.9～13.0 mm,左右交合刺不等长。肛前乳突 8～12 对,肛后乳突 2～5 对。雌虫体长 10.45～15.00 mm。卵壳薄而透明,越近阴门处虫卵越大,卵内含幼虫。

14. 类圆线虫　杆形目(Rhabditata)类圆科(Strongyloidae)类圆属(*Strongyloides*)的线虫寄生于幼龄动物的小肠内。类圆线虫又称杆虫,其种类很多,分布于世界各地。这类线虫对幼龄动物危害甚大,可引起动物消瘦,生长迟缓,甚至大批死亡。在我国常见的虫种有:兰氏类圆线虫(*S. ransomi*)寄生于猪的小肠,多在十二指肠的黏膜固有层内(图8-20);乳突类圆线虫(*S. papillosus*)寄生于牛、羊、林麝等动物的小肠黏膜内,对家养林麝可产生严重危害;韦氏类圆线虫(*S. westeri*)寄生于马属动物的十二指肠黏膜内;粪类圆线虫(*S. stercoralis*)寄生于人、其他灵长类、犬、狐和猫的小肠内。

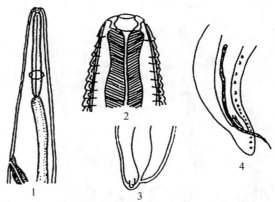

1. 虫体头部　2. 虫体头端　3. 雌虫尾端　4. 雄虫尾端
图 8-19　罗氏吸吮线虫
(引自卢俊杰和靳家声,2002)

寄生于动物体内的各种类圆线虫都是雌虫,进行孤雌生殖,未见雄虫寄生的报道。代表种为兰氏类圆线虫,其形态特征如下。

(1)寄生性雌虫。兰氏类圆线虫虫体细小,乳白色,体长 3.1～4.6 mm,口具有 4 个不明显的唇片,口囊小,食道细长,呈柱状,占体长的 1/5。阴门位于体中 1/3 与后 1/3 交界处,阴门为两片小唇,稍向外突出。尾短,近似圆锥形。

(2)自由生活雌虫。虫体较寄生性雌虫粗短。头端有 2 个侧唇,每唇顶端又分 3 个小唇,食道为杆状型,阴门位于体中 1/3 处,具有 2 片小唇,稍向外突出。尾端尖细。

(3)自由生活雄虫。体长为 0.66～0.77 mm,食道长,尾部尖细向腹面弯曲,交合刺一对,等长。引器呈匙状。

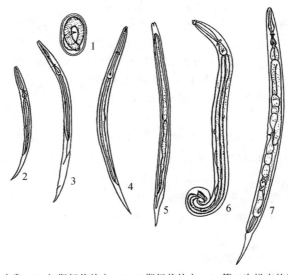

1. 虫卵　2. 初期杆状幼虫　3. 二期杆状幼虫　4. 第二次蜕皮的幼虫
5. 丝状幼虫　6. 自由生活的雄虫　7. 自由生活的雌虫
图 8-20　兰氏类圆线虫
(引自卢俊杰和靳家声,2002)

虫卵大小为(42~53) μm×(24~32) μm,呈椭圆形,卵壳薄而透明,内含幼虫。

15. 丝状线虫 丝状科(Setariidae)丝状属(Setaria)的一些线虫多寄生于有蹄类动物的腹腔内,故又称腹腔丝虫。

(1)马丝状线虫(S. equina)。寄生于马属动物的腹腔,有时也寄生于胸腔、盆腔和阴囊等处。虫体呈乳白色,线状。口孔周围有角质环围绕,口环的边缘上突出形成两个半圆形侧唇、两个乳突状背唇和两个乳突状腹唇。头部有4对乳突:侧乳突较大,背、腹乳突较小。雄虫长40~80 mm,交合刺两根,不等长。雌虫长70~150 mm,尾端呈圆锥状。

(2)鹿丝状线虫(S. cervi)。又称唇乳突丝状线虫(S. labiatopapillosa),寄生于牛、羚羊和鹿等动物的腹腔。口孔呈长形,角质环的两侧部向上突出成新月状(较宽阔),背、腹面突起的顶部中央有一凹陷,略似墙垛口(颇狭窄)。雄虫长40~60 mm,交合刺两根,不等长。雌虫长60~120 mm,尾端为一球形的纽扣状膨大,表面有小刺。微丝蚴有鞘膜(图8-21)。

(3)指形丝状线虫(S. digitata)。寄生于黄牛、水牛和牦牛的腹腔,形态和鹿丝状线虫相似,但口孔呈圆形,口环的侧突起为三角形,且大于鹿丝状线虫口环的侧突。背、腹突起上有凹迹。雄虫长40~50 mm,交合刺两根,不等长。雌虫长60~90 mm,尾末端为一小的球形膨大,其表面光滑或稍粗糙(图8-22)。

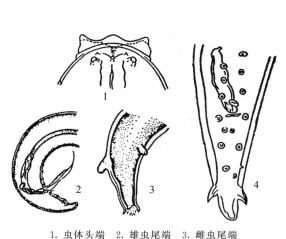

1. 虫体头端　2. 雄虫尾端　3. 雌虫尾端
4. 雄虫后端腹面

图 8-21　鹿丝状线虫

(引自赵辉元,1996)

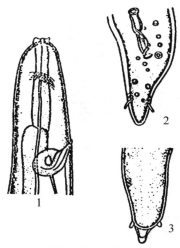

1. 虫体头端　2. 雄虫尾端
3. 雌虫尾端

图 8-22　指形丝状线虫

(引自赵辉元,1996)

16. 浆膜丝虫 双瓣科(Dipetalonematidae)浆膜丝虫属(Serofilaria)的猪浆膜丝虫(S. suis)寄生于猪的心脏、肝、胆囊、膈肌、子宫、胃、腹膜及肺动脉基部等处的浆膜淋巴管内。

虫体呈乳白色,极细,头端稍微膨大。无唇,口孔周围有4个小乳突,另有4个亚中乳突和2个化感器排列在外圈。食道分为肌质与腺体两部分。神经环位于食道肌质部的后方。

雄虫长12~26.25 mm。尾部呈指状,向腹面卷曲,有乳突6~12对,规则地排列在整个尾部亚腹侧,肛前3~6对,肛后3~6对。交合刺1对,短且不等长,形态相似。

雌虫长50.62~60.00 mm,尾部指状,稍向腹面弯曲,端部两侧各有1个乳突,腹面有一簇15~20个小乳突。肛门萎缩。微丝蚴两端钝,有鞘(图8-23)。

17. 马尖尾线虫　　尖尾科（Oxyuridae）尖尾属（*Oxyuris*）的马尖尾线虫（*O. equi*）寄生于马、骡、驴、斑马等马属动物的大肠内，呈全国性分布。

虫体粗，如火柴杆。雄虫体小，白色，体长 9～12 mm，有一根针状交合刺，尾端有外观呈四角形的翼膜，有 2 个大的和一些小的乳突。

雌虫可长达 15 cm，未成熟虫体呈白色，微弯曲，尾部短细；成熟雌虫呈灰褐色，尾部细长，可长达体部的 3 倍以上，这是本虫的一个重要特征。雌虫阴门位于体前 1/4 处。

虫卵呈长卵圆形，大小约为 90 μm×42 μm，稍不对称，一侧边较平直，一端有卵塞。初排出时，内含一个胚细胞，黏附在肛门附近（图 8-24）。

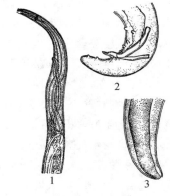

1. 雌虫前端　2. 雄虫尾端
3. 雌虫尾端

图 8-23　猪浆膜丝虫

（引自赵辉元，1996）

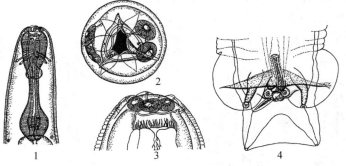

1. 虫体前端正面观　2. 成虫头端顶面观　3. 虫体头端侧面观　4. 雄虫尾端

图 8-24　马尖尾线虫

（引自卢俊杰和靳家声，2002）

实验九　动物线虫病常见病原形态学观察(二)

一、实验目的及要求

熟悉线虫的基本构造,掌握小动物常见线虫的主要形态结构特征。

二、实验器材

1. 器械　光学显微镜、手持放大镜、镊子、解剖针、平皿、载玻片和盖玻片等。
2. 试剂　乳酸酚透明液等。
3. 标本

(1)浸渍标本。

钩口科线虫:犬钩口线虫、锡兰钩口线虫及管形钩口线虫等。

旋尾科线虫:狼旋尾线虫。

双瓣科线虫:犬恶丝虫。

尖尾科线虫:疑似钉尾线虫。

异刺科线虫:鸡异刺线虫等。

比翼科线虫:斯氏比翼线虫、气管比翼线虫。

裂口科线虫:鹅裂口线虫。

毛细科线虫:有轮毛细线虫、鸽毛细线虫和膨尾毛细线虫等。

锐形科线虫:旋锐形线虫和小钩锐形线虫。

龙线科线虫:四川鸟龙线虫和台湾鸟龙线虫。

(2)病理标本。异刺线虫引起的鸡盲肠病变、锐形线虫引起的鸡腺胃和肌胃病变、鸟龙线虫引起的鸭颌下和腿部瘤样肿块等。

三、实验方法、步骤和操作要领

(1)挑取犬钩口线虫、旋锐形线虫或小钩锐形线虫的雌、雄虫各一条,分别放在两张载玻片上,滴加乳酸酚透明液 1~2 滴,盖上盖玻片,在光学显微镜下观察透明虫体的详细构造。

(2)用肉眼或借助手持放大镜观察虫体浸渍标本及病理标本。

四、实验注意事项

(1)乳酸酚透明液具有一定的腐蚀性,因此不宜滴加太多,以防溢出载玻片之外而腐蚀光学显微镜的载物台。

(2)虫体在滴加乳酸酚透明液后,应尽快放到光学显微镜下进行观察,若虫体透明过度,则不利于虫体内部形态构造的观察。

五、实验报告

（1）绘出犬钩口线虫虫体头端、雄虫尾端构造，或绘出旋锐形线虫与小钩锐形线虫的前部、雌虫及雄虫后部的形态构造图，并标出各部的名称。

（2）列出实验中所观察线虫的中间宿主、终宿主与寄生部位。

附：参考资料

小动物常见线虫的形态特征

1. 犬、猫钩虫　钩口科（Ancylostomatidae）的钩口属（*Ancylostoma*）、板口属（*Necator*）和弯口属（*Uncinaria*）的一些线虫寄生于犬、猫的小肠（以十二指肠为主），是犬、猫较为常见的重要线虫。主要的种类有：犬钩口线虫（*A. caninum*）、锡兰钩口线虫（*A. ceylanicum*）、管形钩口线虫（*A. tubaeforme*）、美洲板口线虫（*N. americanus*）、狭头弯口线虫（*U. stenocephala*）和巴西钩口线虫（*Aancylostma braziliense*）。

（1）犬钩口线虫　寄生于犬、猫、狐的小肠，偶寄生于人。虫体长 10～16 mm，呈淡红色。前端向背侧弯曲，口囊大，腹侧口缘上有 3 对大齿。口囊深部有 1 对背齿和 1 对侧腹齿。卵大小约为 60 μm×40 μm，刚排出的卵内含 8 个卵细胞（图 9-1）。

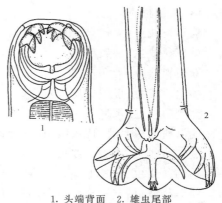

1. 头端背面　2. 雄虫尾部

图 9-1　犬钩口线虫

（2）锡兰钩口线虫　寄生于犬、猫、豹猫、小灵猫、虎、狮、豹等动物和人。雄虫长 5.28～7.14 mm，雌虫长 7.14～8.76 mm。口孔腹面内缘有 2 对齿，侧方的 1 对较大，近中央的 1 对较小。本虫与巴西钩口线虫（*A. braziliense*）很相似，应注意区别（图 9-2）。

（3）管形钩口线虫　是猫的普通钩虫。雄虫长 9.5～10.0 mm，雌虫长 12～15 mm。本虫与犬钩口线虫非常相似，应注意区别。

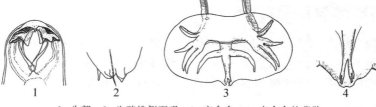

1. 头部　2. 生殖锥侧面观　3. 交合伞　4. 交合伞的背肋

图 9-2　锡兰钩口线虫

（引自杨光友，2005）

（4）美洲板口线虫　寄生于人及犬、大猩猩、犀牛等动物。雄虫长 5～9 mm，雌虫长 9～11 mm。虫体头端弯向背侧，口孔腹缘上有 1 对半月形切板。口囊呈亚球形，底部有 2 个三角形亚腹侧齿和 2 个亚背侧齿。虫卵大小为（67～76）μm×（38～40）μm。

（5）狭头弯口线虫　寄生于犬、猫、貂、狐、熊、狼、猪等动物。较犬钩口线虫小，虫体呈淡黄色,两端稍细,头端弯向背面。雄虫长 6～11 mm,雌虫长 7～12 mm。口孔腹面有 1 对半月形切板。口囊发达,接近口囊底部有 1 对亚腹侧齿,无背锥。虫卵与犬钩口线虫卵相似,大小为 (69～75) μm×32 μm。

(6)巴西钩口线虫　寄生于犬、猫、狐等动物,感染途径与犬钩口线虫相似,但经胎盘感染少见。雄虫长 5～7 mm,雌虫长 6.5～9 mm,虫卵大小为 80 μm×40 μm。

2. 犬旋尾线虫　俗称犬食道线虫。旋尾科(Spirocercidae)旋尾属(*Spirocerca*)的狼旋尾线虫(*S. lupi*)寄生于犬、狐等食肉动物的食道壁、胃壁、主动脉壁及其他组织所引起的以食道瘤为主要表现形式的线虫病。

虫体呈螺旋形,新鲜虫体呈粉红色,粗壮。头端不具明显的唇片,口周围由 6 个柔软组织团块所环绕。雄虫长 30～54 mm,宽约 0.76 mm,尾部有尾翼和许多乳突,有 2 个不等长的交合刺。左交合刺长 2.45～2.80 mm,右交合刺长 0.475～0.750 mm,尾部有侧翼膜,有 4 对肛前柄乳突、1 个中央肛前乳突、2 对肛后柄乳突,靠近尾尖有一些小乳突。雌虫长 54～80 mm,宽约 1.15 mm,尾长 0.40～0.45 mm,稍弯向背面。卵壳有一厚壁,虫卵大小为(30～37) μm× (11～15) μm,随粪便排出的卵内已含有幼虫,虫卵是周期性排出的(图 9-3)。

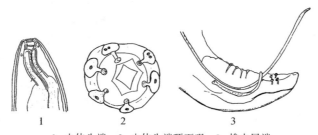

1. 虫体头端　2. 虫体头端顶面观　3. 雄虫尾端

图 9-3　狼旋尾线虫

(引自孔繁瑶,1997)

3. 犬恶丝虫　双瓣科(Dipetalonematidae)恶丝属(*Dirofilaria*)的犬恶丝虫(*Dirofilaria immitis*),又称犬心丝虫,寄生于犬的右心室和肺动脉(少见于胸腔、支气管、皮下结缔组织),引起循环障碍。在我国分布很广。除犬外,猫、狼、狐及小熊猫等野生食肉动物也能作为其终宿主,其中间宿主是蚊子。

虫体呈微白色,细长粉丝状,口由 6 个不明显的乳突围绕。雄虫长 12～20 cm,后部呈螺旋状卷曲,有窄的尾翼膜,末端有尾乳突 11 对(肛前 5 对、肛后 6 对),交合刺 2 根,长短不等。雌虫长 25～30 cm,尾端钝圆,阴门开口于食道后端。

犬血液中的微丝蚴无鞘膜。微丝蚴的出现周期性不明显,但以夜间出现较多。用全血涂片检查时,微丝蚴一般长约 300 μm,尾端尖而直(图 9-4)。

4. 疑似钉尾线虫　尖尾科(Oxyuridae)钉尾属(*Passalurus*)的疑似钉尾线虫 (*P. ambiguus*)寄生于兔的大肠。

成虫呈半透明,细长针状,头端有 2 对亚中乳突和 1 对小侧乳突。头部具狭小的翼膜。口囊浅,底部具有 3 个齿。食道前部呈柱状,向后渐大,再缩小后接发达的食道球。雄虫长 3.81～5.00 mm,尾尖细,有由乳突支撑着的尾翼,有一根长 90～130 μm 的弯曲的交合刺。

雌虫长 7.75～12.00 mm,阴门位于虫体前 1/5 处。肛门后有一细长的尾部,上有 40 个环纹。

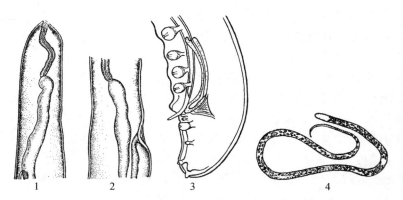

1. 虫体头部　2. 雌虫阴门部　3. 雄虫尾端　3. 微丝蚴

图 9-4　犬恶丝虫

(引自赵辉元,1996)

虫卵大小为(95～115) μm×(43～56) μm,一边稍平直,如半月形,产出时已发育至桑葚期(图 9-5)。

5. 鸡异刺线虫　异刺科(Heterakidae)异刺属(*Heterakis*)的鸡异刺线虫(*H. gallin-arum*)寄生于鸡、火鸡、珍珠鸡等多数家禽及孔雀、红腹羽鸡等野生禽类盲肠内的一种常见的肠道线虫。

虫体呈细线状,淡黄色,头端略向背面弯曲,有侧翼,向后延伸的距离较长。头端有 3 片唇,1 片背唇,2 片亚腹侧唇。食道后端具有食道球。雄虫长 7～13 mm,宽约 0.3 mm。尾部末端尖细,泄殖孔前有一个圆形的肛前吸盘。左右交合刺不等长,左交合刺后部狭而尖,长约 2 mm,右交合刺较粗短,长 0.70～1.1 mm。尾翼发达,有性乳突 12～13 对,其中肛前吸盘周围 2～3 对,泄殖孔周围 6 对,肛后 3～5 对。

雌虫长 10～15 mm,宽约 0.4 mm,尾部细长,阴门开口于虫体中部略后,不隆起。卵椭圆形,灰褐色,壳厚,表面平滑,一端较明亮,内含未发育的胚细胞,大小为(65～80) μm×(35～46) μm(图 9-6)。

6. 禽比翼线虫　比翼科(Syngamidae)比翼属(*Syngamus*)的斯氏比翼线虫(*S. skrjabin-omorpha*)和气管比翼线虫(*S. trachea*)寄生于鸡、鹅、鸭、火鸡、雉、吐绶鸡、珍珠鸡和多种野禽的气管、支气管内,又称为交合线虫病。

新鲜虫体呈红色。头端膨大,呈半球形。口囊宽阔呈杯状,其外缘形成 1 个较厚的角质环,底部有三角形小齿。雌虫远比雄虫大,阴门位于体前部。雄虫细小,交合伞厚,肋粗短,交合刺短小。雄虫通常以其交合伞附着于雌虫阴门部,构成 Y 字形外观,故得名比翼线虫。虫卵两端有厚的卵盖。

(1)气管比翼线虫。雄虫长 2～6 mm,宽 200 μm,交合伞呈斜截状,有肋,有的背肋显著不对称;2 根等长的交合刺,短细,长 57～64 μm。雌虫长 5～20 mm,宽约 350 μm。尾端呈圆锥形,有一个尖的突起,阴门位于虫体前端 1/4 处,显著突出。口囊底部有齿 6～10 个。虫卵大小为(78～110) μm×(43～46) μm,呈椭圆形,两端有卵塞,内有 16 个卵细胞(图 9-7)。

(2)斯氏比翼线虫。雄虫长 2～4 mm,雌虫长 9～26 mm。口囊底部有 6 个齿。卵呈椭圆形,大小约为 90 μm×49 μm。

7. 裂口线虫　裂口科(Amidostomatidae)裂口属(*Amidostomum*)的鹅裂口线虫(*A. anseris*)寄生于鹅、鸭和野鸭的肌胃角质膜下。

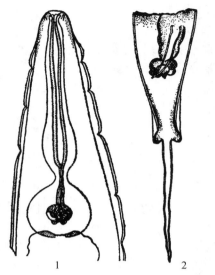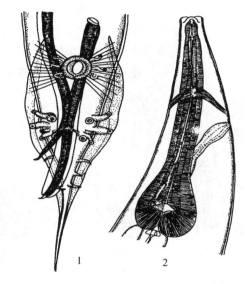

1. 头部　2. 雄虫尾部

3. 雌虫尾部　4. 雌虫尾部前部

图 9-5　疑似钉尾线虫

(引自唐仲璋,1987)

1. 雄虫尾部　2. 虫体头部

图 9-6　鸡异刺线虫

(引自孔繁瑶,1997)

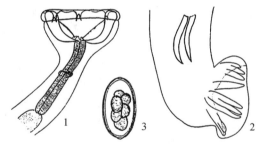

1. 头部侧面　2. 交合伞侧面　3. 虫卵

图 9-7　气管比翼线虫

(引自孔繁瑶,1997)

鹅裂口线虫也称鹅裂口胃虫,为小型线虫,虫体表皮具有横纹;有杯状的口囊,口囊底部有3枚长三角形尖齿。雌雄异体,雄虫长 9.6～14 mm;交合伞侧叶较大;交合刺等长,末端由2片大的侧叶与1片小的背叶组成交合伞,其中有1对等长的交合刺和1条细长的引器。雌虫长 15.6～21.3 mm,虫体在阴门部最宽,两端较细。阴门呈横裂,略位于虫体后部,尾部呈指状;生殖孔位于体后部,由椭圆形的瓣膜覆盖。椭圆形的虫卵具有厚而光滑的膜,大小为(68～80) μm×(45～52) μm(图 9-8)。

8. 禽毛细线虫　毛细科(Capillariidae)毛细属(*Capillaria*)的多种线虫可寄生于禽类食道、嗉囊、肠道等处。主要虫种有:有轮毛细线虫(*C. annulata*)、鸽毛细线虫(*C. columbae*)、膨尾毛细线虫(*C. caudinflata*)和鹅毛细线虫(*C. anseris*)。鹅毛细线虫寄生于鹅的小肠和盲肠,雄虫长为 10～13.5 mm,中部有一根圆柱形的交合刺,雌虫长 13.5～23 mm。鸭毛细线虫可寄生于鸭、鹅等禽类的盲肠或小肠,虫体较小,呈毛发状,前部细,后部粗。虫卵呈棕黄色,腰鼓形,卵壳较厚,两端有卵塞,内含一个椭圆形胚细胞。成虫细长呈毛发状,长 10～50 mm,虫体前部稍细,为食道部,短于或等于身体后部。雄虫交合刺 1 根,细长有刺鞘;也有的无交合刺,而仅有刺鞘。雌虫阴门位于虫体前后交界处。虫卵呈桶形,两端具卵塞,色淡(图 9-9)。

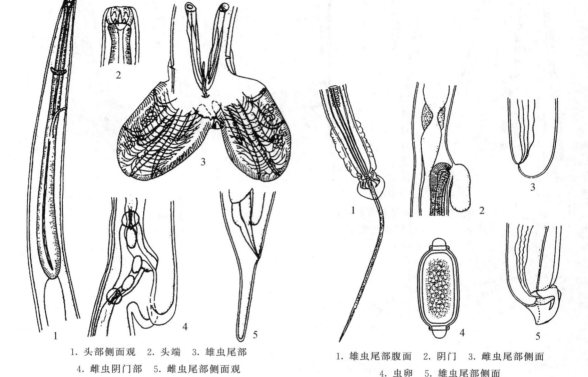

1. 头部侧面观　2. 头端　3. 雄虫尾部
4. 雌虫阴门部　5. 雌虫尾部侧面观

图 9-8　鹅裂口线虫

(引自汪明,2003)

1. 雄虫尾部腹面　2. 阴门　3. 雌虫尾部侧面
4. 虫卵　5. 雄虫尾部侧面

图 9-9　膨尾毛细线虫

(引自陈淑玉,1994)

　　9. 禽锐形线虫(又称华首线虫)　旋尾目(Spirurida)锐形科(Acuariidae)锐形属(*Acuaria*)的旋锐形线虫(*A. spiralis*)和小钩锐形线虫(*A. hamulosa*)分别寄生于禽类的腺胃和肌胃角质层。

　　(1)旋锐形线虫。虫体短钝,体表具有细横纹,头端具有 2 个锥形侧唇,每唇有 1 对乳突,唇后有 4 条角质饰带,呈波浪状弯曲,向后延伸,至食道肌质部的中后部或排泄孔前,复折向前伸,末端彼此不相连接。雄虫体长 4.0～7.20 mm,卷曲成螺旋状,最宽处为 0.38 mm,左右交合刺不等长,左交合刺细长,右交合刺短宽,胃部向腹面弯曲,呈舟状。雌虫长 6.0～8.3 mm,两段尖细,中间粗,呈弯曲状,最宽处为 0.48 mm,尾部长 0.12～0.16 mm,末端尖细如指状,阴门位于体后部,距尾端 1.60～1.80 mm。虫卵大小为(34～40) μm×(18～22) μm,卵壳厚,产出时内含幼虫。

　　(2)小钩锐形线虫。虫体粗壮,淡黄色,圆柱形,头端钝,尾部尖,体两侧各具有 2 条绳状的角质饰带,每条饰带由 2 条外缘不规则的角质隆起组成,由头端向后延伸,不回旋曲折,直至虫体的亚末端。雄虫体长 8.6～14.0 mm,具有尾翼膜。肛前乳突 4 对,肛后乳突 6 对。交合刺 1 对,左右交合刺不等长,左交合刺细长,右交合刺短扁如船状。雌虫体长 25～30 mm,阴门位于虫体中部稍后方。虫卵呈椭圆形,大小为(32～38) μm×(20～26) μm,产出的虫卵已含幼虫(图 9-10)。

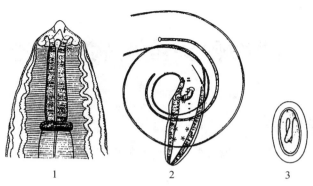

1. 虫体头端　2. 雄虫尾端　3. 虫卵

图 9-10　小钩锐形线虫

(引自陈淑玉,1994)

10. 鸟龙线虫　驼形目(Camallanata)龙线科(Dracunculidae)鸟龙属(*Avioserpens*)的线虫寄生于鸭颌下、颈、腿等处皮下结缔组织,形成以瘤样肿胀为特征的病变。在我国已发现两个虫种:四川鸟龙线虫(*A. sichuanensis*),寄生于鸭、野鸭及鸡,分布于四川、重庆、贵州、安徽、江苏等地;台湾鸟龙线虫(*A. taiwanaensis*),寄生于鸭、野鸭,分布于广西、广东、福建、台湾等地。

(1)四川鸟龙线虫。虫体呈细长丝线状,淡黄白色。虫体头端钝圆,口周围有角质环。头乳突 14 个,呈两圈同心圆排列,背乳突和腹乳突成对,较大;两侧各有一个单乳突,另有 4 对亚中乳突。食道分肌质部和腺体部两部分。

雄虫短小,长 8.71~10.99 mm。交合刺 1 对,褐色,略不等长。引器褐色,犁形。尾弯向腹面,尾尖有一个刺状突起。

雌虫长 32.6~63.5 cm,比雄虫长 30~60 倍。尾尖锐,腹面有乳突 1 对,尾尖有一小结节。卵巢 2 个,双子宫型。未成熟雌虫可见肛门、阴门及阴道。肛门呈横缝状,阴门唇状,开口于虫体中部。子宫内充满胚细胞;随着虫体的成熟,阴门及阴道、肛门均萎缩不见,而子宫向虫体前后伸展,后部的卵巢可伸达肛门后方。

(2)台湾鸟龙线虫。形态构造似四川鸟龙线虫。雄虫长 6.0 mm,交合刺不等长,引器呈三角形。雌虫长 11~18 mm,尾弯曲呈钩状。生殖孔位于虫体后半部(图 9-11)。

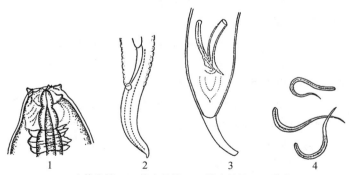

1. 虫体头端　2. 雄虫尾端　3. 雌虫尾部　4. 幼虫

图 9-11　台湾鸟龙线虫

(引自杨光友,2005)

实验十　动物棘头虫病病原形态学观察

一、实验目的及要求

认识大多形棘头虫、蛭形巨吻棘头虫及其虫卵的形态特征。

二、实验器材

1. 器械　光学显微镜、手持放大镜、镊子、解剖针、平皿、载玻片与盖玻片等。

2. 标本

(1)浸渍标本。大多形棘头虫、小多形棘头虫、细颈棘头虫和蛭形巨吻棘头虫等;中间宿主:鞘翅目(Cerambycidae)的某些昆虫如金龟子、天牛及其幼虫(蛴螬)。

(2)封片标本。大多形棘头虫雄虫、雌虫,蛭形巨吻棘头虫卵。

(3)病理标本。寄生于鸭肠壁的棘头虫和寄生于猪肠壁的蛭形棘头虫及其病变。

三、实验方法、步骤和操作要领

(1)在光学显微镜下观察封片标本中棘头虫雌虫、雄虫及虫卵的内部形态构造。

(2)用手持放大镜或肉眼观察大多形棘头虫、小多形棘头虫、细颈棘头虫和蛭形巨吻棘头虫的外形构造。

(3)肉眼观察棘头虫病病理标本。

四、实验报告

(1)绘出大多形棘头虫雄虫、雌虫的形态构造图,标出各部名称。

(2)比较猪蛔虫与蛭形巨吻棘头虫在外部形态上的主要区别。

附:参考资料

一、棘头虫的一般形态构造

1. 外部形态　虫体呈圆柱形,大小差异很大,大的如蛭形巨吻棘头虫,雌虫体长可达692 mm;小的如小多形棘头虫,雄虫的体长仅3 mm左右。棘头虫雌雄异体,生殖孔位于虫体末端正中,两侧对称,虫体分为前体部和躯干部。前体部细而短,由吻突和颈部组成。吻突呈椭圆形、圆球形或圆柱形,可以伸出或缩入吻囊内;吻突上有成排的吻钩或棘,其钩的形状、数量、排列情况等均是虫种的分类依据;吻突是虫体的附着器官,虫体借吻突固着在宿主肠黏膜上钻入宿主肠壁内。吻突后面是较短的颈部,颈部上无钩或棘。躯干呈柱状或棒状,体表光滑或有不规则的皱纹或环纹,其内为假体腔。

2. 内部结构　假体腔内有生殖系统、排泄系统、神经系统等,但无消化系统、循环系统和呼吸系统,靠体壁吸收、储存和输送营养。虫体的吻囊是由单层或多层肌肉构成的肌质囊,它借助肌鞘与吻突相连,起于吻突基部,悬系于假体腔之内。吻腺(lemniscus)呈长形叶状,附着于吻囊两侧的体壁上,但有的种其吻腺游离于假体腔内。韧带囊(ligamentsac)是由结缔组织构成的空管状构造,前起于吻囊,沿整个虫体内部包裹生殖器官;雌成虫的韧带囊常退化成一个带状物,是棘头虫的特殊结构。韧带索(ligament strand)是一个有核的索状物,其前端起于吻囊后部,后端与雄虫的生殖鞘或雌虫的子宫钟相连。

棘头虫的生殖系统较发达。雄虫有 2 个睾丸,呈圆形、椭圆形或卵圆形,前后排列。每个睾丸有一条输出管,两条输出管汇合成一条射精管或形成一个袋状的精囊,精囊与交配器相连。交配器位于虫体后端,呈囊状,内有阴茎和能够伸缩的交合伞。交合伞是虫体体壁内翻形成的一个半圆形或长圆形腔,可以后外翻。射精管与黏液腺均位于生殖鞘内。雌虫的生殖器官由卵巢、子宫、子宫钟、阴道和阴门组成。成虫的卵巢崩解为卵球或称浮游卵巢。子宫钟(uterine bell)是一个呈漏斗形的管,前端有大的开口,后端以输卵管与子宫相连。子宫是肌质管,其后端与非肌质的阴道相连,最末端为阴门。

二、动物常见棘头虫的形态特征

1. 蛭形巨吻棘头虫　少棘吻科(Oligacanthorhynchidae)巨吻属(*Macracanthorhynchus*)的蛭形巨吻棘头虫(*Macracanthorhynchus hirudinaceus*)可寄生于猪的小肠内。

虫体呈长圆柱形,前端较粗,后端较细。新鲜虫体呈淡红色、浅灰色或乳白色,经甲醛固定后呈淡黄色或灰黄色,体表有横的皱纹。雄虫虫体短小,雄虫体长 7～15 cm,呈长逗点状,末端形成钟罩状的交合伞,能伸缩,外表呈皱褶,圆孔状的生殖孔隐藏其中。雌虫体长可达 30～68 cm 呈裂缝状,两侧似唇瓣,表面有的具有大小不等的感觉乳突。虫体分为前体部(吻部与颈部)和后体部(躯干部)两部分(图 10-1)。

(1)前体部。

①吻部。吻部较小,呈球形,可伸缩,突出于虫体最前端,长约 1 mm,上有 5～6 列向后弯曲的小钩,每列 6 个。

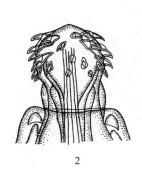

1. 雌虫全形　2. 吻突

图 10-1　蛭形巨吻棘头虫雌虫

(引自蒋学良,2004)

②颈部。位于吻部与躯干部之间,呈圆柱形,与吻鞘相连,其长短、粗细视伸缩程度不同而异。

(2)后体部。

①吻囊(吻鞘)。连于颈的基部,呈袋状,为双层肌质皮囊,借吻缩肌的收缩而回缩吻部,借液压的作用伸出吻部。

②吻腺。连于颈部与躯干部交界处的两侧,悬垂在假体腔内,又称垂棒。

③韧带囊。由结缔组织构成的空的管状构造,贯穿于虫体的全长。前端与吻囊的后部或附近的体壁相连,后端连于生殖器官的某些部位上。雌虫两个(背、腹各一个),雄虫只有一个背囊。

④雄性生殖器官。睾丸 2 个,呈长圆柱形,大小不等,前后排列。睾丸的两根输出管合为一根射精管,在睾丸后方。射精管两侧有黏液腺、黏液囊和黏液管,黏液管与射精管相连。雄

茎与交合伞位于虫体后端,交合伞呈倒屋顶状。

⑤雌性生殖器官。成熟虫体体腔内充满虫卵,在虫体尾部隐约可见子宫和阴道。

虫卵呈深褐色,长椭圆形,两端稍尖,大小为(87～102)μm×(43～56)μm。卵壳厚,由4层膜组成:外层薄而无色,易破裂;第二层厚,褐色,有细皱纹,两端有小塞状构造。第三层为受精膜。第四层不明显,其上布满不规则的沟纹,卵内含棘头蚴。

棘头蚴:为长椭圆形,大小为(70～87)μm×(28～42)μm,体表有鳞状褶皱及成排的长小棘,体前端具有3对小钩,体内中部含有一团胞核。

2. 鸭棘头虫　多形科(Polymorphidae)的多形属(Polymorphus)和细颈属(Filicollis)的棘头虫寄生于鸭、鹅、野生游禽(如天鹅)和鸡的小肠。在我国家禽体内已发现8种,即大多形棘头虫(P.magnus)、小多形棘头虫(P.minutus)、腊肠多形棘头虫(P.botulus)、四川多形棘头虫(P.sichuanensis)、台湾多形棘头虫(P.taiwanensis)、重庆多形棘头虫(P.chongqingensis)、双扩多形棘头虫(P.diploinflatus)及鸭细颈棘头虫(F.anatis),其中以大多形棘头虫、小多形棘头虫和鸭细颈棘头虫最常见。

(1)大多形棘头虫。虫体呈纺锤形,体前部大,体表有小棘,体后部较细小,体表棘不明显。吻突呈长椭圆形,其上有18纵列吻钩,每列7～8个,前4个吻钩较大,有发达的尖端和基部。雄虫体长(9.2～11.0)mm×(1.3～1.8)mm。睾丸2个,呈卵圆形,斜列于虫体前1/3部。睾丸后方有4条并列的腊肠状黏液腺;交合伞呈钟状,位于体腔的后端,前面两侧有2个膨大的侧突,后部边缘有18个指状辐肋;生殖孔开口于虫末端。雌虫体长(12.4～14.7)mm×(1.8～2.5)mm。虫卵呈长纺锤形,大小为(113～129)μm×(17～22)μm,外壳透明而薄。幼虫前端有钩,大小(53.4～57.8)μm×155μm(图10-2)。

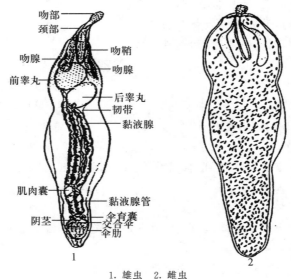

图中标注:
吻部、颈部、吻腺、前睾丸、肌肉囊、阴茎
吻鞘、吻腺、后睾丸、韧带、黏液腺、黏液腺管、伞育囊、交合伞、伞肋

1. 雄虫　2. 雌虫

图10-2　大多形棘头虫

(引自陈淑玉,1994)

(2)小多形棘头虫。虫体细小,呈纺锤形,体前部体表有小棘。吻突呈圆形,其上有16纵列吻钩,每列7～8个,前4个吻钩发达。虫体比大多形棘头虫小,雄虫体长2.79～3.94 mm,睾丸2个,呈球形,斜列于虫体前半部的后部,有4条腊肠状的黏液腺。交合伞呈钟状,其前部

有侧盲突,后缘有 18 条指状辐肋。生殖孔开口于虫体的亚末端。雌雄虫长度大致相当。雌虫体长 10 mm。虫卵细长,卵壳有 3 层卵膜,大小为(107~111) μm×18 μm,内有棘头蚴。

(3)鸭细颈棘头虫。虫体呈纺锤形,体前部细长,后部粗短。雄虫体长(6.0~8.0) mm×(1.4~1.5) mm。吻突呈椭圆形,吻钩大小相近;颈呈圆锥形。睾丸呈卵圆形,斜列于虫体中部;黏液腺 6 个,肾形,交合伞呈钟形。雌虫体长(20~26) mm×(4~43) mm。吻突呈圆球形;吻钩细小,大小相近,分布于吻突顶端,呈放射状排列,颈部细长。虫卵呈卵圆形,大小为(75~84) μm×(27~31) μm,内有幼虫。

实验十一　蠕虫学完全剖检术及蠕虫标本的采集与制作

一、实验目的及要求

掌握寄生虫完全剖检法,通过剖检采集家畜的全部寄生虫标本,并进行鉴定和计数,为诊断和了解蠕虫病的流行情况,防治和研究寄生虫病提供科学依据。

二、实验器材

1. **实验器材**　解剖刀,解剖剪,镊子,标本瓶,体视显微镜,透视显微镜,贝尔曼法装置,瓷盆,瓷量杯,带胶皮头的玻璃滴管,玻璃烧杯,载玻片,盖玻片,普通玻璃块,铁水桶,肥皂粉,毛巾。

2. **药品**　生理盐水,5%的硫代硫酸钠,20%福尔马林,10%福尔马林,5%福尔马林,70%酒精,1%盐水,布勒氏(Bless)液[福尔马林原液 7 mL,70%酒精 90 mL,冰醋酸(临用前加入) 3～5 mL 混合配成]。

三、实验方法、步骤和操作要领

由于蠕虫病的临床症状缺少特异性,剖检畜禽,获得寄生虫标本,并进行鉴定和计数,对于寄生虫病的诊断和了解寄生虫的流行情况具有重要意义。根据实际工作中的要求,蠕虫学完全剖检术可分为寄生虫学完全剖检法、某个器官的寄生虫剖检法(如旋毛虫的调查等)和对某些器官内的某一种寄生虫的剖检法(如牛血吸虫的剖检收集法)。

(一)剖检前的准备

(1)动物的选择。因寄生虫感染而需作出诊断的动物及驱虫药物试验的动物可直接用于寄生虫学剖检,而为了查明某一地区的寄生虫区系时,动物必须选择确实在该地区生长的,并应尽可能包括不同的年龄和性别,同时瘦弱或有临床症状的动物,它们被视为主要的调查对象。也可以采用因病死亡的畜禽进行剖检。死亡时间一般不能超过 24 h(一般虫体在病畜死亡 24～48 h 崩解消失)。选择剖检的畜禽类还要结合饲养管理方式,选取放牧饲养或散养的个体,它们有更多的机会接触中间寄主,感染生物源性寄生虫;而舍饲种类主要是感染土源性寄生虫。

对每头用于寄生虫学剖检的动物都应在登记表上详细填写动物种类、品种、年龄、性别、编号、营养状况、临床症状等。

(2)选定做剖检的家畜在剖检前先绝食 1～2 d,以减少胃肠内容物,便于寄生虫的检出。

(3)家畜剖检前,对其体表应做认真检查和寄生虫的采集工作。观察体表的被毛和皮肤有无瘢痕、结痂、出血、皲裂、肥厚等病变,并注意对体外寄生虫(虱、虱蝇、蜱、螨、皮蝇幼虫等)的采集。

(4)在进行剖检前最好先取粪便进行虫卵检查、计数,初步确定该动物体内寄生虫的寄生情况,对以后寻找虫体可能有所帮助。但也应注意,不要因为粪便检查结果,而给工作者带来不全面的主观印象,忽视了未在粪便中发现虫卵的那些虫体的寻找。

(5)剖检家畜进行动脉放血处死,如利用屠宰场的待宰畜禽可按屠宰场的常规处理,但脏器的采集必须合乎寄生虫检查的要求。

(二)家畜的完全剖检技术及寄生虫的采集

在家畜死亡或捕杀后,首先制作血片,染色镜检,观察血液中有无伊氏锥虫、巴贝斯虫和泰勒虫等寄生虫,然后进行剖检,剖检程序如下。

1. 淋巴结和皮下组织的检查及寄生虫的采集　按照一般解剖方法进行剖检,看牛皮下有无牛皮蝇蛆、牛副丝虫、盘尾丝虫、裂头蚴、羊斯氏多头蚴和兔连续多头蚴寄生,并随检观察身体各部淋巴结有无虫体寄生。发现虫体随即采集并进行记录。

2. 头部各器官的检查及寄生虫的采集　头部从枕骨后方切下,首先检查头部各个部位和感觉器官。然后沿鼻中隔的左或右,约 0.3 cm 处的矢状面纵形锯开头骨,撬开鼻中隔,进行检查。

(1)检查鼻腔鼻窦。检查鼻腔鼻窦,取出虫体,然后在水中冲洗,沉淀后检查沉淀物。看有无羊鼻蝇蛆、驼喉蝇蛆、水蛭(水牛)、锯齿状舌形虫寄生。

(2)检查脑部和脊髓。打开颅腔后先用肉眼检查有无绦虫蚴(脑多头蚴、猪囊尾蚴)、羊鼻蝇蚴、驼喉蝇蚴寄生。再切成薄片压薄镜检,检查有无微丝蚴寄生。打开椎管检查有无马脑脊髓丝虫的童虫寄生。

(3)检查眼部。先眼观检查,再在水中刮取眼睑结膜及球结膜表层,水洗沉淀后检查沉淀物,最后剖开眼球,将眼房水收集在平皿内,在放大镜下检查是否有丝虫的幼虫、囊尾蚴、裂头蚴、吸吮线虫寄生。

(4)检查口腔。检查唇、颊、牙齿间、舌肌、咽头有无囊尾蚴、蝇蛆、筒线虫、蛭类寄生。

3. 腹腔各脏器的检查及寄生虫的采集　按照一般解剖方法剖开腹腔,首先检查脏器表面的寄生虫和病变。再逐一对各个内脏器官进行检查。然后收集腹水,沉淀后观察其中有无丝状线虫存在。

(1)消化系统检查及寄生虫采集。在结扎食道末端和直肠后,先切断食道,胃肠上相连的肝、胰脏以及肠系膜,直肠末端,取出消化系统。消化系统所属的肝、脾、胰也一并取出。再将食道、胃(反刍动物的四个胃应分开)、小肠、大肠、盲肠分段做二重结扎后分离。胃肠内有大量的内容物,应在 1%盐水中剖开,将内容物洗入液体中,然后对黏膜循序仔细检查,洗下的内容物则反复加 1%盐水沉淀,待液体清澈无色为止,再取沉渣进行检查。为了检查沉渣中细小的虫体,可在沉渣中滴加碘液,使粪渣和虫体均染成棕黄色,继之以 5%的硫代硫酸钠溶液脱色,但虫体着色后不脱色,仍然保持棕黄色,而粪渣和纤维均脱色,故棕色虫体易于辨认。

①食道。先检查食道的浆膜面,观察食道肌肉内有无虫体,必要时可取肌肉压片镜检。再剖开或用筷子将食道反转,仔细检查食道黏膜面有无寄生虫的寄生。用小刀或玻片刮取黏膜表层,压在两块载玻片之间检查,当发现虫体时,揭开上面的载玻片,用挑虫针将虫体挑出。应注意黏膜面有无筒线虫、纹皮蝇蛆(牛)、毛细线虫(鸽子等鸟类)、狼旋尾线虫(犬、猫),浆膜面有无住肉孢子虫(牛、羊)寄生。如有住肉孢子虫可连同被寄生组织一起剪下,保存于布勒氏液中。

②胃。应先检查胃壁外面。对于单胃动物,可沿胃大弯剪开,将内容物倒在指定的容器内,检出较大的虫体。然后用1%的盐水将胃壁洗净,取出胃壁并刮取胃壁黏膜的表层,把此刮下物放在两块玻片之间进行压片镜检。洗下物应加1%的盐水,反复多次洗涤,沉淀,等液体清净透明后,分批取少量沉渣,洗入大培养皿中,先后放在白色或黑色的背景上,以肉眼或借助于放大镜仔细观察并检出所有虫体。在胃内寄生的有马的胃线虫、胃蝇蛆,多种动物的颚口线虫和圆线虫等。如胃腺部有肿瘤时可切开检查。

对反刍动物可以先把四个胃分开。检查第一胃时注意检出胃黏膜上的虫体,然后注意观察与胃壁贴近的胃内容物中的虫体,发现虫体全部检出来,胃内容物不必冲洗。瘤胃壁上可能有前后盘吸虫的成虫寄生。第二、三胃的检查方法同第一胃,但对第三胃延伸到第四胃的相连处要仔细检查,必要时可以把部分切下,采取同第四胃的检查方法。第四胃的检查方法同单胃动物胃的检查方法。皱胃壁上可能有血矛线虫、艾氏毛圆线虫、斯氏副柔线虫、前后盘吸虫的幼虫寄生。

③腹腔和肠系膜。先检查腹腔中有无丝状线虫(马)寄生。分离肠系膜前先以双手提起肠管,看肠系膜上有无细颈囊尾蚴、豆状囊尾蚴(兔)、舌形虫的幼虫寄生。把肠系膜充分展开,然后对着光线从十二指肠起向后依次检查,查看静脉中有无虫体(血吸虫)寄生,分离后剥开淋巴结,切成小块,压片镜检。

④小肠。把小肠分为十二指肠、空肠、回肠3段,分别检查。先将每段内容物倒入指定的容器内,再将肠壁翻转(即将肠浆膜内翻入肠腔内,使其黏膜面翻到外面)。然后用1%盐水洗涤肠黏膜表面,仔细检出残留在上面的虫体,洗下物和沉淀物分别用反复沉淀法处理后,检查沉淀物中所有的虫体。看是否有马的裸头绦虫、尖尾线虫、类圆线虫,反刍动物毛圆线虫、类圆线虫、仰口线虫、莫尼茨绦虫、曲子宫绦虫、无卵黄腺绦虫、双士吸虫、同盘吸虫等,猪的钩虫、旋毛虫、姜片吸虫,猪、鸡的棘头虫以及寄生于各种动物的相应的绦虫、蛔虫、胃蝇蛆和球虫寄生。当发现绦虫时,应用剪刀尖紧贴肠壁,避免剪断虫体,应留心前端细小的头节不能剪断或失去,要小心剪下完整的头节,若头节牢固吸附于寄主的肠壁,则需连同肠壁组织一同剪下。洗涤虫体时间一般不能超过5 min(时间过长,水分渗入虫体内,破坏了虫体内部组织器官,影响鉴定)。洗净的虫体放于70%酒精或布勒氏液中固定保存。

⑤大肠。大肠分为盲肠、结肠和直肠3段,分段进行检查。在分段以前先对肠系膜淋巴结进行检查。在肠系膜附着部的对侧沿纵轴剪开肠壁,倒出内容物,以反复沉淀法检查沉淀物内寄生虫,对附着在肠黏膜上的寄生虫可直接采样,然后把肠壁用1%盐水洗净,仍用反复沉淀法检出洗下物中所有的虫体,已洗净的肠黏膜面再进行一次仔细检查,最后再取肠黏膜压片镜检,以免遗漏虫体。在大肠中主要有毛尾线虫、夏伯特线虫和食道口线虫等寄生。注意检查肠壁上有无粟粒大到豌豆大的结节(食道口线虫引起的结节),将采集到的虫体组织保存于70%酒精或布勒氏液中。在血吸虫病流行区还应注意直肠壁上有无日本血吸虫的虫卵结节。用显微镜从直肠黏膜病变组织内可查见日本血吸虫卵及溶组织阿米巴滋养体。

⑥肝脏。首先观察肝表面有无寄生虫结节,如有可进行压片检查。再检查肝表面有无细颈囊尾蚴、兔豆状囊尾蚴和棘球蚴;剖开肝脏观察有无棘球蚴囊体等。剪开肝门静脉,看有无血吸虫。然后沿输胆管剪开肝脏,检查有无寄生虫。把肝脏按输胆管的横断面切成数块放在水中用两手挤压,或将其撕成小块,置于37 ℃温水中,待其虫体自行走出(即贝尔曼法原理)。充分水洗后,取出肝组织碎块并用反复沉淀法检查沉淀物。对有胆囊的动物要注意检查胆囊,

可以先把胆囊从肝上剥离,把胆汁倾入大平皿内,加生理盐水稀释,检出所有的虫体;最后检查黏膜上有无虫体附着,也可用水冲洗,把冲洗后的水沉淀后,详细检查,看是否有肝片吸虫、歧腔吸虫、华支睾吸虫、截形微口吸虫、阔盘吸虫、蛔虫幼虫、肾虫幼虫等寄生。

⑦胰腺。用剪刀沿胰管剪开,检查其中虫体,而后将其撕成小块,用贝尔曼法分离虫体,并用手挤压组织,最后在液体沉淀中寻找虫体,若反刍动物胰脏肿大,粉红色的胰脏中有紫色的斑块或条索,切开胰脏可见红色的阔盘吸虫寄生。

⑧脾脏。检查法与胰腺相同。寄生虫少见,偶见棘球蚴,在血吸虫病流行地区还可以在脾静脉内找到日本血吸虫。

(2)泌尿系统检查及寄生虫采集。骨盆腔脏器也以与消化系统同样的方式全部取出。先行眼观检查肾周围组织有无寄生虫。注意肾周围脂肪和输尿管壁有无肿瘤及包囊,如发现后切开检查,取出虫体。随后切取腹腔大血管,采取肾脏。剖开肾脏,先对肾盂进行肉眼检查,再刮取肾盂黏膜检查,最后将肾实质切成薄片,压于两玻片间,在放大镜或解剖镜下检查。剪开输尿管、膀胱和尿道检查其黏膜,并注意黏膜下有无包囊。收集尿液,用反复沉淀法处理。检查有无猪冠尾线虫、肾膨结线虫、裂头蚴和棘球蚴寄生。

(3)生殖器官检查及寄生虫采集。检查腔内,并刮取黏膜表面制作压片及涂片镜检。怀疑为马媾疫或牛胎儿毛滴虫时,应涂片染色后油浸镜检查。

4. 胸腔各器官的检查及寄生虫的采样　胸腔脏器的采样按一般解剖方法切开胸壁,注意观察脏器表面有无绦虫蚴寄生及其自然位置与状态,然后连同食管及气管采取胸腔内的全部脏器,并收集潴留在胸腔内的液体,用水洗沉淀法进行寄生虫检查。

(1)呼吸系统(肺脏和气管)检查及寄生虫采集。首先观察肺外部的色泽和形状,看有无包囊和硬结,如有细颈囊尾蚴可切开包膜取出。但外膜较厚的棘球蚴包囊切勿随意切开,应将包囊完整剥离下来,不要弄破,以防工作人员感染棘球砂。如有红的肺吸虫包囊,用小刀小心切开,取出虫体,用生理盐水冲洗后保存。肺脏内部检查应从喉头沿气管、支气管及细支气管剪开,注意不要把管道内的虫体剪坏,观察有无白色的大型肺线虫(牛羊的网尾线虫),发现虫体即应直接采取。然后用载玻片刮取黏液加水稀释后镜检,禽类看有无气管比翼线虫。再将肺组织在水中撕碎,按肝脏处理法检查沉淀物。看有无卫氏并殖吸虫、小型肺线虫(反刍动物的原圆线虫、缪勒线虫等)和棘球蚴等寄生。对反刍动物肺脏的检查应特别注意小型肺线虫,可把寄生性结节取出放在盛有微温生理盐水的平皿内,然后分离结节的结缔组织,仔细摘出虫体,洗净后,即行固定。

(2)心脏及大血管。先观察心脏外面,检查心外膜、冠状动脉沟及淋巴结,看有无浆膜丝虫(猪)。然后剪开心脏,仔细观察内腔及内壁。将内容物洗于1‰的盐水中,用反复沉淀法检查。对大血管也应剪开,特别是肠系膜动脉和静脉要剪开检查,注意观察是否有吸虫、线虫(如犬恶丝虫);切开心肌看有无绦蚴(如猪囊虫)的存在,如有虫体,小心取出。将心肌剪成麦粒大的肉块,夹在两玻片间镜检,看有无旋毛虫和住肉孢子虫,若有可连肌肉一起保存。马匹应检查肠系膜动脉根部有无寄生性肿瘤。对血液应进行涂片检查。

5. 其他部位的检查及寄生虫的采集

(1)膈肌及其他部位肌肉的检查。从膈肌角及其他部位的肌肉切取小块,仔细眼观检查,然后进行压片镜检。取咬肌、腰肌、臀肌及腹壁肌肉,检查囊尾蚴、裂头蚴、斯氏多头蚴和兔连续多头蚴寄生。取膈肌检查旋毛虫、弓形虫及住肉孢子虫。若发现虫体可连肌肉一起保存。

（2）肌腱与韧带的检查。有可疑病变时检查相应部位的肌腱与韧带。注意观察盘尾丝虫等。

（三）禽类的完全剖检技术及寄生虫的采集

先分别采集体表的寄生虫虱、蜱、螨等，然后杀死并固定。检查皮肤表面的所有赘生物和结节，腹部向上并置于解剖盘内，拔去颈、胸和腹部羽毛，剥开皮肤后，注意检查皮下组织。在皮下结缔组织内可能有鸟龙线虫寄生。以下颌、咽喉部为多，皮下有时会形成结节。在眼结膜内可能发现嗜眼吸虫。

用外科刀切断连接两个肩胛骨和肱骨背面的肌肉，然后用一手固定头的后部，另一手提取切断的胸骨部，逐渐向脊部翻折，最后完全掀下带肌肉的胸骨，用解剖刀柄把整个腹部的皮肤和肌肉分离开，向两侧拉开皮肤，露出所有的器官。

检查时除应特别注意各脏器的采取外，还可以把消化道分为食管、嗉囊、腺胃、肌胃、小肠、盲肠、直肠等部位，每段进行两端结扎，分别进行寄生虫的检查。嗉囊的检查，剪开囊壁后，倒出内容物做一般眼观检查，然后把囊壁拉紧透光检查。嗉囊中可见嗉囊筒线虫和毛细线虫。在腺胃黏膜上可见到紫红色的斑，透过光线观察，乃是寄生在腺胃组织深部的四棱线虫的雌虫，其雄虫寄生在腺胃黏膜表面，可用彻底洗净法或由黏膜刮去黏液，用放大镜边观察边采集。在某些水禽的腺胃或肌胃角质膜下可找到肿胀，在肿胀内可找到棘首属线虫。肌胃的检查，切开胃壁，倒出内容物，做一般检查后，剥离角质膜再做眼观检查。在家禽腺胃和肌胃内寄生的可有华首线虫。水禽肌胃的角质膜下寄生的可有裂口线虫。再检查肠道中有无棘口吸虫、后睾吸虫、戴文绦虫、膜壳绦虫、蛔虫、异刺线虫（盲肠内）、毛细线虫、鸭棘头虫等的寄生。仔细检查气囊和法氏囊。

其他各脏器的检查方法和上述方法基本相同。气管中可找到嗜气管吸虫和气管比翼线虫。肝脏和胆管中可找到鸭后睾吸虫、鸭对体吸虫、东方次睾吸虫等。鸭肝门静脉和肠系膜静脉内可找到毛毕吸虫。输卵管、泄殖腔和直肠中可找到多种前殖吸虫。各脏器的内容物如限于时间不能当日检查完毕，可在反复沉淀之后，将沉淀物中加入 4%福尔马林保存，以待随后检查。在应用反复沉淀法时，应注意防止微小虫体随水倒掉。采取虫体时应避免将其损坏，检出的虫体应随时放入预先盛有生理盐水并记有编号和脏器名标签的平皿内。禽类胃肠道的虫体应在尸体冷却前检出。

（四）食肉动物的完全剖检技术及寄生虫的采集

食肉动物如犬、狼、狐等的寄生虫，有些种（如棘球绦虫）是人畜共患寄生虫，在剖检动物时，必须严防操作者被感染和污染环境。所以，剖检时要求按照如下操作方法来进行。

1. 剖检前的准备

（1）防护用品的准备。紧袖口工作服，长筒胶靴，乳胶手套，口罩，白帽。

（2）器材、药品的准备。直径 30～40 cm 瓷盆 3～4 个，长方形大瓷盘 3～4 个，500～1 000 mL 瓷量杯 2 个，20 cm 左右长柄镊子 2 把，15 cm 长钝头剪刀 2 把，无齿组织镊子 3 把，直径 55 mm 的平皿 4 副，直径 10 cm 左右的平皿 10 副，有刻度（0.5～2 mL）带胶头的玻璃滴管 10 支，300 mL 玻璃烧杯 5 个，载玻片 2 盒，20 mm×20 mm 盖玻片 1 盒，12 cm×6 cm 的普通玻璃块 10～120 块，铁水桶 1 个，肥皂粉 2 包，毛巾 2 条，生理盐水 500 mL，20%福尔马林

2 000 mL,10%福尔马林 1 000 mL,5%福尔马林 500 mL,70%酒精 500 mL,1%盐水 20 L,汽油喷灯 1 台,生石灰若干千克。

（3）地坑的准备。在较偏僻处事先挖一个地坑,深 2~3 m,为掩埋剖检处理后的尸体、内脏以及所有污物之用。有焚尸炉设备的,应将上列各物投入焚尸炉内烧掉。

2. 剖检操作顺序　　剖检前先观察体表有无寄生虫,如有寄生虫如蚤、虱、蜱、螨（疥螨、耳痒螨、蠕形螨）等,直接采集保存于 70%酒精中,然后将动物腹部向上固定于解剖台上,检查眼瞬膜下有无吸吮线虫寄生。再切开腹壁,先检查体腔内有无寄生虫,再查看内脏有无寄生虫病变,然后分别采取胸、腹腔内器官,分别置于盆内。

（1）先将瓷盆编号,并于其内壁划出盛 1 000~1 500 mL 记号,用于放置不同肠段内容物,以便计算总虫数用。

（2）在 1 000 mL 瓷量杯中,盛 20%福尔马林 400 mL,把剖检时需用的镊子、剪刀、无齿组织镊子、长胶皮头滴管等插入其中,随用随拿。用后即时插入杯中,禁止在实验台面或地面上随便乱放,以防污染。

（3）剖检及虫体标本的采取。操作者应穿戴个人防护衣帽、胶靴、手套、口罩,两人为一组,先在每个瓷盆内加入 1%盐水 1 000 mL。操作动作要轻快、稳准,防止盛脏器内容物的盐水溅出。一人手持镊子,另一人手握肠管、剪刀,两人合作。剖检消化道时,先剪离肠系膜,注意不要损坏肠壁,使肠管能拉直,把肠管分段,再把小肠放在另一盆内,其余肠段留在原盆内。徐徐剪开小肠壁,边剪边仔细观察有无寄生虫,有虫时则把肠内容物及肠黏膜一起刮入盆中,刮时要慢要稳,防止内容物溅出。如内容物中小型虫体很多,可把盆内容物搅匀后,即用带刻度的长胶皮头滴管吸取 10~15 mL,置直径 55 mm 的玻璃平皿中（每皿内盛 5 mL）,在低倍镜下依次全面查虫,分类计数,然后计算出盆内各类虫体的总数。食肉动物特别是犬、猫消化道内寄生的有犬复孔绦虫、泡状带绦虫、豆状带绦虫、多头绦虫、细粒棘球绦虫、孟氏迭宫绦虫、阔节裂头绦虫、弓首蛔虫、钩虫、鞭虫、旋尾线虫。采取大型绦虫标本时,应将吸附有头节的肠壁部分剪下,连同整个虫体浸入清水中数小时,则绦虫头节自然与肠壁脱离,如果强行拉下虫体,则吸附于肠壁的头节易与链体断离,损坏标本。完整的绦虫标本取得后,再移置于清水中漂洗除去黏附的污物,再浸入清水中 8~12 h,使虫体松弛,然后将虫体放置于较大的长方形瓷盘中,倾入 5%福尔马林液固定。对小型虫体如棘球属绦虫,放在 1%盐水中洗,再移入缓冲液中洗,把洗净的虫体用滴管吸上置于载玻片上,以 2~3 条为一组,盖玻片稍加压力,使虫体变扁薄,但又不破裂,从旁边滴加 10%福尔马林固定 4 h 以上,然后连载玻片、虫体和盖玻片一同置于盛有 10%福尔马林的烧杯中,浸泡 1~2 d,再将虫体移入 5%福尔马林液中保存。对中型线虫,检出后放在生理盐水中漂洗,和其他肠段的线虫一样,洗净后用 5%甘油酒精固定保存。

其他各种内脏的处理和标本的采集方法,同前述家畜检查方法。食肉动物肺脏中可寄生有卫氏并殖吸虫;肝脏中可寄生有华支睾吸虫和猫后睾吸虫;肾脏中可寄生犬肾膨结线虫;犬的右心室和肺动脉可寄生犬恶丝虫。

在整个剖检过程中,特别是对棘球绦虫病患犬的剖检,应时刻注意凡是用过的任何用具、肠管、内容物、洗液等,绝不能到处乱放,必须煮沸半小时后,待自然冷却到 30 ℃左右,虫卵已被杀灭,再把肠及内容物倒入地坑内。对所有用具要用肥皂、清水洗净。操作者虽然穿戴着防护服装,但应尽量做到不污染。所用手套可浸泡在 10%福尔马林液中 1~2 d,工作服煮沸消毒,地面可撒生石灰或用喷灯喷烧。

四、实验注意事项

(1)各种寄生虫都有固定寄生部位,在进行畜禽全身解剖、检查并采集寄生虫前,要详细查阅资料,做好准备工作,搞清该动物,各器官、组织部位可能有哪些寄生虫的寄生,解剖时进行仔细的观察与检查。有些季节性寄生虫,还应注意剖检的季节;有些寄生虫受年龄免疫的影响,则应考虑到年龄问题,避免某些寄生虫被遗漏。

(2)检查过程中,若脏器内容物不能立即检查完毕,可在反复水洗沉淀后,在沉淀物内加4%的福尔马林保存,以后再详细进行检查。

(3)注意观察寄生虫所寄生器官的病变,对虫体进行计数,为寄生虫病的准确诊断提供依据。病理组织或含虫组织标本用10%的福尔马林固定保存。对有疑问的病理组织应做切片检查。

(4)采集的寄生虫标本分别置于不同的容器内。按有关各类寄生虫标本处理方法和要求进行处理保存,以备鉴定。由不同脏器、部位取得的虫体,应按种类分别计数,分别保存,均采用双标签,即投入容器中的内标签和在容器外再贴上外标签,最后把容器密封。内标签可用普通铅笔书写,标签上应标明畜别、编号、虫体类别、数目以及检查日期等。

在采集标本时,尚应有登记本或登记表,将标本采集时的有关情况,按标本编号,记于登记表(表 11-1)或登记本上。对虫体所引起的宿主的主要病理变化也应做详细的记载。然后统计寄生虫的种类,感染率和感染强度,以便汇总。

表 11-1　畜禽寄生虫剖检记录表
(引自赵辉元,1996)

编号_____　　　　　　　　　　　　　检查日期_____年____月____日

地　区							
畜禽别	品种		性别		年龄		营养		产地	
病例及其他							
	寄生部位	虫　名	数目/条	瓶　号	瓶　数	主要病变	备　注
采集寄生虫情况							
附记							

剖检单位_____　　　　　　　　剖检者姓名_____

(5)对所有虫体标本必须逐一观察,鉴定到种或属,遇有疑问时应将虫体取出单放,注明来自何种动物脏器及有关资料,然后寄交有关单位协助鉴定。并在原登记表中注明寄出标本的种类、数量、寄出的日期等。对于特殊和有价值的标本应进行绘图,测定各部尺寸,并进行显微照相。已鉴定的虫体标本可按寄生部位和寄生虫种类分别保存,并更换新的标签。

五、实验报告

(1)总结家畜蠕虫学完全剖检术的方法与步骤。
(2)总结家禽蠕虫学完全剖检术的方法与步骤。
(3)总结蠕虫标本的采集、制作与观察方法。
(4)整理剖检记录并写出实验报告。

附:参考资料

一、吸虫和绦虫整体染色装片的制作方法

1. 吸虫类

(1)吸虫的采集。在各脏器或其冲洗物沉淀中,如发现吸虫时应以弯头解剖针或毛笔将虫体挑出(注意不要用镊子夹取,否则镊子会使虫体损坏变形,影响以后的观察)。挑出的虫体体表常附有粪渣、黏膜等污物,应先用生理盐水洗净。较小的虫体可和盐水一起放入小试管中,加塞塞紧,充分振荡洗净污物。较大的虫体可用毛笔刷洗。有些虫体的肠管内含有大量食物,可在生理盐水中放置过夜,等其食物消化或排出。然后投入常水中,使其伸展并逐渐死亡。

(2)吸虫的固定。从水中将吸虫取出,放在滤纸上吸干,较大较厚的虫体,为了方便以后制作压片标本,可用两片载玻片将虫体压薄,为了不使虫体压得过薄,可在玻片两端垫以适当厚度的纸片,玻片两端用棉线或胶皮圈扎紧,在玻片间夹的小纸片上写明动物编号等资料。对于较小的虫体,可先在薄荷脑溶液(配制方法:取薄荷脑 24 g 溶于 95% 酒精 10 mL 中,即为薄荷脑饱和酒精溶液,使用时将此液一滴,加入 100 mL 水中即可)中使虫体松弛。然后将虫体投入固定液中固定。固定吸虫时常用的固定液有如下几种。

①劳氏(Looss)固定液。适用于小型吸虫。取饱和升汞溶液(约含升汞 7%)100 mL,加冰醋酸 2 mL,混合即成。固定虫体时,将虫体放于一小试管中,加入盐水,达试管的 1/2 处,充分摇洗,再加入劳氏固定液摇匀,12 h 后,将虫体取出移入加有 0.5% 碘的 70% 的酒精中,并更换溶液数次,直到碘酒精溶液不再褪色为止,再将虫体移到 70% 酒精溶液中保存,若欲长期保存,应在酒精中加 5% 甘油。

②酒精-福尔马林-乙酸固定液(A. F. A 固定液)。本液以 95% 酒精 50 份,福尔马林(含甲醛 40%)10 份,乙酸 2 份,水 40 份混合而成。较大的已置于载玻片间的虫体,可浸入此固定液中过夜。小的虫体可先放于充满 2/3 生理盐水的小瓶内,用力振荡,待虫体疲倦而伸展时,将盐水倾去 1/2,再加入本固定液(加入时应慢慢由一端先倒入,便于将空气赶出),视虫体大小至少固定 24 h。次日将虫体取出,保存于加有 5% 甘油的 70% 酒精中。

③福尔马林固定液。一般用 10% 甲醛(即取福尔马林 1 份与水 9 份混合即得)或 4% 甲醛作为固定液。将小型吸虫虫体或夹于载玻片间的虫体投入固定液中,经 24 h 即固定完毕。较大的夹于两载玻片间的吸虫,固定液较难渗入,可在固定数小时后,将两玻片分开,这时虫体将贴附于一载玻片上,将附有虫体的玻片继续投入固定液中过夜。最后将虫体置于 3%~5% 的福尔马林溶液中保存或用于制片。

④酒精固定液。用 70% 酒精固定 0.5~3 h,视虫体大小而定,再移至新的 70% 酒精中保存。

经以上几种方法中任何一种固定的标本,在保存时均应贴以标签。标签应用较硬的纸片(如道林纸)用铅笔书写,内容应包括标本编号、采集地点、宿主及其产地、寄生部位、虫名、保存液种类和采集时间,将以上内容一式两份书写,一份与虫体一同放于瓶内,一份贴于瓶外。

(3)吸虫的染色和制片。吸虫标本的形态观察常需制成染色装片标本或切片标本。切片标本的制作与组织切片相同。如需要做成染色整体装片标本,则把投入上述酒精福尔马林溶液内固定的夹于两玻片之间的虫体取出,经水洗后进行染色、调色、脱水、透明、封固、干燥,制成永久性玻片标本。整体装片标本的制片方法有以下数种。

①苏木素法。常用的为德氏(Delafield)苏木素染液,其配法如下:先将苏木素 4 g 溶于 95% 酒精 25 mL 中,再向其中加入 400 mL 的饱和铵明矾(ammonium alum)溶液(约含铵明矾 11%)。将此混合液暴晒于日光及空气中 3～7 d(或更长时间),待其充分氧化成熟,再加入甘油 100 mL 和甲醇 100 mL 保存,并待其颜色充分变暗,滤纸过滤,装于密闭的瓶中备用。

染色步骤如下:

a. 将保存于福尔马林溶液中的虫体,取出以流水冲洗。如虫体原保存于 70% 酒精中,则先后将虫体移入 50% 和 30% 酒精中各 1 h,再移入蒸馏水中。

b. 将德氏苏木素染液加蒸馏水 10～15 倍,使呈浓葡萄酒色。将以上虫体移入此稀释的染液内,染色过夜。

c. 取出染色后的虫体,在蒸馏水中除去多余的染液,再依次通过 30%、50%、70% 酒精各 0.5～1 h。

d. 虫体移入酸酒精(酸酒精是在 80% 酒精 100 mL 中加入盐酸 2 mL)中褪色,待虫体变成淡红色。

e. 再将虫体移入 80% 酒精中,再循序通过 90%、95% 和 100% 酒精中各 0.5～1 h。

f. 将虫体由 100% 的酒精中移入二甲苯或水杨酸甲酯(也称冬绿油或冬青油)中,透明 0.5～1 h。

g. 将透明的虫体放于载玻片上,滴一滴加拿大树胶,加盖玻片封固,待干即成。

②卡红染色法。以卡红为原料,常用的染色液有盐酸卡红和硼砂卡红等。

盐酸卡红:蒸馏水 15 mL 加盐酸 2 mL,煮沸,趁热加入卡红染粉 4 g,加入 85% 的酒精 95 mL,再滴加浓氨水以中和,等出现沉淀,放凉,过滤,滤液即为盐酸卡红染液。

硼砂卡红:4% 硼砂($Na_2B_4O_7$)溶液 100 mL,加入卡红染粉 1g,加热使其溶解,再加入 70% 酒精 100 mL,过滤,滤液即为硼砂卡红染液。

染色方法是:

a. 原保存于 70% 酒精内的标本,可直接取出投入染色液中染色。保存于福尔马林液内的虫体标本,应先取出水洗 1～2 h,而后循序通过 30%、50%、70% 的酒精各 0.5～1 h,再投入染液中,在染液中过夜,使虫体染成深红色。

b. 自染液中取出虫体,放入酸酒精(酸酒精是在 70% 酒精 100 mL 中加入盐酸 2 mL)中褪色,使颜色深浅分明,即虫体外层呈淡红色,内部构造呈深红色。

c. 虫体移入 80%、95% 和纯乙醇中各 0.5～1 h。

d. 移入二甲苯或水杨酸甲酯中透明。

e. 已透明的虫体,移置载玻片上,加一滴加拿大树胶,加盖玻片封固。

2. 绦虫类

(1)绦虫的采集。大部分绦虫寄生于肠管中,并以头节牢固地附着于肠壁上。采标本时为了保证虫体的完整,切勿用力猛拉,而应将附着有虫体的肠段剪下,连同虫体浸入清水中。5～6 h 后,虫体会自行脱落,体节也自行伸直。

(2)绦虫的固定。将收集到的完整的绦虫用生理盐水洗净后,浸入劳氏固定液或 70%酒精或 5%福尔马林溶液中固定。

如欲做瓶装陈列标本,以福尔马林溶液固定为好。在固定之前,必须将虫体放在 1%盐水中充分洗净,为了使虫体松弛,也可将其放入含 1%氨基甲酸乙酯的生理盐水中一定时候,以利于虫体充分伸展,便于以后观察。绦虫有时很长(可达数米),易于断裂或相互缠结,故固定时应注意,可将虫体排列在玻璃板上,用线扎起来,或者将虫体缠绕在玻璃瓶上。也可在大烧杯中,先放入以固定液浸润的滤纸一张,提取虫体后端,使虫体由头节开始逐步放落在滤纸上,加盖一层湿滤纸;再以同样操作,放上第 2 条虫体;如是操作,全部放好所有虫体,最后将固定液轻轻注满烧杯,固定 24 h 后取出。不太长的虫体,可提住虫体后端,将虫体悬空伸长,而后将虫体下放,逐步地浸入固定液内。保存于瓶内的标本应登记并加标签,其注意事项同吸虫。

如要制作染色标本,用劳氏固定液或 70%酒精固定为好。挑选绦虫的头节(连同后方的若干颈节)、成熟节片及孕卵节片,剪成若干段,每段长 2～4 cm。将此片段放在吸水纸上吸干水分,再如前述吸虫一样压薄、固定,以至封固成永久保存标本。绦虫头节是决定绦虫种类的重要依据,应选为装片标本的材料。因其太小,无须用大的压力压薄。可将它放在载玻片上,加盖普通盖玻片之后,由一端滴入固定液,另一端以吸水纸吸出固定液,如此反复使固定液通过数次,即可达到固定的目的,不必绑扎。约 1 h 后即可放在水中将头节从玻片上取下,然后进行染色。

(3)染色程序与制片。绦虫头节和其他节片标本固定 1～2 d 后,经过水洗即可染色,不论什么染液都要着染 30 min 至数天,再调色数秒至数分钟,然后转入脱水阶段,用 70%酒精脱2 次,每次 15 min,80%酒精 30 min,95%酒精 1 h,100%酒精 3 次,每次 15 min。经过修整后,入二甲苯中透明,用加拿大树胶封固。

用福尔马林固定的标本,必须在染色前充分水洗,才能着色均匀,染好的标本必须经水洗后才能进行调色(脱色剂)。染色、调色中都应随时翻动标本,使其着色均匀;透明时间不宜过长,观察到已透明即可,立即用树胶封固;封固时切忌留有气泡在内,修整后选用适当虫体或虫段制出来的标本,应达到上下左右排列对称,标本虫体宜放置于载玻片的右 1/3 与中 1/3 交界处,而且应该将虫体的前端向下,便于在载玻片左端贴标签后,镜检时为正像,显得美观大方,而且便于观察绘图。

二、线虫的透明观察法

1. 线虫的采集　在剖检家畜时,发现虫体后,以弯头解剖针或分离针(将缝衣针绑扎在竹签上即可代替)或毛笔将虫体挑出,大型线虫如蛔虫、棘头虫,收集后在生理盐水中仔细洗净,除去虫体上的粪便和黏液后,投入固定液;寄生于肺部的线虫,丝虫目的线虫和马、牛、羊胃肠道内的各种线虫,用分离针小心地挑出,用生理盐水反复振荡洗净后即应尽快地放于固定液中固定,否则虫体易于破裂。线虫雌雄异体,雌虫一般较雄虫大,在虫体鉴定时,常需依雄虫的某些形态特征作为依据,因此,采集虫体时不可忽视较小虫体的采集。一些有较大口囊的线虫(如圆线虫、夏伯特线虫、钩口线虫等)和有发达交合伞的线虫,其口囊或交合伞中,常包含有大量杂质,妨碍以后的观察,应在固定前用毛笔洗去,或充分振荡以洗去,而后固定。

2. 线虫的固定　可采用酒精或福尔马林固定。

(1)用甘油酒精固定。把虫体投入煮沸的甘油酒精(5%甘油 5.0 mL、80%酒精 95.0 mL)中,使虫体伸直,然后即保存在甘油酒精内。或先把 70%酒精加热到 70 ℃左右(在火焰上加热时,酒精中有小气泡升起时即约为 70 ℃),将洗净的虫体移入,虫体在热固定液中伸直而固定,待酒精冷后,将虫体移入甘油酒精中,加标签保存。标签的书写内容与吸虫同。

(2)用 4%福尔马林固定液固定。先将福尔马林固定液加热到 70 ℃,再投入虫体,虫体即保存于福尔马林固定液内。或把虫体投入 30 ℃左右的生理盐水中浸泡 30 min 左右,待虫体伸展后再保存于福尔马林固定液内,也可以移入含 5%甘油的 80%酒精中加标签保存。

大型线虫(如马副蛔虫)采取后,应用生理盐水洗净,以 4%福尔马林或巴氏液固定保存。为了获得最好的固定,更宜保存在 10 mL 福尔马林、10 mL 冰醋酸加 80 mL 蒸馏水中。

小型线虫采取后,用生理盐水洗净,并计算虫体数目,为以后透明虫体、方便计算,可用热的 5%甘油酒精固定后保存。

在固定棘头虫时,如果它们的吻突缩在吻囊里,需用手轻压,使吻突伸出后,再用 70%酒精固定,也可用巴氏液固定保存。

3. 线虫的透明与制片　线虫经固定后,是不透明的,欲进行线虫形态的观察必须先进行透明或装片。为了能从不同的侧面对虫体形态进行观察,以不做固定装片为好,这样可以在载玻片上将虫体翻动,观察得仔细。虫体的透明方法,常用的有以下各种。

(1)甘油透明法。将保存于含 5%甘油 80%酒精中的虫体,连同保存液倾入蒸发皿中,置于温箱中,并不断滴加少量甘油,直到酒精蒸发殆尽,此时留于残存甘油中的虫体即已透明,可供检查。如欲在短时间内完成这一透明过程,可将蒸发皿放于一加有热水的烧杯上,以酒精灯加热,促使蒸发皿中的酒精在短时间内挥发,而达到透明虫体的目的。此法透明后的标本,即可保存于甘油内。

(2)乳酸酚法。乳酸酚又称乳酚油(阿曼氏液),即由甘油 2 份,乳酸 1 份,苯酚 1 份和蒸馏水 1 份混合而成,是一种良好的透明液。虫体自保存液中取出后,应先移入乳酚油与水的等量混合液中,30 min 后再移入乳酚油中,数分钟后虫体即透明,可供检查。检查后虫体应自透明液中取出,移回原保存液中保存。

(3)苯酚透明法。虫体自保存液中取出,放于纯苯酚溶液中(苯酚原为针状结晶,纯溶液指含水 10%的溶液),虫体很快透明。若透明过度,可于检查时,在盖玻片边缘处(盖玻片下是浸在苯酚溶液中的虫体)滴加无水乙醇一滴,此法透明快。透明液对人有腐蚀性,对虫体也有损害,故观察后应立即将虫体移回原保存液中,并在短期内更换保存液 3 次,以除去残留的苯酚,否则虫体将变为棕褐色。

大型和中等大小的线虫既可用苯酚酒精混合液进行透明,将固定好的虫体放在载玻片上,滴加此混合液加盖玻片,移到显微镜下观察;也可用甘油乳酸等量混合液透明。如需虫体更为透明,可滴加少量乳酚油,即可观察。一般不做成装片标本。

小型线虫如仅有少数虫体,可在采集标本后即行观察,把已洗净的虫体放在载玻片上,滴加数滴乳酚油,加盖玻片经数分钟待其透明后,便可镜检观察。对已固定保存的虫体可将其保存液(甘油酒精)一起倒入已盛有甘油酒精的蒸发皿内。用 4%福尔马林或巴氏液固定的虫体,需先用蒸馏水充分冲洗除去福尔马林后再放入甘油酒精内,置于水浴锅上加热,使水分和酒精渐渐蒸发,并慢慢滴加甘油,透明过程中务必使甘油混合液没过全部虫体,以防虫体干枯,直到虫体完全透明为止。经过这样处理的虫体可长期保存在原甘油内。鉴定时逐条取出虫体,滴加少量甘油加上盖玻片,即可镜检观察,十分方便。

小型线虫也可用棉兰乳酚装片。将松弛的小型线虫置于福尔马林乙酸溶液中固定,再将虫体转到一张滴有冷的含有 0.01% 棉兰的乳酚剂的载玻片上,然后微微加热,直至液体冒气为止。或者将虫体放入乳酚剂中,在 60~70 ℃下保持 2~3 min,然后在含有 0.002 5% 棉兰的乳酚剂中封片,在盖玻片周围用沥青封固。本法中所用棉兰也可用其他染料代替。如需要观察时,可取出镜检。

有时为了某种需要,也可将小型线虫制成不染色装片标本。制作时虫体不染色,直接循序通过 70%、80%、90%、100% 的酒精各 0.5 h 脱水,最后在水杨酸甲酯或二甲苯中透明,透明后移于载玻片上,滴加拿大树胶,调整虫体位置,加盖玻片封固。

如在虫体脱水前,按吸虫制片的方法,将虫体先以苏木素或卡红染色,而后制成装片标本,则效果更好。

实验十二　蜱螨形态观察和螨病诊断技术

一、实验目的及要求

掌握蜱螨及其病料的采集方法,认识各种蜱螨的一般形态特点;掌握疥螨、痒螨的主要区别;掌握螨病的诊断方法;了解蜱螨对畜禽健康的危害方式。

二、实验器材及实验动物

1. 标本　各种蜱螨的浸渍标本和制片标本,螨病的病理标本。
2. 实验动物　患蜱螨病的家畜、家禽。
3. 器械　体视解剖显微镜、透视生物显微镜、放大镜、小瓷盘、脱脂棉、擦镜纸、滴管、载玻片、盖玻片、标本瓶、剪刀、镊子、手术刀、培养皿、酒精灯。
4. 药品　50%甘油溶液,5%甘油酒精(70%),5%或10%福尔马林,布勒氏(Bless)液,10%氢氧化钠,5%碘酒,60%硫代硫酸钠溶液。

三、实验方法、步骤和操作要领

蜱螨所引起的疾病诊断是以临床症状和病原诊断为依据的,从各种病料中检出病原体是诊断的重要手段。病原体的形态结构是诊断的主要依据。所以要通过本实验掌握蜱螨的形态特点和螨病的诊断方法。

(一)蜱螨的采集

1. 畜禽体上蜱螨的采集

(1)畜禽体上蜱的采集。在畜禽体表,常有蜱类寄生,蜱的个体较大,通过肉眼观察即可发现。除采集肉眼观察到的蜱以外,还要用手触摸动物的多毛部位,有时可查到毛掩盖下的蜱。在检查发现后用手或小镊子捏取,或将附有虫体的毛或羽剪下,置于培养皿中,再仔细收集。寄生在畜体上的蜱类,常将假头深刺入皮肤,如不小心拔下,则可将其口器折断而留于皮肤中,致使标本不完整,且留在皮下的假头还会引起局部炎症。拔取时应使虫体与皮肤垂直,慢慢地拔出假头,或以煤油、乙醚或氯仿抹在蜱身上和被叮咬处,等其被麻醉后拔取。从小型动物如啮齿类和鸟类体上采集时,应将捕获动物装入事先准备好的袋子里,每只动物装一袋,扎紧袋口,带回实验室后检查并采集蜱类。

(2)畜禽体上螨的采集。

①疥螨、痒螨的刮取与检查。螨的个体较小,常需刮取皮屑,置于显微镜下寻找虫体或虫卵。首先详细检查病畜禽全身,找出所有患部,然后在新生的患部与健康部交界的地方,剪去长毛,用锐匙或外科凸刃刀在体表刮取病料,所用器械在酒精灯上消毒后,与皮肤表面垂直,反复刮取表皮,直到稍微出血为止,此点对检查寄生于皮内的疥螨尤为重要。取样后取样处用碘酒消毒。

在野外进行工作时，为了避免风将刮下的皮屑吹去，刮时可将刀子沾上 50％甘油水溶液。这样可使皮屑黏附在刀上。将刮取到的病料收集到培养皿或试管内带回，以备检查与标本制作。

a. 直接检查法。将刮下物放在黑纸上或有黑色背景的容器内，置于温箱中（30～40 ℃）或用白炽灯照射一段时间，然后收集从皮屑中爬出的黄白色针尖大小的点状物在镜下检查。此法较适用于体形较大的螨（如痒螨）。检查水牛痒螨时，可把水牛牵到阳光下揭去"油漆起爆状"的痂皮，即可看到淡黄白色的麸皮样缓慢爬动的痒螨。还可以把刮取的皮屑握在手里，不久会有虫体爬动的感觉。

b. 显微镜下直接检查法。将刮下的皮屑，放于载玻片上，滴加 50％甘油水溶液（对皮屑有透明作用，虫体短期内不会死亡，可观察到其活动），覆以另一张载玻片。搓压盖玻片使病料散开，置于显微镜下检查。

c. 虫体浓集法。为了在较多的病料中，检出其中较少的虫体，可采用浓集法提高检出率。先取较多的病料，置于试管中，加入 10％氢氧化钠溶液。浸泡过夜（如急待检查可在酒精灯上煮数分钟），使皮屑溶解，虫体自皮屑中分离出来。而后待其自然沉淀（或 2 000 r/min 离心沉淀 5 min），虫体即沉于管底，弃去上层液，吸取沉渣镜检。

也可将采用上述方法处理的病料加热溶解离心后，倒去上层液，再加入 60％硫代硫酸钠溶液，充分混匀后，直立待虫体上浮或离心 2～3 min，螨体即漂浮于液面，用金属环蘸取表面薄膜，抖落于载玻片上，加盖玻片镜检。

d. 温水检查法。用幼虫分离法装置，将刮取物放在盛有 40 ℃左右温水的漏斗上的铜筛中，经 0.5～1 h，由于温热作用，螨从痂皮中爬出集成小团沉于管底，取沉淀物进行检查。

也可将病料浸入 40～45 ℃的温水里，置恒温箱中，1～2 h 后，将其倾在表玻璃上，解剖镜下检查。活螨在温热的作用下，由皮屑内爬出，集结成团，沉于水底部。

e. 培养皿内加温法。将刮取到的干的病料，放于培养皿内，加盖。将培养皿放于盛有 40～45 ℃温水的杯上，经 10～15 min 后，将皿翻转，则虫体与少量皮屑黏附于皿底，大量皮屑则落于皿盖上，取皿底沉淀物检查。可以反复进行如上操作。该方法可收集到与皮屑分离的干净虫体，供观察和制作封片标本使用。

②蠕形螨的采集与检查。蠕形螨寄生在毛囊内，检查时先在动物四肢的外侧和腹部两侧、背部、眼眶四周、颊部和鼻部的皮肤上按摸有否砂粒样或黄豆大的结节或脓疱。如有，用小刀切开病变部位挤压，看到有脓性分泌物或淡黄色干酪样团块时，则可将其挑在载玻片上，滴加生理盐水 1～2 滴，均匀涂成薄片，上覆盖玻片，在低倍显微镜下进行观察。

2. 周围环境中蜱螨的采集

（1）畜禽舍地面和墙缝内蜱螨的采集。在牛舍的墙边或墙缝中，可找到璃眼蜱。在鸡的窝巢内栖架上和干燥铺垫物中，可找到软蜱和皮刺螨。

（2）动物洞穴内蜱的采集。较大的洞穴，可用长柄的勺子采集洞中的浮土，然后在土中采集蜱类标本，对较小动物的洞穴可用探蚤管采集。

（3）牧地上蜱的收集。根据不同蜱种的生活习性采取相应的采集方法。如全沟硬蜱栖息于针阔混交林景观的草地，草原革蜱则生活于半荒漠草原，可用人工拖旗法，用白布或白绒布旗一块，长 45～100 cm，宽 25～100 cm，窄端穿入木棍，在木棍两端系长绳，以便拖曳。将此旗在草地上或灌木间拖动前行。如遇灌木丛，则手持旗杆在灌木丛上晃动即可，草地或灌木上的蜱即附着在旗面上,检查并收集于小瓶内。如亚洲璃眼蜱喜栖于灌木丛,可坐在灌木丛间的地面上,手持木棍敲打地面,通过感受震动和感受人体的气味,蜱会朝着人体坐着的地面从四面八方爬来,此时准备容器捕捉即可。

(二)蜱螨的固定与保存

在动物体表或外界环境中采集到蜱螨类,可按以下方法固定和保存。

1. 湿固定　蜱螨用液体固定可使标本保持原来形态,利于教学和科研用。蜱应小心地由动物体表摘下或从拖网上取下,防止蜱的假头断落。先投入开水中数分钟,让其肢体伸直,便于日后观察。然后保存在70%酒精内,为防止酒精蒸发使蜱的肢体变脆,可加入数滴甘油。或把蜱螨类先投入经加温的70%酒精(60~70 ℃)固定,1 d后保存于5%甘油酒精(70%)中。也可用5%~10%福尔马林和布勒氏(Bless)液[福尔马林原液7 mL,酒精(70%)90 mL,冰醋酸(临用前加入)3~5 mL混合配成]固定保存。固定液体积须超过所固定标本体积的10倍,标本才能不坏。如此保存的蜱螨标本可供随时观察。上述固定液固定的标本,可用来制片观察其外部构造。若作为切片标本,以用布勒氏固定液为佳。

所有保存标本须详细记录标本名称、宿主、采集地点、采集日期及采集者姓名。用铅笔写好标签放入瓶内,保存标本的瓶应用蜡封严。

2. 湿封法　蜱螨类标本通常不染色,不进行完全脱水,可用湿封法制成标本。将新鲜采得的病料散放在一块玻璃上,铺成薄层,病料四周应涂少量凡士林,防止虫体爬散,为了促使螨类活动加强,可将玻璃稍微加温,然后用低倍镜检视,如发现虫体爬行于绒毛和皮屑之间,用分离针尖挑出单独的虫体,放置在预先安排好的其上有一滴布勒氏(Bless)液的载玻片上,移到显微镜下判定其背或腹面,然后盖一个1/4的小盖玻片,再用分离针尖轻压小盖玻片,并做圆圈运动,尽量使其肢体伸直。待自然干燥约1周时间,再在小盖玻片上加盖普通盖玻片,用加拿大胶封固,即成为永久保存的标本。

(三)蜱螨的鉴定分类

先用肉眼或放大镜观察蜱螨的浸渍标本,注意其形态、大小、颜色、性别。再用低倍镜或体视镜观察蜱螨的玻片标本或浸渍标本,注意其形态构造(假头基、口器、螯肢、脚须、口下板、背甲、眼、缘饰、足、气门板、肛门、生殖孔等)。结合病理标本,掌握蜱螨病的诊断技术。蜱螨的鉴定分类,均以其外部形态结构为依据。各类蜱螨的形态结构特征参照本实验后面所附的参考资料部分。

四、实验注意事项

(1)蜱螨都是雌雄异体的。在蜱,雌、雄虫体的大小差异极大,雌虫较雄虫要大得多,如不注意,则采集的将均为大型的雌虫,而遗漏了雄虫,但雄虫却正是鉴定虫体时的主要依据,缺少雄虫将给种类鉴定带来困难。

(2)如采到的虫体饱食有大量的血液,则在采集后应先存放一定时间,待体内吸食的血液消化吸收后再进行固定,否则血凝结在消化道内不易溶解,制片后不透明。

(3)蜱多在一年中的温暖季节如春、夏、秋季活动,螨多在秋末和冬季活动。软蜱因多在宿主洞巢内,故终年都可活动。硬蜱寻找宿主吸血多在白天,软蜱吸血多在夜间。蜱螨对于寄生部位也有一定的选择性,多数寄生于宿主体表皮肤柔软而毛少的部位,但绵羊痒螨多发生于毛密的部位如背部、臀部等。鸡皮刺螨栖息于鸡舍缝隙、鸡笼的焊接处及饲料渣和粪块下等处,吸血时才爬到鸡身上。应根据蜱螨的发育规律和生活习性,确定采集虫体的时间和部位。

(4)虫体和病料采取中应严防散布病原。

五、实验报告

(1)简述蜱螨的采集、固定与观察方法。

(2)绘出蜱螨的形态图,并标明各部分结构的名称。

(3)总结疥螨和痒螨的主要区别。

附:参考资料

一、硬蜱和软蜱的一般形态特征

蜱属于节肢动物门(Arthropoda)蛛形纲(Arachnida)蜱螨目(Acarina)蜱亚目(Ixodides)。蜱亚目又分为硬蜱科(Ixodidae)和软蜱科(Argasidae)。

1. 硬蜱

(1)一般形态。硬蜱属于硬蜱科。硬蜱的成虫呈长椭圆形,背腹扁平。雄虫体长(包括假头)2~6.5 mm,雌虫体长 3~7 mm。吸过血的硬蜱雌雄大小相差悬殊。身体分为假头部和躯体部两个主要部分。

①假头。假头位于躯体前端,狭窄,向前突出,其结构包括假头基和口器(图 12-1)。

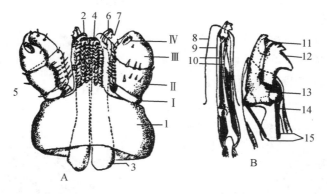

A. 腹面 1. 假头基 2. 螯肢鞘 3. 螯肢干 4. 口下板 5. 须肢 I~IV 6. 内趾 7. 外趾
B. 螯肢及其尖端的放大 8. 螯肢鞘 9、14. 螯肢干 10. 肌腱
11、12. 内外肢及其锯齿 13. 内趾 15. 内趾的肌腱

图 12-1 硬蜱假头的构造

(引自孔繁瑶,1997)

a. 假头基。呈矩形、六角形、亚三角形或梯形。表面或具稀疏的刻点(punctation)。在雌蜱假头基上有一对凹下的孔区(porose area),由多个小凹点聚集组成,孔区常因种类而不同。雄蜱无孔区。假头基腹面外缘和后缘的交界处可因蜱种不同而有发达程度不同的基突。

b. 口器。口器位于假头基前方,由螯肢、脚须(须肢)和口下板三部分组成。

脚须(须肢):1 对脚须,每一脚须共 4 节,分第一、二、三、四节。第四节最小,居于第 3 节腹面的凹窝内。在鉴定上有意义的是第二、第三节,其长度与宽度随种属的不同而不同。脚须的内侧形成沟槽,合抱着螯肢与口下板,并在吸血时起固定和支持作用。

螯肢：螯肢 1 对,位于两脚须之间的上方,为一对长杆状结构,其末端具定趾(靠内侧)与动趾(靠外侧),两趾都有大的锯齿,供切割宿主皮肤之用。每一螯肢外由螯肢鞘包绕,尖端露出鞘外。

口下板：口下板 1 个,位于螯肢的腹方,其腹面有成纵列的向后的尖齿,为吸血时穿刺与附着的重要器官。

螯肢和口下板之间为口腔。口腔后端腹侧有口通入咽部,背侧有唾液管口。

②躯体。分为背面和腹面两部分。

a. 背面。

(a)盾板。背面最显著的构造是盾板,是虫体背面的一个几丁质增厚部分。在雌蜱,盾板只占背面前部的大约 1/3,在雄蜱则几乎覆盖整个背面。在盾板上有颈沟(cervical groove),在雄蜱还有侧沟(lateral groove)。

(b)眼。有或无,有眼时 1 对,其位置是在第 2 对足位置的盾板侧缘上,是一种小的、较透明的半圆形隆起。

(c)缘垛。有或无,某些种雄蜱的盾板后缘有方块形的格块,通常为 11 块,正中的一个有时较大,色淡而透明,称中垛。也有些种类的体末端突出,形成尾突。

b. 腹面。

(a)足。若虫和成虫腹面有足 4 对(幼虫 3 对),每足由 6 节组成,由体侧向外分别称为基节、转节、股节、胫节、前跗节和跗节。跗节末端有 1 对爪,爪间有爪垫。基节固着于体壁上,不能活动,其上通常分裂为内距和外距。距的有无和大小是重要的分类依据。在第 2~3 对足基节间有基节腺的开口。在第 1 对足跗节近端部的背缘有哈氏器,为嗅觉器官。各节的形态尤其基节在分类上极为重要。

(b)生殖孔。在腹面前部或靠中部正中有一横裂的生殖孔。

(c)肛门。位于体后部正中距体后缘不远处。

(d)在雄蜱腹面的板和沟(图 12-2)。

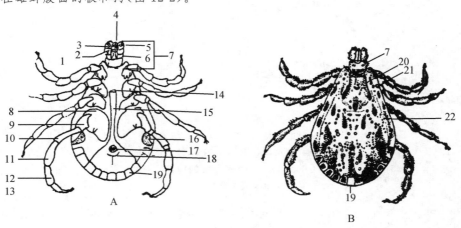

A. 腹面观　B. 背面观

1. 假头基　2. 须肢第二节　3. 须肢第三节　4. 口下板　5. 须肢第四节　6. 须肢第一节

7. 假头　8. 基节　9. 转节　10. 股节　11. 胫节　12. 前跗节　13. 跗节

14. 生殖孔　15. 生殖沟　16. 气门板　17. 肛门　18. 肛沟

19. 缘垛　20. 颈沟　21. 眼　22. 侧沟

图 12-2　革蜱的外部构造

(引自孔繁瑶,1997)

在腹面的板：雄蜱腹面有几块几丁质板，其数目因蜱不同而异，其模式类型包括：

生殖前板(pregenital plate)：1 块，位于生殖孔之前。

中央板(median plate)：1 块，位于生殖孔与肛门之间。

侧板(lateral plate)：1 对，位于体侧缘的内侧。

肛板(anal plate)：1 对，位于肛门周围，紧靠中板之后，是由 1 对半月形肛瓣构成的。

肛侧板(adanal plate)：1 对，位于肛板的外侧。有些蜱属的腹面只有 1 对肛侧板和位于其外侧的 1 对副肛侧板(accessory plate)，如扇头蜱属和牛蜱属。也有些蜱，腹面的几丁质板全缺，如革蜱属和血蜱属。

气门板(stigmal plate)：腹面有气门板 1 对，位于第 4 对足基节的后外侧，其形状因种类而异，呈圆形、卵圆形、逗点形或其他形状，有的向后延伸成背突，是分类上的重要依据。

在腹侧的沟：通常有在生殖孔两侧的 1 对向后伸展的生殖沟(genital groove)和在肛门之前或肛门之后的肛沟(anal groove)(图 12-3)。

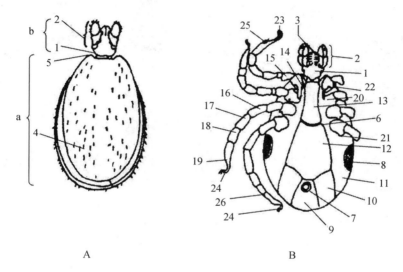

A. 背面观　B. 腹面观　a. 躯体　b. 假头

1. 假头基　2. 须肢　3. 口下板　4. 盾板　5. 肩突　6. 生殖孔　7. 肛门　8. 气门板

9. 肛板　10. 肛侧板　11. 侧板　12. 中央板　13. 生殖前板　14. 第一基节

15. 转节　16. 股节　17. 胫节　18. 前跗节　19. 跗节　20. 内距

21. 第四基节上的突起　22. 附属器　23. 爪间突

24. 爪　25. 哈氏器　26. 伪关节

图 12-3　硬蜱的外部构造

(引自孔繁瑶，1997)

(2)分类。硬蜱科的种类较多，已知有 700 多种，分属于 12 个属，其中对兽医学有重要意义的有 6 个属，在此分述其要点如下(图 12-4)。

①硬蜱属。有肛前沟，盾板无花斑，无眼，无缘垛。气门板呈圆形或卵圆形。须肢和假头基的形状不一。雄蜱腹面有生殖前板 1 个，中央板 1 个，肛板 1 个，侧板 2 个，肛侧板 2 个。通常为三宿主蜱。

②血蜱属(盲蜱属)。有肛后沟，盾板无花斑，无眼，有缘垛。须肢短，第二节外展，超出假头基之外。假头基呈矩形。第一转节背面有刺。气门板在雄蜱呈圆形或逗点形，在雌性呈圆

雌性肛沟

雌性假头

雌性盾板

雄性盾板

第一基节

雄性腹板

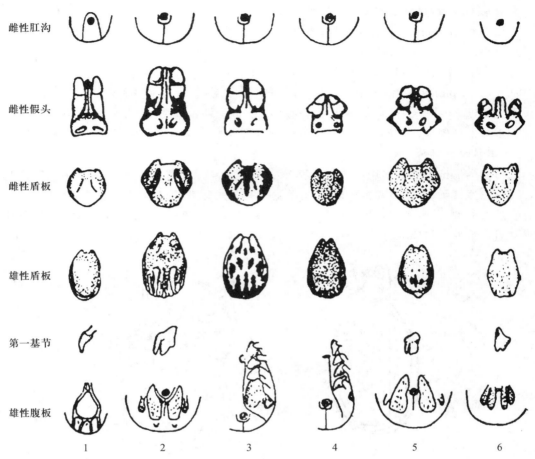

1   2   3   4   5   6

1. 硬蜱属   2. 璃眼蜱属   3. 革蜱属   4. 血蜱属   5. 扇头蜱属   6. 牛蜱属

图 12-4   常见硬蜱科六属两性分类特征的比较

(引自孔繁瑶,1997)

形或卵圆形。雄蜱腹面无几丁质板。属于三宿主蜱。

③革蜱属（矩头蜱属）。有肛后沟,盾板上有银灰色花斑,有眼,有缘垛。须肢粗壮。假头基呈方形。各足基节依次增大,第四对基节最大,第一基节雌雄都分叉。气门板呈卵圆形或逗点形。雄蜱腹面无几丁质板。三宿主蜱。

④璃眼蜱属。有肛后沟,盾板上有或无花斑,有时只存在于足上。有或无缘垛。须肢长。假头基近三角形。气门板呈逗点形。雄蜱腹面有肛侧板,有或无副肛侧板,体后端有 1～2 对肛下板或缺如。有眼,虫体大。二宿主蜱或三宿主蜱。

⑤扇头蜱属。有肛后沟,盾板大半无花斑,有眼,有缘垛,须肢短,假头基呈六角形。第一基节分叉。气门板呈长逗点状。雄蜱腹面有肛侧板,也常有副肛侧板。三宿主蜱。

⑥牛蜱属（方头蜱属）。无肛沟,盾板无花斑,有眼,无缘垛。须肢粗短。假头基呈六角形。第一基节分叉。气门板呈圆形或卵圆形。雄蜱腹面有肛侧板和副肛侧板各 1 对,体后端或具有尾突。未吸血的成虫体小。一宿主蜱。

2. 软蜱

(1)一般形态。软蜱属于软蜱科。软蜱最显著的特征是：躯体无盾板，体表大部分为有弹性的革质表皮，雄蜱较厚而雌蜱较薄，故称软蜱。从背面看不到，假头居于前部腹侧的头窝内，头窝两侧有1对叶片称为颊叶。假头的头基小，近方形，没有孔区，须肢是游离的，不紧贴于口器两侧，共分4节，可自由转动，各节为圆柱形，末节不缩入，而末节向下后弯曲。口下板不发达，齿也小。

软蜱躯体背腹均无几丁质板，表皮上或有乳突或有圆的凹陷，腹面前端有时突出称为顶突。背腹侧也有各种沟，与硬蜱不同。在腹侧的沟有生殖沟（genital groove）（在生殖孔之后）、肛前沟（preanal groove）（在肛孔之前）及肛后横沟（transverse postanal groove）。生殖孔与肛孔的位置与硬蜱的相同。气门小，气门板也小，位于体的两侧，在第4对足基节的前外侧。沿基节内外侧有褶突，内侧为基节褶，外侧为基节外褶。多无眼，如有则在第1、2对足之间。足的结构与硬蜱相似，但基节无距。跗节和前跗节背缘有瘤突，一般比较明显，其数目和大小是分类依据。爪垫退化或缺如。

(2)分类。软蜱科中与兽医有关的种类，重要的有锐缘蜱属和钝缘蜱属。

①锐缘蜱属（Argas）。体扁，背腹面的面积等大，体缘锐利，吸满血后更显著。体缘由平行而紧密的细线或小的方块组成，在背腹面间有清晰的缝线。表皮呈革状，有小皱褶，并有小圆形的钮状突，顶部凹陷，在凹陷的中央常有一小毛。背腹面有大小不同而透明的圆形小板排成放射状的行孔。眼缺如。多危害禽类。在我国已报告的有3种，如波斯锐缘蜱（Argas persicus Oken）为鸡的体外寄生蜱，位于鸡窝缝隙内，山西某地很多，在新疆也有发现，主要分布于西北地区（图12-5）。

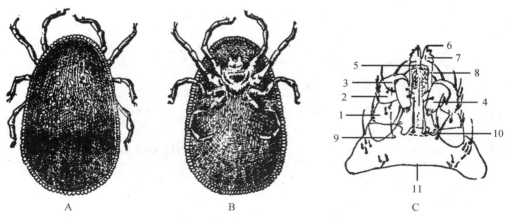

A. 背面观 B. 腹面观 C. 假头腹面观
1~4. 须肢节Ⅰ、Ⅱ、Ⅲ、Ⅳ节 5. 螯肢干 6. 螯肢的定趾（内趾）
7. 螯肢的动趾（外趾） 8. 口下板 9. 须肢后毛
10. 口下板后毛 11. 假头基

图12-5 波斯锐缘蜱的形态构造

（引自孔繁瑶,1997）

②钝缘蜱属（Ornithodoros）。体略呈扁形，但体缘圆钝，背腹面间无清楚的缝线分开。吸满血后背面通常明显地凸出。口下板发达，通常在雌雄之间或若虫与成虫之间大致相似。表

皮呈革状,由圆形小板或乳突构成各种图案。顶突(hood)及颊(cheek)或有或无。有些种类有眼。多危害偶蹄动物。如拉合尔钝缘蜱(*Ornithodoros lahorensis* Neum)主要寄生于绵羊,也有的寄生于牛、马、骆驼等牲畜(图 12-6)。

硬蜱和软蜱的主要区别见表 12-1。

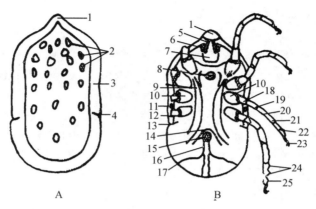

A. 背面　B. 腹面

1. 顶突　2. 盘窝　3. 缘褶　4、13. 背腹沟　5. 须肢　6. 颊叶　7. 假头基　8. 生殖孔
9. 基节褶　10. 基节　11. 气门板　12. 基节上褶　14. 肛前沟　15. 肛门
16. 肛后中沟　17. 肛后横沟　18. 转节　19. 股节　20. 胫节
21. 前跗节　22. 跗节　23. 爪　24. 瘤突　25. 亚端瘤突

图 12-6　钝缘蜱的形态构造

(引自赵辉元,1996)

表 12-1　硬蜱和软蜱的主要区别

项目	硬蜱	软蜱
鄂体位置	颚体在躯体前端,背面能见	鄂体在躯体前部腹面,背面不能见
孔区	雌性硬蜱颚基背面有 1 对孔区无孔区	无
须肢	须肢较短,第 4 节嵌在第 3 节上,各节运动不灵活	较长,各节运动灵活
盾板	躯体背面有盾板,雄者大,雌者小	无盾板,体表有小疣、盘状凹陷
基节腺	基节腺退化或不发达	发达,基节Ⅰ、Ⅱ之间,通常有 1 对基节腺开口
雌雄蜱区别	雄蜱体小,盾板大,遮盖整个虫体背面。雌蜱体大,盾板小,仅遮盖背部前面	雄性生殖孔仅一横缝,雌性生殖孔为月牙形

二、疥螨、痒螨和蠕形螨的形态特征

1. 疥螨　疥螨属于节肢动物门蜘蛛纲蜱螨目疥螨亚目(Sarcoptiformes)疥螨科(Sarcoptidae)。主要特征为成螨体形小,呈圆球形,背面隆起,腹面扁平。盾板有或无,口器短,螯肢和须肢粗短。假头背面后方有 1 对粗短的垂直刚毛或刺。足粗短,足末端有爪间突吸盘或长刚毛,吸盘位于不分节的柄上。雄螨无性吸盘和尾突(图 12-7)。可寄生于多种哺乳动物的表皮层内,并能掘凿隧道,以吸食表皮深层的细胞液和淋巴液为营养,引起患畜剧烈的痒感和各

种类型的皮肤炎。本科与兽医有关的有 3 个属：疥螨属（Sarcoptes）、背肛螨属（Notoedres）和膝螨属（Cnemidocoptes）。其中疥螨属最重要。

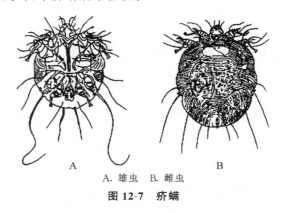

A. 雄虫　B. 雌虫

图 12-7　疥螨

疥螨属成虫虫体近圆形，微黄白色，背面隆起，腹面扁平。雌螨体长 0.33～0.45 mm，雄螨体长 0.2～0.23 mm。口器短，基部有一对刺，螯肢和须肢粗短。足短而圆，第 4 对足几乎全部被遮于腹下。雌螨在足 1、2 有吸盘，雄螨在足 1、2、4 有吸盘，吸盘的柄不分节。虫体表皮有皱纹，背面中部有三角形鳞状突及棒状短刺。肛门位于躯体末端。雄螨无生殖吸盘，体末端也不呈凸缘。

2. 痒螨　痒螨属于节肢动物门蜘蛛纲蜱螨目疥螨亚目痒螨科（Psoroptidae）。主要特征是，成螨比疥螨大些，躯体呈长椭圆形。假头背面后方无粗短垂直刚毛。躯体后部有大而明显的盾板。足较细长，末端具爪间突吸盘或长刚毛，吸盘位于分节的柄上。雄螨有 2 个性吸盘和 2 个尾突（图 12-8）。痒螨是家畜体表一类永久性寄生虫，多寄生于绵羊、牛、马、水牛、山羊和兔等家畜，以绵羊、牛、兔最为常见。痒螨对绵羊的危害性最大，给养羊业造成巨大损失。本科与兽医有关的也有 3 个属，即痒螨属（Psoroptes）、足螨属（Chorioptes）和耳痒螨属（Otodectes）。其中痒螨属最重要。

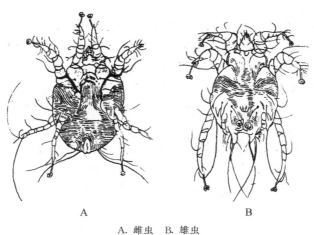

A. 雌虫　B. 雄虫

图 12-8　痒螨

痒螨属虫体呈圆形，体长 0.5～0.9 mm，肉眼可见。口器长，呈圆锥形。螯肢细长，两趾上有三角形齿，须肢细长。躯体背面表皮有细皱纹。肛门位于躯体末端。足较长，特别是前两对。雌虫的第1、2、4对足和雄虫的前3对足都有吸盘,吸盘长在一个分三节的柄上。雌虫的第3对足上各有两根长刚毛。雄虫第4对足特别短,没有吸盘和刚毛。雄虫躯体末端有两个大结节,上各有长毛数根,腹面后部有两个性吸盘,生殖器居于第4基节之间。雌虫躯体腹面前部有一个宽阔的生殖孔,后端有纵裂的阴道,阴道背侧为肛门。

疥螨科和痒螨科的分属、各属螨类的足和肛门的形态鉴别见表12-2。

表 12-2　疥螨和痒螨类的区别要点

(引自孔繁瑶,1997)

类别		足的特点		肛门位置
		雌	雄	
疥螨类	疥螨属	足1:2有长柄不分节的吸盘	足1:2:4有长柄不分节的吸盘	体末端
	背肛螨属	足1:2有长柄不分节的吸盘	足1:2:4有长柄不分节的吸盘	体背侧
	膝螨属	足无吸盘	足1:2:4有长柄分节的吸盘	体末端
痒螨类	痒螨属	足1:2:4有长柄分节的吸盘	足1:2:4有长柄分节的吸盘	体末端
	足螨属	足1:2:4有短柄不分节的吸盘	足1:2:3:4有短柄不分节的吸盘,第四足极小	体末端
	耳痒螨属	足1:2有短柄的吸盘,第四足极小	足1:2:3:4有短柄的吸盘,第四足极小	体末端

3. 蠕形螨　蠕形螨又称脂螨或毛囊虫,属于节肢动物门蜘蛛纲蜱螨目恙螨亚目(Trombidiformes)蠕形螨科(Demodicidae)蠕形螨属(*Demodex*)。主要特征为成螨体小而长,呈蠕虫状,半透明乳白色,体表有明显的环纹。一般长0.17~0.44 mm,宽0.045~0.065 mm。虫体分为颚体(假头)、足体和末体三部分,假头呈不规则四边形,由1对细针状的螯肢、1对分3节的须肢及一个延伸为膜状构造的口下板组成,为短喙状的刺吸式口器。在假头腹面内部有一马蹄形的咽泡,其形状为分类特征之一。4对足,呈乳突状,基部较粗,位于躯体前部足体部,基节与躯体腹壁愈合成扁平的基节片,不能活动,第4对足基节片的形状为分类的依据,其余3节呈套筒状,能活动、伸缩。躯体后部即末体,窄长,有横纹。雄性生殖孔位于足体背面前部的长圆形突起上,阴茎末端膨大呈毛笔状。雌性阴门为一狭长裂口,位于腹面第4对基节片之间的后方。

蠕形螨是一类永久性小型寄生螨类,多寄生于犬(图12-9)、牛、猪、羊、马等动物及人类。虫体寄生于皮肤的毛囊和皮脂腺内。各种蠕形螨各有其专一宿主,彼此互不感染。其中以犬最多发,马则少见。

图 12-9　犬蠕形螨

实验十三　动物蝇蛆病、虱病和蚤病病原形态学观察

一、实验目的及要求

(1)通过对比观察方法,掌握牛皮蝇、羊狂蝇、马胃蝇各发育阶段(成虫及蛆)的形态特征。

(2)了解上述虫体的分类地位及其种属间的鉴别依据。

(3)认识羊狂蝇和骆驼喉蝇各发育阶段的形态特征。

(4)了解虱、毛虱和蚤的形态特征。

二、实验器材

1. 多媒体课件　上述病原(成蝇及蛆)的形态图。

2. 挂图

(1)牛皮蝇、羊狂蝇、马胃蝇各发育阶段的形态图。

(2)兽虱、毛虱和蠕形蚤的形态图。

3. 标本

(1)牛皮蝇、纹皮蝇、羊狂蝇、马胃蝇、马鼻狂蝇、骆驼喉蝇等成虫的针插标本及其他发育阶段的浸渍标本和制片标本。

(2)虱和蚤的浸渍标本和制片标本。

(3)严重感染牛皮蝇蛆病、羊狂蝇蛆病、马胃蝇蛆病、马鼻蝇蛆病、骆驼喉蝇蛆病的病理标本。

4. 器材

(1)显微镜、体视显微镜和手持放大镜。

(2)标本针、眼科弯头镊子、表玻璃(或培养皿)、尺。

(3)多媒体、幻灯机、显微镜投影仪(电视机、投影显微镜)。

三、实验方法、步骤和操作要领

(1)教师用多媒体(或幻灯机)及显微投影仪带领学生共同观察牛皮蝇、羊狂蝇、马胃蝇、马鼻狂蝇、骆驼喉蝇等各发育阶段的形态特征,并明确指出牛皮蝇、羊狂蝇、马胃蝇、马鼻狂蝇、骆驼喉蝇等的成虫和第三期幼虫的鉴别要点。

(2)教师讲解蝇、蛆、虱、蚤针插标本、浸渍标本、制片标本和病理标本的观察方法及操作要领。

(3)学生分组后独立取牛皮蝇、羊狂蝇、马胃蝇、马鼻狂蝇、骆驼喉蝇等成虫的针插标本及其他发育阶段的浸渍标本和制片标本,分别通过肉眼及在显微镜或体视显微镜下详细观察它们的形态构造。

(4)取虱和蚤的浸渍标本和制片标本,观察其形态构造的特点。

（5）观察牛皮蝇蛆病、羊狂蝇蛆病、马胃蝇蛆病、马鼻蝇蛆病、骆驼喉蝇蛆病的病理标本，了解其主要病理变化。

（6）最后清理实验用品，完成课堂作业。

四、实验注意事项

（1）牛皮蝇、羊狂蝇、马胃蝇、马鼻狂蝇、骆驼喉蝇等成虫针插标本的观察，主要用肉眼和放大镜进行，着重观察其体表颜色和头、胸、腹、翅脉特点。

（2）蛆、虱和蚤等的浸渍标本，用肉眼、放大镜和体视显微镜进行观察，着重观察其外部形态。

（3）蝇的口器、翅，蛆的前端和后端，虱和蚤的制片标本，用光学显微镜详细观察其构造。

（4）用肉眼和放大镜观察患病器官的病理变化。

（5）按有关标本管理要求，将本次实验用标本放回原处。

五、实验报告

（1）绘出牛皮蝇、羊狂蝇和马胃蝇第3期幼虫形态图，并注明各部名称。

（2）在牛皮蝇（或羊狂蝇）成虫的形态图中，标出各部位的名称。

（3）将观察到的牛皮蝇、纹皮蝇、羊狂蝇、马胃蝇、马鼻狂蝇和骆驼喉蝇第3期幼虫的特征按表13-1格式制表填入。

表 13-1　常见动物蝇蛆形态特征

名称	形态特征
牛皮蝇幼虫	
纹皮蝇幼虫	
羊狂蝇幼虫	
马胃蝇幼虫	
马鼻狂蝇幼虫	
骆驼喉蝇幼虫	

附：参考资料

一、寄生蝇幼虫和成虫的形态特征描述及插图

蝇类属于双翅目环裂亚目的昆虫，种群十分复杂。其中寄生性蝇类有以下类型：幼虫寄生性蝇类，包括专性寄生性蝇蛆、兼性寄生性蝇蛆。成蝇寄生性蝇类，如虱蝇科的蝇类。偶然寄生性蝇类，如食蚜蝇科、酪蝇科、蚤蝇科、鼓翅蝇科和黄粪蝇科的蝇类。其中专性寄生性蝇蛆（皮蝇科、狂蝇科和胃蝇科）是重点。

1. 皮蝇科（Hypodermatidae）　国内已知种有：牛皮蝇（*Hypoderma bovis*）（图 13-1）、纹皮蝇（*H. lineatum*）、中华纹皮蝇（*H. lineatumsinensis*）、鹿皮蝇（*H. diana*）和麝皮蝇（*H. moschiferi*），其中以牛皮蝇和纹皮蝇多见。

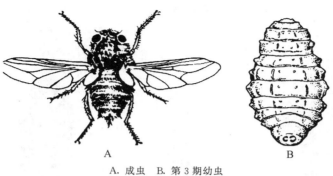

A. 成虫　B. 第 3 期幼虫

图 13-1　牛皮蝇

（引自孔繁瑶,1997）

2. 狂蝇科（Oestridae）　我国已知狂蝇类主要有：狂蝇属（*Oestrus*）的羊狂蝇（*O. ovis*）（图 13-2），鼻狂蝇属（*Rhinoestrus*）的紫鼻狂蝇（*R. purpureus*）（图 13-3）和宽额鼻狂蝇（*R. latifrons*），喉蝇属（*Cephalopina*）的骆驼喉蝇（*C. titillator*）（图 13-4）。

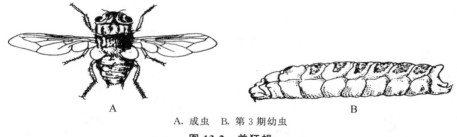

A. 成虫　B. 第 3 期幼虫

图 13-2　羊狂蝇

（引自孔繁瑶,1997）

图 13-3　紫鼻狂蝇

（引自孔繁瑶,1997）

图 13-4　骆驼喉蝇第 3 期幼虫腹面

（引自孔繁瑶,1997）

3. 胃蝇科（Gasterophilidae）　过去对胃蝇的分类地位,各学者主张不一致。近年来,根据胃蝇的 2、3 龄幼虫的后气门具有气门裂,而狂蝇幼虫的后气门为大量的小气孔,以及其他特点,把胃蝇科与狂蝇科分开。我国仅有胃蝇属(*Gastrophilus*)的蝇类,常见的有 4 种:肠胃蝇 (*G. intestinalis*);红尾胃蝇(*G. haemorrhoidalis*);兽胃蝇(*G. pecorum*),又称东方胃蝇或黑腹 胃蝇;烦扰胃蝇(*G. veterinus*),又称鼻胃蝇。详见图 13-5 和图 13-6。

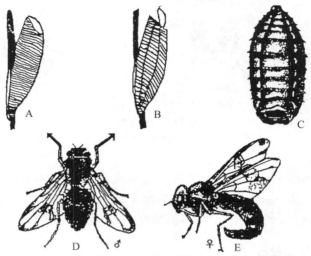

A. 虫卵　B. 第 1 期幼虫　C. 第 3 期幼虫　D. 雄虫　E. 雌虫

图 13-5　马胃蝇各发育阶段的形态

(引自杨锡林,1984)

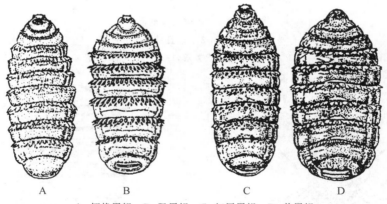

A. 烦扰胃蝇　B. 肠胃蝇　C. 红尾胃蝇　D. 兽胃蝇

图 13-6　4 种马胃蝇第 3 期幼虫腹面

(引自杨光友,2005)

二、动物常见的虱和蚤的形态特征描述及插图

1. **虱**　虱属于昆虫纲,是哺乳动物和鸟类体表的永久性寄生虫,常具有严格的宿主特异性。 虱体扁平,无翅,呈白色或灰黑色。头、胸、腹分界明显,头部复眼退化。具有刺吸型或咀嚼型口器。 触角 3~5 节。胸部有足 3 对,粗短。根据其口器构造和采食方式分为虱目和食毛目两大类。

(1)虱目(Anoplura)。虱目昆虫以吸食哺乳动物的血液为生,故通称兽虱。体背腹扁平, 体长 1~5 mm。头部较胸部为窄,呈圆锥形。触角短,通常由 5 节组成。口器刺吸式,不吸血时缩入咽下的刺器囊内。胸部 3 节,有不同程度的愈合。足 3 对,粗短有力,肢末端以跗节的爪与胫节的指状突相对,形成握毛的有力工具。腹部由 9 节组成。与兽医关系密切的主要有:血虱属(Haematopinus)的猪血虱(H. suis)(图 13-7)、牛血虱(H. eurysternus)(图 13-8)、水牛血虱(H. tuberculatus)和驴血虱(H. asini),它们均因宿主特异性而区分;颚虱属(Linognathus)的牛颚虱(L. vituli)、绵羊颚虱(L. ovillus)、绵羊足颚虱(L. pedalis)、山羊颚虱(L. stenopsis)。血虱与颚虱的区别在于:血虱属的腹部每节两侧有侧背片(paratergal plate),而颚虱属则缺如;血虱属每一腹节上有一列小刺,而颚虱属则有多列小毛。

图 13-7　猪血虱

(引自杨光友,2005)

图 13-8　牛血虱

(引自杨光友,2005)

　　(2)食毛目(Mallophaga)。食毛目的种类多数寄生于禽类羽毛上,故称羽虱;少数寄生于哺乳动物毛上,称毛虱。以啮食羽、毛及皮屑为生。主要特征是体长较虱目小,0.5~1.0 mm,头部钝圆,其宽度大于胸部,咀嚼式口器。虫体扁平,无翅,多扁而宽,少数细长。头部侧面有触角 1 对,由 3~5 节组成。胸部分前胸、中胸和后胸,中、后胸常有不同程度的愈合,每一胸节上着生 1 对足,足粗短,爪不甚发达。腹部由 11 节组成,但最后数节常变成外生殖器。在畜体上常见的有:毛虱科(Trichodectidae)的牛毛虱(Damalinia bovis)、马毛虱(D. equi)、绵羊毛虱(D. ovis)(图 13-9)、山羊毛虱(D. caprae)、犬毛虱(Trichodectes canis)。在鸡体上常见的有:长角羽虱科(Philopteridae)(触角由 5 节组成)的广幅长羽虱(Lipeurus heterographus)(图 13-10)、鸡翅长羽虱(L. variabilis)、鸡圆羽虱(Goniocotes gallinae)、大角羽虱(Goniodes gigas)以及短角羽虱科(Menoponidae)的鸡羽虱(Menopon gallinae)。

图 13-9　绵羊毛虱

(引自杨光友,2005)

图 13-10　广幅长羽虱

(引自杨光友,2005)

2．蚤　蚤目(Siphonaptera)昆虫为小型无翅昆虫,俗称跳蚤。虫体左右扁平,口器刺吸式,体长为1～3 mm,深褐色或黄褐色,体表覆盖有较厚的几丁质。蚤的种类近千种,分属于17个科,在我国已发现有480种以上。

(1)蠕形蚤属(*Vermipsylla*)。蠕形蚤体型较大,头部三角形,侧方有1对单眼;触角3节,位于触角沟内。胸部小,3节,有3对粗大的肢。腹部分为10节,有7节清晰可见,后3节变为外生殖器。蠕形蚤科(Vermipsyllidae)的昆虫,雌蚤吸血后腹部显著增大,并呈长卵形(图13-11)。花蠕形蚤吸血后雌虫由原长增长到6 mm,羚蠕形蚤吸血后雌虫可增大到166 mm。

(2)栉首蚤属(*Ctenocephalides*)。常见的有犬栉首蚤(*C. canis*)和猫栉首蚤(*C. felis*)。其基本形态如前所述,但雌蚤吸血后腹部不膨大。

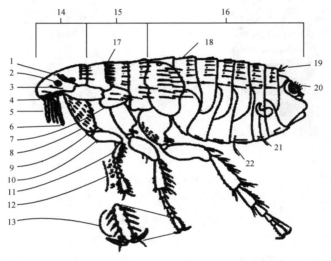

1．触角　2．眼　3．眼须毛　4．下颚　5．下唇须　6唇须
7．中胸侧板　8．髋部　9．转子　10．股骨　11．胫骨
12．跗　13．刚毛　14．头　15．胸部　16．腹部
17．前背栉　18．背甲　19．臀前鬃　20．尾板　21．受精囊　22．腹甲

图 13-11　雌蚤侧面

(引自 Goddard,2000)

实验十四　媒介昆虫形态学鉴定技术

一、实验目的及要求

(1)通过对媒介昆虫形态的观察,熟悉昆虫的一般形态构造。
(2)掌握昆虫标本的采集与制作方法。
(3)了解蚊、蝇、虻、蠓、蚋及白蛉等昆虫的形态特征。

二、实验器材

1. 挂图
(1)昆虫构造模式图。
(2)蚊、蝇、虻、蠓、蚋及白蛉等昆虫的形态图。
2. 标本
(1)蚊、蝇、虻、蠓、蚋及白蛉等昆虫的针插标本、浸渍标本和制片标本。
(2)各种虻的针插标本。
3. 器材
(1)显微镜、体视显微镜、手持放大镜。
(2)标本针、眼科弯头镊子、表玻璃(或培养皿)、尺。
(3)多媒体、幻灯机、显微镜投影仪(电视机、投影显微镜)。

三、实验方法、步骤和操作要领

(1)教师用多媒体(或幻灯机)及显微投影仪带领学生共同观察昆虫的一般形态构造。
(2)教师讲解蚊、蝇、虻、蠓、蚋及白蛉等昆虫的针插标本、浸渍标本和制片标本的观察方法及操作要领。
(3)学生分组后独立取蚊、蝇、虻、蠓、蚋及白蛉等昆虫的针插标本、浸渍标本和制片标本,分别肉眼及在显微镜或体视显微镜下详细观察它们的形态构造。
(4)取各种虻的针插标本,观察其形态构造特点。
(5)清理实验用品,完成课堂作业。

四、实验注意事项

(1)媒介昆虫的成虫针插标本,主要用肉眼和放大镜进行观察,着重观察其体表颜色和头、胸、腹、翅脉特点。
(2)媒介昆虫的浸渍标本,用肉眼、放大镜和体视显微镜进行观察,着重观察其外部形态。
(3)昆虫口器、翅等的制片标本,用光学显微镜详细观察其构造。
(4)按有关标本管理要求,将本次实验用标本放回原处。

五、实验报告

(1)在虻的形态图中,标出各部位的名称。

(2)简述蚊、蝇、虻、蠓、蚋及白蛉的形态特征。

附:参考资料

一、昆虫标本的采集和制作

采集昆虫标本,首先应了解采集对象的发育规律和生活习性。如有些昆虫较长时间地寄生于畜体的皮肤和体表,但另一些昆虫仅短时间地附着于畜体上吸血,因此其采集方法不尽相同。

采集昆虫标本时,必须牢记昆虫皆是雌雄异体,缺少雄虫,将给鉴定带来困难。

1. 昆虫标本的采集

(1)动物体表昆虫的采集。在畜禽体表,常有吸血虱、毛虱、虱蝇和蚤等寄生,在检查发现后用手或小镊子捏取,或将附有虫体的羽或毛剪下,置于培养皿中,再仔细收集。

畜体上的蚤类,大多活动性较强,捕捉困难。可以用撒有樟脑的布将畜体包裹,数分钟后取下布,则蚤落入布内。也可用杀虫药喷洒畜体,待其死亡后采集。

蝇蛆多寄生在家畜体内。除牛皮蝇寄生于畜体背部皮下时,可用手挤压而得到标本外,其他蝇蛆多需在解剖家畜时,在其寄生部位发现。

(2)周围环境中昆虫的采集。

①双翅目吸血昆虫成虫的采集。在畜舍内,阴暗、潮湿和空气不流通的场所,白天常有大量蚊类栖息,采集时可用一大口径试管采集成虫。夜间可在畜体上用试管采集。吸血的蝇、虻、蚋可在畜舍内或动物体上用手或试管采集,也可以用捕虫网在畜舍周围采集。但捕虫网不应在家畜附近挥舞,以免引起家畜惊跑。

②畜舍地面和墙缝内昆虫的采集。在畜舍和运动场的疏松潮湿的土中,常可见到牛皮蝇、马胃蝇或羊狂蝇的成熟幼虫(应考虑其季节性)或蛹,可将其收集。如欲获得成蝇,则应连同沙土收集于广口瓶中,罩以纱布,待其在瓶中羽化。

多数昆虫的鉴定分类,均以其外部形态结构为依据。可直接在解剖镜下或低倍显微镜下观察,也可制成永久装片标本观察。

2. 昆虫标本的保存　收集到的昆虫,根据其种类的不同或今后工作的需要,采用下列方法之一保存。

(1)浸渍保存。本法适用于无翅昆虫(如虱、虱蝇和蚤,以及各种昆虫的幼虫和蛹)。如采集的标本饱食了大量血液,则在采集后应先放一定时间,待体内吸食的血液消化吸收后再固定。固定液可用70%酒精或5%~10%的福尔马林。但用专门的昆虫固定液效果更好,其配方是在120 mL的75%酒精中,溶解苦味酸12 g,待溶后再加入氯仿20 mL和冰醋酸10 mL。当虫体较大时,浸入70%酒精中的虫体,于24 h后,应将原浸渍的酒精倒去,重换70%酒精。在昆虫固定液中固定的虫体,经过一夜后,也应将虫体取出,换入70%酒精中保存。在保存标本用的70%酒精中,最好加入5%甘油。浸渍标本加标签后,保存于标本瓶或标本管内,每瓶中的标本约占瓶容量的1/3,不宜过多,保存液则应占瓶容量的2/3,加塞密封。

(2)干燥保存。本法主要是保存有翅昆虫,如蚊、虻、蝇等的成虫,又分为针插保存和瓶装保存两种。采集到的有翅昆虫,应先放入毒瓶中杀死。氯仿毒瓶的制备方法如下:取一大标本管(长10 cm,直径3.33 cm),在管底放入碎橡皮块,约占管高的1/5,注入氯仿,将橡皮块淹没,用软木塞塞紧(不可用橡皮塞)过夜,此时氯仿即被橡皮块吸收,然后剪取一与管口内径相一致的圆形厚纸片,其上用针刺穿若干小孔,盖于橡皮块上即可。使用时,将活的昆虫移入瓶内,每次每瓶放入的昆虫不宜过多。昆虫进入毒瓶后,很快即昏迷而失去运动能力,但需待5~7 min之后方可完全死亡。待昆虫死后,将其取出保存。氯仿用完后,应将圆纸片取出,再度注入氯仿,处理方法同前。

①针插保存。本法保存的昆虫,能使体表的毛、刚毛、小刺、鳞片等均完整无缺,并保有原有的色泽,是较理想的方法。插制大型昆虫,如虻、蝇等,可将虫体放于手指间,以2号或3号昆虫针,自虫体的背面、中胸的偏右侧垂直插进。针由虫体腹面穿出,并使虫体停留于昆虫针上部的2/3处,注意保持虫体中胸左侧的完整,以便鉴定。对小型昆虫如蚊、蚋、蠓等,应采用二重插制法。即先将00号昆虫针(又称二重针)先插入硬纸片或软木条(长15 mm、宽5 mm)的一端,并使纸片停留于00号昆虫针的后端,再将此针向昆虫胸部腹面第2对足的中间插入,但不要穿透。再以3号昆虫针在硬纸片的另一端,针头与00号昆虫针相反而平行的方向插入,即成。在缺少00号昆虫针时,可用硬纸片胶粘法,即取长8 mm和底边宽4 mm等腰三角形硬纸片,在三角形的顶角蘸取加拿大树胶少许,黏着在昆虫胸部的侧面,再将此三角形硬纸片的两端,用3号昆虫针插入。插制昆虫标本,应在新采集到时进行,如虫体已干,则插制前应使虫体回软,以免断裂。标签一般用硬质纸片制成,长15 mm、宽10 mm,以黑色墨水写上虫名、采集地点、采集日期等,并将其插于昆虫针上,虫体的下方。将插好的标本,以解剖针或小镊子将虫体的足和翅等的位置加以整理,使其保持生活状态时的姿势,而后插于软木板上,放入20~35 ℃温箱中待烘干。烘干后的标本,整齐地插入标本盒中。标本盒应有较密闭的盖子,盒内应放入樟脑球(可用大头针烧热,插入球内,再将其插在标本盒的四角上),盒口应涂以DDT油膏,以防虫蛀。标本盒应放于干燥、避光的地方。在梅雨季节,尤其应减少开启次数,以防潮湿发霉。

②瓶装保存。大量同种的昆虫,不需要个别保存时,可将经毒瓶毒死的昆虫,放在大盘内,在纱橱中或干燥箱内干燥,待全部干燥后,放于广口试剂瓶中保存。在广口试剂瓶底部先放一层樟脑粉,上加一层棉花压紧,在棉花上再铺一层滤纸。将已干的虫体逐个放入,每放入少量虫体后,可放一些软纸片或纸条,以使虫体互相隔开,避免挤压过紧。最后在瓶塞上涂以木馏油或DDT油膏,塞紧。在瓶内和瓶外应分别给以标签。

3. 昆虫标本的制作　为了工作需要,可将小昆虫的整个虫体或昆虫身体的某些部位制成装片标本。制片的准备工作是先将虫体或其局部浸入10%氢氧化钾水溶液中,煮沸数分钟,使虫体内部的肌肉和内脏溶解,并使体表软化透明,便于制片观察。较大的虫体,浸入氢氧化钾溶液后,还可用昆虫针在虫体上刺些小孔,以利于虫体内部组织的溶出。身体较柔软的昆虫或幼虫,也应浸入10%氢氧化钾溶液中,待虫体软化透明后制片。经氢氧化钾溶液处理后的虫体,应在水中洗去其碱液再进行制片。其后的操作如下。

(1)加拿大树胶封片。取已准备好的昆虫虫体或虫体的一部分,分别经30%、50%、70%、85%、90%、95%各级酒精逐级脱水,最后移入无水乙醇中,使其完全脱水,再移入二甲苯或水杨酸甲酯中透明。透明后,取出置于载玻片上,滴几滴加拿大树胶,覆以盖玻片即成。本法经过各级酒精所需的时间,依虫体的大小而各异,一般需 15～30 min,较大的虫体需要时间长一些。

(2)洪氏液封片。取洪氏液滴于载玻片上,再取以氢氧化钾溶液处理过并经洗净的小型昆虫虫体,无须脱水,直接移入洪氏液中,加盖玻片即成。洪氏液的制备方法:鸡蛋白 50 mL、福尔马林 40 mL、甘油 40 mL,三者混匀于瓶中,加塞振荡,彻底均匀后待其中气泡上升逸去,最后倒入平皿中,置于干燥器内吸去水分,待液体仅占原体积的 1/2 时,取出装入瓶中,密封待用。

加拿大树胶封制的装片保存较久。洪氏法的封固剂,时间过久后,会失去水分而干裂,有时在盖玻片周围用油漆环封,以减少水分散失,延长保存时间,但并不能完全阻止水分的丧失。

二、昆虫的一般形态特征描述及插图

1. 外部形态(图 14-1)　昆虫具有节肢动物的一般特征,身体两侧对称,附肢分节,不同部分的体节相互愈合而形成头部、胸部和腹部。随着身体的分部,器官趋于集中,功能也相应有所分化。头部趋于摄食、感觉,胸部趋于运动和支持,腹部趋于代谢和生殖。

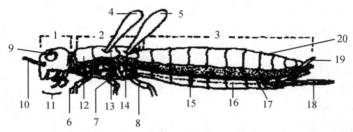

1. 头　2. 胸　3. 腹　4. 前翅　5. 后翅　6. 前足　7. 中足　8. 后足　9. 复眼
10. 触角　11. 口器　12. 前胸　13. 中胸　14. 后胸　15. 气孔　16. 腹板
17. 侧板　18. 产卵器　19. 尾须　20. 背板

图 14-1　昆虫的外部形态

(引自汪明,2003)

(1)头部。昆虫的头部有眼、触角和口器,有复眼(compound eye)1 对,由许多六角形小眼组成。还有很多昆虫尚有单眼(ocellus)。复眼为主要视觉器官。有触角 1 对,由许多节组成,着生于头部前面的两侧。第一节为栖节(scape),第二节为梗节(pedicel),其余各部分统称为鞭节(flagellum)。触角的形状和节的数目随昆虫种类不同而异。触角的功能至今尚未完全明了,至少有触觉、嗅觉及湿度感觉等功能。口器是昆虫的摄食器官,由上唇(labrum)、上咽(epipharynx)、上颚(mandible)、下颚(maxilla)、下咽或小舌(hypopharynx)及下唇(labium)6 个部分组合而成。由于昆虫的采食方式不同,其口器的形态和构造也不相同。与家畜关系紧密的昆虫,其口器有咀嚼式、刺吸式、刮舐式、舐吸式及刮吸式 5 种类型。

①咀嚼式口器,见图 14-2。

②刺吸式口器,见图 14-3。

③刮舐式口器,见图 14-4。

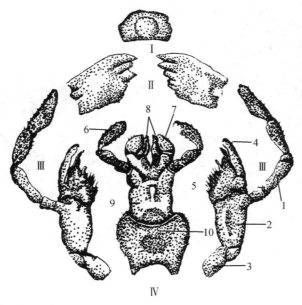

Ⅰ. 上唇　Ⅱ. 上颚　Ⅲ. 下颚　1. 下颚须　2. 茎节　3. 轴节　4. 外叶　5. 内叶

Ⅳ. 下唇　6. 下唇须　7. 侧唇舌　8. 中唇舌　9. 颊　10. 亚颏

图 14-2　咀嚼式口器

（引自孔繁瑶,1981）

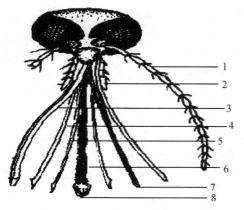

1. 触角　2. 下颚须　3. 上唇咽　4. 上颚

5. 下颚　6. 下唇　7. 下咽　8. 唇瓣

图 14-3　刺吸式口器

（引自孔繁瑶,1981）

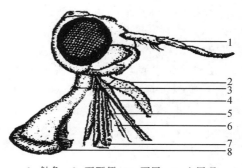

1. 触角　2. 下颚须　3. 下唇　4. 上唇咽

5. 下咽　6. 上颚　7. 下颚　8. 唇瓣

图 14-4　刮舐式口器

（引自孔繁瑶,1981）

④舐吸式口器,见图 14-5。

⑤刮吸式口器,见图 14-6。

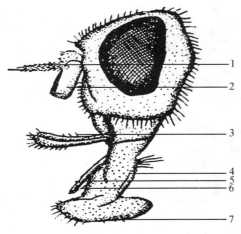

1. 触角芒　2. 触角　3、5. 上唇咽

4. 下唇　6. 下咽　7. 唇瓣

图 14-5　舐吸式口器

（引自孔繁瑶，1981）

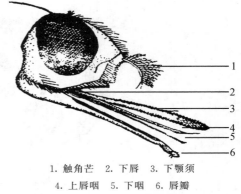

1. 触角芒　2. 下唇　3. 下颚须

4. 上唇咽　5. 下咽　6. 唇瓣

图 14-6　刮吸式口器

（引自孔繁瑶，1981）

（2）胸部。胸部由前胸（prothorax）、中胸（mesothorax）和后胸（metathorax）三节组成。每一胸节又由背板、侧板和腹板构成。以中胸最为发达，各胸节的腹面均有 1 对足，分别称前足、中足和后足。足分节，由基部起依次分为基节（coax）、转节（trochanter）、股节（femur）、胫节（tibia）和跗节（tarsus），跗节又分 1～5 节不等，跗节末端有爪（claw），爪间有爪间突（empodium）和爪垫（palmula）等。

多数昆虫的中胸和后胸的背侧各有 1 对翅，分别称前翅和后翅。双翅目昆虫仅有前翅，后翅退化，仅留棒状突起，称平衡棒（halter；balancer）。有些昆虫翅完全退化，如虱、蚤等。翅具有翅脉（vein）和翅室（cell）。

在前胸和中胸与中胸和后胸之间各有 1 对气门。

（3）腹部。昆虫腹部由 8 节组成，但有些昆虫的腹节相互愈合，通常可见的节数没有那么多，如蝇类只有 5～6 节。腹部最后数节变为外生殖器。第 1～8 腹节两侧各有 1 对气门（spiracle）。

2. 内部构造

（1）体腔。为混合体腔，因其充满血液，所以又称为血腔。心脏呈管状，位于消化管的背侧，循环系统为开管式，血液自心脏流出，向前行至头部，再由前向后，进入血腔，又经心孔流入心脏。

（2）呼吸系统。少数昆虫直接利用体表，多数昆虫利用鳃、气门或书肺进行气体交换。

（3）感觉系统。神经主干位于消化管腹侧，许多神经节随着体节的愈合而合并。感觉特别发达，具有触觉、味觉、嗅觉、听觉及平衡器官。昆虫有复眼和单眼，复眼由许多小眼构成，能感受外界运动中的物体。单眼用于感光。

（4）消化系统。分前肠、中肠和后肠三部分。前肠包括口、咽、食道和前胃，是贮存和研磨食物的地方；中肠又称为胃，是消化和吸收的重要部分；后肠包括小肠、直肠和肛门，能吸收肠腔中的水分及排出体外。

（5）排泄系统。通过马氏管发挥排泄功能。

（6）生殖系统。昆虫多为雌雄异体，有的昆虫为雌雄异形。雄性生殖器官包括睾丸、输精管、贮精囊、射精管、副性腺、阴茎及生殖孔等构造，还常有由脚须末端形成的交配器。雌性生殖器官包括卵巢、输卵管、受精囊、副性腺、生殖孔、生殖腔（阴道）等构造。不同虫种各部分构造的形态和大小有一定差异。

三、蚊、蝇（家蝇、舐蝇、虱蝇等）、虻、蚋、库蠓及白蛉的形态特征描述及插图

1. 蚊（图 14-7）　属蚊科（Culicidae）。蚊是一种细长的昆虫，体狭长，翅窄，足细长。体长 5～9 mm，分头、胸、腹三部分。

2. 蝇

（1）家蝇（图 14-8）。家蝇属（*Musca*）为非吸血性蝇类，在我国常见的为舍蝇和家蝇。此两种形态相似，长 6～9 mm，体中型，少数小型，呈深灰色，眼红褐色，触角芒的上下面均有毛。

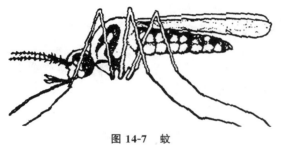

图 14-7　蚊

（引自杨光友，2005）

图 14-8　家蝇雌虫

（引自孔繁瑶，1997）

（2）丽蝇（图 14-9）。丽蝇属（*Calliphora*）的蝇类是一种体色青黑，有金属色泽的大型蝇种，体上毛刺较多，其中红头丽蝇（*C. erythrocephala*）最为常见。

（3）绿蝇（图 14-10）。绿蝇属（*Lucilia*）的蝇类成蝇体表呈绿色或铜绿色，并有金属光泽，中型蝇种，体长 5～10 mm。

（4）污蝇（图 14-11）。污蝇属（*Wohlfahrtia*）的蝇类成蝇为灰白色，具有黑色斑纹，无金属光泽的大型蝇种，体长 10～18 mm。

（5）伊蝇。伊蝇属（*Idiella*）的蝇类成蝇体长 8～9 mm，舐吸式口器，未吸血的幼虫为乳白色，吸血后变为红色，有 1 对锐利的口前钩。常见种为三色伊蝇（*I. tripartita*）。

（6）螫蝇。螫蝇属（*Stomoxys*）的厩螫蝇（*S. calcitrans*）（图 14-12）是吸血蝇类。成蝇呈暗灰色，长 6～8 mm，外形似家蝇，体中型。

图 14-9　丽蝇成蝇

（引自孔繁瑶，1997）

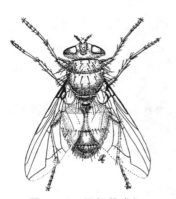

图 14-10　绿蝇雌成蝇

（引自孔繁瑶,1997）

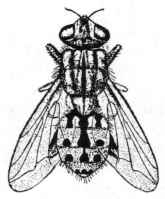

图 14-11　污蝇成虫

（引自孔繁瑶,1997）

（7）角蝇。角蝇属（*Lyperosia*）的蝇是吸血蝇类。在我国常见的有东方角蝇（*L.exigua*）（图 14-13）。角蝇成虫呈灰黑色,体型比螯蝇小,长 3～5 mm。口器为刮吸式,喙较短,触角芒仅外侧有毛。胸部背板上有 4 条黑色纵纹,其中间两条较为明显。翅透明,第四纵脉似螯蝇,稍向上作弧形,弯曲更小。腹部为深灰色,腹背中央具有一条黑色纵纹。

图 14-12　厩螯蝇

（引自杨光友,2005）

图 14-13　东方角蝇

（引自杨光友,2005）

（8）绵羊虱蝇（*Melophagus ovinus*）（图 14-14）。虫体长 4～6 mm,翅退化,体表呈革质,密被细毛。头短而宽,与胸部紧密相连,不能活动。头部和胸部均为深棕色。刺吸式口器。复眼小,呈椭圆形,两眼间距离大。触角短,位于复眼前方的触角窝内。腹部大,呈卵圆形,为淡灰褐色。肢强壮并有粗壮的爪。

（9）犬虱蝇（*Hippobosca capensis*）。雌蝇体长约 8 mm,雄蝇体长约 6.8 mm,体扁,有翅,但不能长距离飞翔。体表呈角质,毛少而发亮,头胸界限明显,具有刺吸式口器,复眼大,触角两节呈球状陷入窝内,胸部背面有深棕色纹,腹部大,为褐色,呈囊状。

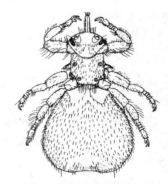

图 14-14　绵羊虱蝇成虫

（引自孔繁瑶,1997）

3. 虻（图 14-15）　虻属于虻科（Tabanidae）,我国已记载的虻约有 151 种。虻为大、中型吸血昆虫,体粗壮,虫体的颜色随虻的种类不同而异,一般呈灰色或黄色。体表光滑。头大,呈半球形。复眼大,几乎占头部的绝大部分。利用复眼可以区别雌雄。雄虻的两复眼之间为接眼式(两复眼在中缘相接触),雌虻为离眼式(两复眼间有较明显的距离)。单眼3个,有的缺如。触角1对,分为3节,第3节末端另有3～7个小节。雌虻吸血,口器为刮舐式。雄虻口器退化,不吸血,只吸食植物汁液。胸部由3节组成,有翅1对和足3对。翅膀透明或有斑点,翅脉复杂,在翅中央有1个"似六角形"的中室。腹部可见第7节,末端为生殖器。

4. 蚋(图 14-16)　蚋属蚋科(Simuliidae),我国已记载的蚋有50余种。成蚋体小,粗短,呈黑色或褐色,体长2～5 mm,体上具有银白色粉被。

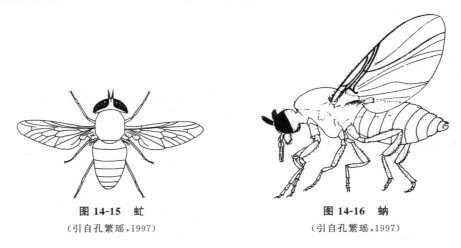

图 14-15　虻
(引自孔繁瑶,1997)

图 14-16　蚋
(引自孔繁瑶,1997)

5. 蠓(图 14-17)　蠓属蠓科(Ceratopogonidae)。成蠓体小,粗短,黑色或灰褐色,体长1～3 mm。头部半球形,宽略大于长,位于胸部前下方。

6. 白蛉(图 14-18)　白蛉也称沙蝇(sandfly),属毛蠓科(Psychodidae)白蛉属(*Phlebotomus*)。成蛉体小,小的种类体长仅1.5 mm左右,大的种类体长达4 mm。体色呈浅灰色、浅黄色或棕色,随白蛉种类而不同。同种白蛉,也可因分布和所处环境的不同,在虫体的大小和体色上有差异。

图 14-17　库蠓
(引自杨光友,2005)

图 14-18　白蛉
(引自孔繁瑶,1997)

实验十五　动物外寄生虫病药浴防治

一、实验目的及要求

(1)明确动物药浴的目的和意义。

(2)熟悉药浴的基本操作过程。

(3)了解药浴过程中需注意的问题。

二、实验器材

药浴容器(药浴槽、桶、锅等),药浴药物(螨净、溴氰菊酯、双甲醚、巴胺磷、辛硫磷等),兽用解毒药及各种常用药物,大、小量筒,温度计,水桶,木棒,脸盆,毛巾,肥皂,工作服等。

三、实验方法、步骤和操作要领

(一)药浴的目的和意义

畜禽的体表常常寄生着一些外寄生虫,有的直接引起疾病,如疥癣虫(螨)为家畜疥癣病(螨病)的病原;有的吸血,骚扰家畜,影响动物的采食、饮水和休息;有的是家畜传染病和寄生虫病的传播者(媒介),如蜱(草爬子)可传播梨形虫病、螺旋体病、布鲁氏菌病等,对动物有很大的危害。因此,为了保证畜牧业不断发展,保障牲畜健康,用一些有效的方法控制这些有害的外寄生虫感染,是兽医工作者一项极其重要的任务。

防治家畜外寄生虫病的方法,目前主要是应用各种杀虫药来杀死畜体上的外寄生虫,药浴(或药淋)只是其中一项重要的技术。动物的药浴或药淋就是用药液给动物洗澡或进行喷淋,一般主要是针对动物的螨病而采取的一项防治措施。在某些地区和条件下,药浴仍是一种重要的防治外寄生虫感染的方法。

但是,随着一些新的杀虫药物的出现(大环内酯类药物,如阿维菌素和伊维菌素等),在生产实际中,也可以采用其他一些方法,来对外寄生虫病进行防治,如打针注射、口服灌药等。这样,在用药季节和给药方法上,会更灵活简便一些。

(二)药浴的实施过程

在北方地区,每年药浴的时间都是在动物剪毛(一般在剪毛后 15 d 内)或温暖的季节进行。药浴和驱虫一样,首先要做到有的放矢,事前做好流行病学调查,对当地需要进行药浴的家畜螨病病原及其他外寄生虫感染情况做到心中有数。为了保证药浴顺利实施,效果确实,不出事故,必须把相关工作做好。兽医人员在药浴开始前要做好技术准备,检查药浴所用器具,所用药品要准备充足。参加家畜药浴工作的人员要进行合理分工。药浴时要按家畜大小、公母适当分群进行,以免发生事故。对体质十分瘦弱的动物尤其要特别小心。

(三)药浴液的配制和使用

可以用于药浴的杀虫药物很多,常用的药浴液浓度如下(药物/溶液,过去用 ppm 表示,现在用 mg/kg 表示):250 mg/kg 螨净(二嗪农)、500 mg/kg 溴氰菊酯、300~500 mg/kg 双甲脒;150~250 mg/kg 巴胺磷(赛福丁)及 500 mg/kg 辛硫磷等。

随着科学的发展和经济水平的提高,药浴的药物会不断被淘汰和更新,要尽量选用广谱、低廉、高效、安全的药物,并按药物说明进行配制和使用。

四、实验注意事项

(1)绵羊和山羊的药浴时间一般分别在剪毛后和抓绒后进行。除羊外,猪(特别是小猪)、牛、马、骆驼等家畜和家禽都可以根据实际情况进行药浴,对外寄生虫感染进行防治。

(2)药浴前 3~4 h 停止放牧,要让动物充分休息,并饮足水,以保持体力和避免药浴时误饮药液。

(3)大群动物药浴前,应首先选择少量不同年龄、性别、品种、体质和病情的动物进行安全性试验。确认无问题时,再大批进行药浴,尤其对第一次使用的药物或不熟悉其质量的药物更需要加以注意。

(4)药浴液浓度计算要准确,用倍比稀释法稀释,并混匀药液。在药浴过程中,注意适时补加药物,以维持药液浓度,避免影响药效。

(5)药浴要在晴朗无风的天气进行,最好是在中午时节。阴雨、大风、气温低时,不能药浴。药浴液最好保持在 36~37 ℃,不能低于 30 ℃。温度过高会造成动物中毒,过低会影响药效。

(6)羊药浴时,每只羊的药浴时间为 1~2 min,注意浸泡头部,要将羊头压入药浴液 2~3 次,以保证效果。动物出药浴池后,让其在斜坡处站一会儿,让身上的药液流入池内。药浴后不得马上涉水,待动物体上的药液自然晾干。

(7)动物药浴后要注意保暖,防止感冒。药浴后要仔细观察,加强护理,一旦发生中毒,及时处理。工作人员也要注意自身的药物安全防护。

(8)对同一区域内的家畜最好集中时间进行药浴,不宜漏浴,对牧羊犬等与家畜密切接触的相关动物也应同时给予药浴。

(9)多数杀虫药对卵的作用较差,因此最好在 7~8 d 后再进行第 2 次药浴,以杀死新孵出的幼虫,这样药浴效果会更好。

五、实验报告

写出某自然村对羊进行药浴的详细计划。

附:参考资料

一、杀虫药剂型

对外寄生虫具有杀灭作用的药物称为杀虫药。杀虫药按其状态或使用方式,可分为以下常用几种剂型。

(1)粉剂和片剂是由杀虫剂和充填料或赋形剂(滑石粉、白陶土、淀粉等惰性粉)按一定比例共同混合研磨而制成的干燥粉状制剂或经压片机压制而成的片状制剂,可用于撒布畜体和畜舍等场所或经口服用,从而起到杀虫作用。

(2)可湿性粉剂是由杀虫药、填料和润湿剂按一定比例混合,经过研磨而均匀制成的粉状制剂,加水稀释成悬浮液,可用于喷雾或药浴。

(3)油乳剂是按一定配比把杀虫剂溶解在有机溶液(苯、二甲苯等)里,再加乳化剂配制而成的均匀透明油状液体制剂。使用时加水稀释即得乳剂,可用作喷雾、药浴等。

(4)油膏剂是由杀虫剂加入适量基质(如凡士林和羊毛脂等)配制而成,根据气温高低,可添加适量石蜡或液体石蜡调整基质软硬度。用于畜体局部患处涂擦。

(5)气雾剂是由固体杀虫剂经升华作用或液体杀虫剂经热式或冷式发生器,产生胶体颗粒大小的气溶胶,用作畜体或畜舍喷雾,或使用动力喷雾器作大面积灭虫用。

(6)缓释剂是指用药后在较长时间内持续释放药物,以达到长效作用的制剂。控释剂是指药物能在预定的时间内,自动以预定速度释放,使血药浓度长时间恒定维持在有效浓度范围内的制剂。缓释剂和控释剂由原药或其他剂型加缓释物或控释物、填充料等制成。即利用物理或化学的方法,使杀虫药贮藏于加工的制剂中,并能使其缓慢地或有控制地释放有效成分。如用杀虫缓释剂浸渍而制成的耳标或颈圈可以被固定于动物的耳内侧或颈部,其中杀虫药由于蒸发而缓慢释放出来,发挥作用。

(7)浇泼剂和喷滴剂是一种透皮吸收药液。可用专门器械按规定剂量,沿动物背部浇泼或体表喷滴,药物经皮肤吸收,达到长效及减轻不良反应的目的,并可避免药物受肠道生理因素的影响和肝脏的"首过效应",使用起来方便,可持续用药,又可随时终止用药。

(8)注射剂是指分装于特制容器(安瓿或输液瓶)中灭菌的药液,有水溶液、脂溶液或粉末(用时配成液体)等制剂,经皮下或肌内注射进入宿主体内。吸收快,作用好。

(9)有些杀虫药可用作饲料添加剂混饲,从宿主消化道吸收(内吸杀虫剂),对蝇蛆类寄生虫及吸血昆虫有防治效果。这种制剂从粪便内排出后,也能抑制或杀灭许多在粪便中产卵的蝇类幼虫和蛹。

二、应用杀虫药的注意事项

(1)合理使用杀虫药是做好畜禽体外寄生虫防治工作的重要一环。在用药过程中,不仅要了解外寄生虫的种类、寄生方式、季节动态和感染情况,还要了解宿主的机能状态、对药剂的反应等。只有正确处理药剂、寄生虫和宿主三者之间的关系,熟悉药剂的理化性质,采用合适的剂型、剂量、疗程和方法,才能达到最佳的防治效果。

(2)杀虫药一般对宿主机体都有一定的毒性,若使用不当,可引起中毒反应。因此,在应用杀虫药进行大范围防治之前,必须选择整个畜群中有代表性的少量动物先进行试用,以免发生大批中毒死亡。

(3)家畜长期使用同一种杀虫药,能引起害虫对这种杀虫药的敏感性降低,产生抗药性。因此可以交替使用不同作用和机理的杀虫药,这样可减少或延缓抗药性的产生。

(4)某些杀虫药在控制或消灭寄生于家畜体内的蝇蛆时,仅对其某龄期幼虫有杀灭效力,因此在使用时要掌握好杀虫时期,其在防治蝇蛆病方面具有重要意义。

(5)杀虫药一般对人体和动物都有毒害作用,在操作过程中,要小心谨慎。使用前,必须详细阅读杀虫药的标签和说明书,并遵照所有注意事项。

(6)杀虫药在畜禽体内的分布和组织内的残留及维持时间的长短,与公共卫生关系非常密切。杀虫药残留的畜禽产品(乳、肉和蛋)供人食用,对人体健康威胁很大,会造成公害。动物使用杀虫药后,都需要有一定的休药期。在休药期内动物不得被屠宰,其产品不得上市销售和食用。

特别需要注意的是,目前许多国家对杀虫药残留问题十分重视,对使用杀虫药有着严格的条例规定,并制定各种食品的杀虫药残留允许标准。其中涉及杀虫药的生产、销售,以及限制杀虫药的使用浓度、次数、时间及范围等,并严格对此进行监测。所以,使用杀虫药时,必须认真遵守相关国际惯例和国家有关法律规定。

实验十六　动物血液原虫病病原检查技术

一、实验目的及要求

掌握动物血液原虫病的血液涂片技术和染色方法；正确判断各种常见血液原虫的形态特点。

二、实验器材

1. 仪器设备　生物显微镜（带油镜镜头）、载玻片、注射针头、剪刀、染色缸。
2. 试剂　吉姆萨染料、甘油、甲醇、香柏油。
3. 实验动物　鸡。
4. 示教标本　伊氏锥虫、双芽巴贝斯虫、环形泰勒虫、卡氏住白细胞虫、沙氏住白细胞虫。

三、实验方法、步骤和操作要领

(一)吉姆萨染色液的配制

1. 吉姆萨染色液原液配方
吉姆萨氏染色粉0.5 g
中性纯甘油　　25 mL
无水中性甲醇　25 mL
2. 吉姆萨染色液原液配制过程
(1)先将吉姆萨染色粉置研钵中，加少量甘油充分研磨，再加甘油再研磨，直至甘油全部加完为止。将其倒入棕色小口试剂瓶中，在研钵中加入少量甲醇以冲洗甘油染液，冲洗液仍倒入上述瓶中，再加甲醇再洗再倒入，直至25 mL甲醇全部用完为止。
(2)塞紧瓶盖，充分摇匀，而后将瓶置于65 ℃温箱中24 h或室温3～5 d，并不时摇动，然后过滤到棕色小口试剂瓶中，即为原液。

(二)血液涂片的制作及染色

1. 血液涂片的制作
(1)薄片法(适合于观察红细胞内虫体，如巴贝斯虫)。
①用消毒注射针头刺破鸡的翅下静脉。
②用洁净载玻片的一端，从鸡的翅下静脉穿刺处接触血滴表面，蘸取少量血液。
③另取一块边缘光滑的载玻片，作为推片。先将此推片的一端置于血滴的前方，然后稍向后移，触及血滴，使血液均匀分布于两玻片之间，形成一线。
④推片载玻片与血片载玻片成30°～45°角，平稳地向前推进，使血液接触面散布均匀，即成薄的血片。
⑤抹片完成后，立即置于流动空气中干燥，以防血细胞皱缩或破裂，并加甲醇固定，待干。

（2）厚滴法（适合于观察血浆内虫体，如伊氏锥虫）。

①取血液1～2滴置于洁净载玻片上。

②用另一块载玻片之角，将血滴涂散至直径1 cm即可。

③置室温中待其自行干燥（至少经过1 h，否则血膜附着不牢，染色时易脱）。

④染色前先将血片置于蒸馏水中，使红细胞溶解，血红蛋白脱落，血膜呈灰白色为止，再进行染色。

2. 血液涂片的染色过程

（1）血片用甲醇固定2 min。

（2）将血片浸于用10份蒸馏水加1份染液稀释的染色液缸中30 min（过夜最好）。或将蒸馏水与染液按2：1稀释好的染色液直接滴加于血片上，染色10 min。

（3）血片取出后，用洁净的水冲洗。待干后镜检。

附：血液涂片的制作及染色流程（图16-1）

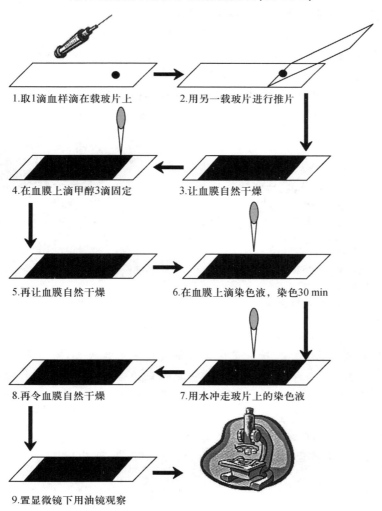

1.取1滴血样滴在载玻片上　　2.用另一载玻片进行推片

4.在血膜上滴甲醇3滴固定　　3.让血膜自然干燥

5.再让血膜自然干燥　　6.在血膜上滴染色液，染色30 min

8.再令血膜自然干燥　　7.用水冲走玻片上的染色液

9.置显微镜下用油镜观察

图16-1　血液涂片的制作及染色流程

四、实验注意事项

（1）配制染色液时吉姆萨染料必须充分研磨。

（2）采血前先用酒精棉消毒待干，以免皮屑污染血片和酒精溶血。

（3）取血滴时必须用玻片迅速蘸取针头刺破后流出的表层血液，以免血液凝固。

（4）注意在病畜出现高温期，未进行药物处理前采血，以提高虫体检出率。

（5）涂片时血膜不宜过厚，应使红细胞均匀分布于玻片上。

（6）血片必须充分干燥后再用甲醇固定，以免血膜脱落。

五、实验报告

如何制作染色效果好且无杂质污染的血液涂片？试进行分析、阐述。

附：参考资料

一、家畜常见血液原虫的形态特征描述及插图

1. 伊氏锥虫　　伊氏锥虫寄生于动物血浆内，虫体呈纺锤形或柳叶状，体长 $18\sim24\ \mu m$，宽 $1\sim2\ \mu m$。前端比后端更尖。经吉姆萨染色后，虫体呈淡蓝色。在显微镜下可看见下列几部分构造：①原生质：浅蓝色部分；②核：在虫体中部，呈紫红色椭圆形；③副基体：在虫体后端，呈紫红色的小圆点；④波动膜：在虫体的一侧，呈波状；⑤鞭毛：在虫体后端，从副基体附近的毛基体开始围绕波动膜边缘，直到虫体的前端游离，呈细长鞭毛状（图16-2和图16-3）。

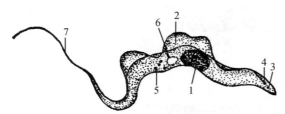

1. 核　2. 波动膜　3. 副基体　4. 生毛体
5. 颗粒　6. 空泡　7. 鞭毛

图16-2　锥虫模式图

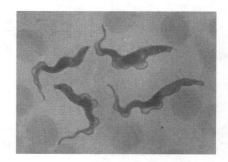

图16-3　血液涂片中的锥虫

2. 双芽巴贝斯虫　　双芽巴贝斯虫寄生在红细胞内。虫体较大，有梨形、环形、椭圆形、变形虫形等。典型虫体呈双梨形，细的一端连在一起呈锐角排列。虫体大于红细胞半径，经吉姆萨染色后，原生质浅蓝色，边缘较深，有两团紫红色的染色质（图16-4和彩图16-4）。

3. 环形泰勒虫　　环形泰勒虫寄生在牛的淋巴细胞、巨噬细胞及红细胞内。

配子体呈小环形、短棒状或逗点状。在每个红细胞中通常有 $1\sim5$ 个虫体，大小为 $0.7\sim2.9\ \mu m$，染色后原生质呈浅蓝色，染色质呈紫红色（图16-5和彩图16-5）。

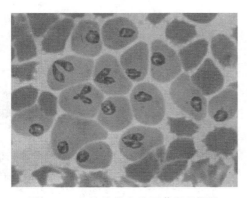

图 16-4　血液涂片中的双芽巴贝斯虫

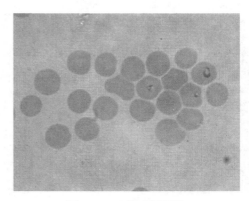

图 16-5　泰勒虫配子体

裂殖体，又称石榴体，有不同形状和大小，存在于淋巴细胞的胞浆中或淋巴液中。通常可看到浅蓝色的原生质背景上有暗紫色数目不等的核质（图 16-6 和彩图 16-6）。

二、家禽常见血液原虫的形态特征描述及插图

1. 卡氏住白细胞虫　卡氏住白细胞虫配子体寄生在鸡的血细胞内。

配子体刚侵入红细胞时呈圆点状或逗点状，每个红细胞内可有 1～3 个虫体（图 16-7 和彩图 16-7）。随着虫体的发育长大，红细胞的细胞浆及细胞核萎缩消失，配子体变为近圆形，大小约为 $15.5\ \mu m \times 15.0\ \mu m$，其中有一紫红色的核仁（图 16-8 和彩图 16-8）。

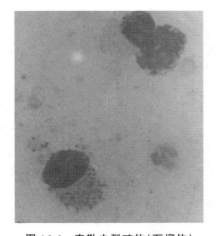

图 16-6　泰勒虫裂殖体（石榴体）

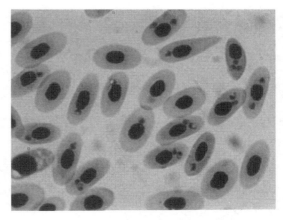

图 16-7　卡氏住白细胞虫第Ⅰ期配子体

2. 沙氏住白细胞虫　沙氏住白细胞虫配子体寄生在鸡的血细胞内。虫体常把白细胞的核推至一边，引起白细胞严重变形，使其呈梭状或纺锤形（图 16-9 和彩图 16-9）。

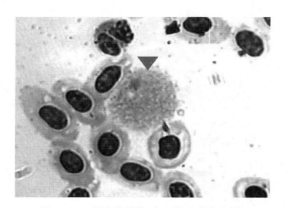

图 16-8　卡氏住白细胞虫第 V 期配子体

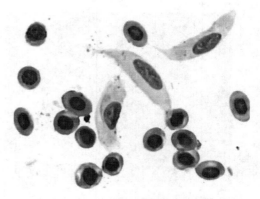

图 16-9　沙氏住白细胞虫配子体

实验十七 动物球虫病实验室诊断技术

一、实验目的及要求

(1)熟悉球虫卵囊的形态特征。

(2)掌握分离球虫卵囊的方法。

(3)了解常见球虫的种类。

(4)熟悉鸡球虫感染后的病变记分和粪便记分方法。

二、实验器材

1. **仪器设备** 上海 XSP-2C 生物显微镜(具备 10 倍目镜和低倍物镜、高倍物镜及油镜)、目镜测微尺、物镜测微尺、盖玻片、载玻片、牙签、洗瓶、平皿、剪刀、手术刀、离心管、血细胞计数板。

2. **实验材料** 感染球虫的患鸡、常见的球虫卵囊、蔗糖、食盐、硫酸镁、铬酸、重铬酸钾等。

三、实验方法、步骤和操作要领

(一)球虫的形态观察

随宿主粪便排出的卵囊呈卵圆形、圆形或球形,无色、淡黄色或淡绿色,其形态大小随球虫种类而异。外被两层囊壁,外壁较厚,轮廓清晰,内壁较薄。内含颗粒状的胞质(即原生质团)。卵囊内具有一至多个孢子囊,每个孢子囊内含有一至多个子孢子,因种类而异。艾美耳属的球虫种类经发育后,原生质团分裂为 4 个孢子囊,每个孢子囊内含有 2 个子孢子。有些种类的球虫在卵囊的极端具有明显的卵膜孔,有些球虫的卵囊内膜突出于卵膜孔之外,形成极帽。

畜禽常见球虫的种类如下。

1. **牛球虫** 文献报道的有 10 种,其中 9 种为艾美耳属($Eimeria$)球虫,另外一种为阿沙卡等孢球虫($Isospora\ akscaica$)。以邱氏艾美耳球虫($E.\ zurnii$)致病力最强。牛艾美耳球虫($E.\ bovis$)是致病性较强的牛球虫,它们寄生于牛消化道的上皮细胞。

(1)邱氏艾美耳球虫。卵囊呈亚球形或球形,平均大小为 18.6 μm×14.6 μm。淡黄色,无卵膜孔,胞质充满整个卵囊,无极体。卵囊孢子化时间为 24～72 h。

(2)牛艾美耳球虫。卵囊呈卵圆形,褐色,有卵膜孔,平均大小为 27.7 μm×20.3 μm,卵囊孢子化时间为 48～72 h。

2. **兔球虫** 种类很多,有 16 种,属艾美耳属。仅介绍如下 4 种。

(1)斯氏艾美耳球虫($E.\ stiedai$)。寄生于肝、胆管上皮细胞内。致病力最强。卵囊很大,呈长椭圆形,大小为(26～40)μm×(16～25)μm,略带淡红色,囊壁较厚,具卵膜孔。

(2)穿孔艾美耳球虫($E.\ perforans$)。寄生于肠上皮细胞内。卵囊很小,呈椭圆形,两端较钝,无色,大小为(13.3～30.6)μm×(10.6～17.3)μm,卵膜孔不明显。

(3)黄艾美耳球虫($E.\ flsvescens$)。寄生于空肠、回肠、盲肠及结肠。卵囊呈卵圆形,卵囊壁由窄端向宽端逐渐增厚,呈黄色,卵囊平均大小(28～34)μm×(20～25)μm。无外残体,孢子囊为卵圆形,有内残体和斯氏体,在宽端有明显的卵膜孔。

(4)大型艾美耳球虫(E. magna)。卵囊呈卵圆形,淡黄色,卵囊大小为(34～37)μm×(23～26)μm,有卵膜孔、内残体、外残体。卵囊壁平滑且周边呈衣领样突起。此为该种主要特征。

3. 鸡球虫 报道的有 9 个种,属艾美耳属,世界公认的有 7 个种。

(1)柔嫩艾美耳球虫(E. tenella)。寄生于盲肠,多为宽卵圆形,少数为椭圆形,原生质呈淡褐色。卵囊壁为淡黄绿色。卵囊平均大小为 22 μm×19 μm,形状指数为 1.16,裂殖体很大,直径可达 54 μm,第一代裂殖体包含的裂殖子可达 900 个,第二代为 350 个,最短孢子化时间为 18 h,最短潜隐期为 115 h(图 17-1)。

(2)巨型艾美耳球虫(E. maxima)。寄生于小肠中段。卵囊很大,是鸡球虫中最大型的卵囊,最大的卵囊达到 42.5 μm×29.8 μm。卵囊呈卵圆形,一端钝圆,一端较窄,黄褐色,囊壁浅黄色。其形状指数为 1.47。最大的裂殖体直径为 9.4 μm(图 17-2)。

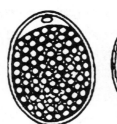

图 17-1　柔嫩艾美耳球虫卵囊

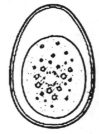

图 17-2　巨型艾美耳球虫卵囊

(3)毒害艾美耳球虫(E. necatrix)。其第一、第二代裂殖生殖在鸡小肠,第三代裂殖生殖和配子生殖在盲肠。卵囊呈卵圆形,大小为(13.2～22.7)μm×(11.3～18.3)μm,囊壁无色、光滑。具有极粒,孢子囊呈卵圆形,有斯氏体,无残体(图 17-3)。

(4)布氏艾美耳球虫(E. brunetti)。寄生于小肠后段、直肠和盲肠近端区。卵囊平均大小为 18.8 μm×24.6 μm,是鸡球虫中仅次于巨型艾美耳球虫的第二大型卵囊。形状指数为 1.31。有一极粒,无残体和卵膜孔。裂殖体直径为 30 μm。孢子化时间为 18 h,潜隐期为 120 h。

(5)早熟艾美耳球虫(E. praecox)。寄生于小肠上段 1/3 处。卵囊呈卵圆形或椭圆形,平均大小为 21.3 μm×17.1 μm,形状指数为 1.24,囊壁光滑,呈淡黄绿色,原生质无色,无卵膜孔和残体,具有极粒。孢子囊无残体(图 17-4)。

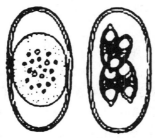

图 17-3　毒害艾美耳球虫卵囊

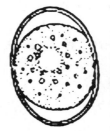

图 17-4　早熟艾美耳球虫卵囊

（6）和缓艾美耳球虫（*E. mitis*）。寄生于鸡小肠下段。卵囊较小，呈近球形，卵囊壁为淡黄绿色，有一极粒，无卵膜孔，也无残体。卵囊平均大小为 15.6 μm×14.2 μm，最短孢子化时间为 15 h（图 17-5）。

（7）堆型艾美耳球虫（*E. acervulina*）。寄生于十二指肠。卵囊呈卵圆形，大小为（17.7～20.2）μm×（13.7～16.3）μm。光滑，卵囊壁呈淡黄绿色。孢子囊呈卵圆形，有斯氏体，具有极粒，无残体（图 17-6）。

图 17-5　和缓艾美耳球虫卵囊

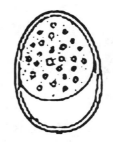
图 17-6　堆型艾美耳球虫卵囊

4. 鸭球虫　鸭球虫常见于北京鸭群中，对北京鸭具有致病力的球虫有两种（图 17-7）。

（1）毁灭泰泽球虫（*Tyzzeria perniciosa*）。寄生于小肠前段，致病力强。卵囊呈短椭圆形，较小，呈淡绿色，大小为（9.2～13.2）μm×（7.2～9.9）μm，形状指数为 1.2。无孢子囊，8 个子孢子呈香蕉状，大小为 7.2 μm×2.7 μm。

（2）菲莱氏温扬球虫（*Wenyonella philiplevinei*）。寄生于小肠，致病力弱。卵囊呈卵圆形，浅淡绿色，外层薄而透明，内层浅蓝，大小为（13～22）μm×（10～

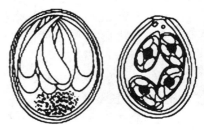
A. 毁灭泰泽球虫　B. 菲莱氏温扬球虫
图 17-7　鸭球虫卵囊

12）μm，有卵膜孔，形状指数为 1.5。孢子囊呈瓜子形，大小为 7.2 μm×4.8 μm，具有斯氏体。

（二）卵囊的分离与孢子化

1. 卵囊的分离　卵囊存在于宿主粪便和组织中。分离粪便中的卵囊较多采用饱和食盐（或硫酸镁、蔗糖等）溶液漂浮法和离心法；分离组织中的卵囊一般采用铬酸分离法和蛋白酶消化法。单卵囊分离法是指从混合虫种的卵囊中分离出单个卵囊，以获得进一步扩增所需的"克隆"卵囊。

尽管有许多分离卵囊的方法，但其基本原理是一样的，即根据卵囊与杂质相对密度的不同。对于组织中的卵囊，尚需借助消化液或酸的作用，破坏组织中的细胞，以利于卵囊的提纯。

（1）漂浮法。可用很多种溶液和很多种方法，其关键是溶液的相对密度要适当（一般为1.2 左右）。再者，溶液对卵囊的活性没有不良影响。这里介绍几种常用方法。

①糖溶液漂浮法。

A. 糖溶液的制备。称 500 g 蔗糖和 6.5 g 苯酚（或 6～7 mL 苯酚溶液）溶于 320 mL 蒸馏水中即可。此法配制的溶液也常称为 Sheather 氏糖溶液。

B. 卵囊的分离。

(a)在一容器里将粪便和 2 倍于粪便体积的自来水或生理盐水混成均匀的悬浮液。

(b)将粪便混悬液经两层粗棉布(或先经 50 目后经 100～200 目网筛)过滤到第二个容器中,再与等量 Sheather 氏糖溶液混合,而后将混合液注入离心管中。

(c)离心(3 000 r/min,3 min)。

(d)用直径略小于离心管口径的捞网(20～50 目)捞取表层浮液,抖落于另一盛水容器中。水的多少视卵囊的多少而定,卵囊多带进的糖溶液也多,应多加水稀释。

(e)离心(3 000 r/min,3 min),沉淀物即为所需卵囊。

②饱和食盐溶液漂浮法。

A. 饱和食盐溶液的配制。在 1 000 mL 开水中加食盐 380 g,充分搅拌,相对密度约为 1.18。

B. 卵囊的分离。

(a)将粪便和 5 倍于粪便体积的生理盐水搅成混悬液。

(b)将粪便混悬液经两层粗棉布(或先经 50 目后经 100～200 目网筛)过滤过到第二个容器中,并将第二个容器中的滤过液倒入离心管中。

(c)离心(3 000 r/min,3 min),弃去上清液。

(d)向沉淀中加入 10 倍的饱和盐水(先加少许,充分混匀后再加其余的盐水)充分混匀。

(e)离心(3 000 r/min,3 min)。

(f)同糖溶液漂浮法,捞取表层浮液,离心取沉淀。

③饱和硫酸镁溶液漂浮法。

A. 饱和硫酸镁溶液的配制。称 64.4 g 硫酸镁于 1 000 mL 温水中充分搅拌溶解即成。

B. 卵囊的分离。步骤同前法,只是悬浮液换为饱和硫酸镁溶液而已。鸭球虫的两个种:菲莱氏温扬球虫和毁灭泰泽球虫的卵囊在饱和食盐水中较易变形,以此法分离为佳。

④铬酸分离法。适用于从肠内容物、肠黏膜组织、肝组织、肾组织及其他组织中分离球虫卵囊。无菌条件下操作时所制备的卵囊为无菌卵囊。

A. 铬酸溶液的制备。先配好 20%的重铬酸钠溶液 100 mL 于 500 mL 锥形瓶中,然后在冰浴条件下逐渐加入硫酸 100 mL,边加边充分搅拌。用玻璃过滤器或离心方法除去其他结晶,即为所需铬酸液。

B. 卵囊的分离。

(a)将组织或肠内容物放在乳钵中充分研碎,加水充分搅拌后离心(1 500 r/min,5 min)。

(b)向沉淀物中加入 4～5 倍铬酸溶液,冰浴条件下充分搅拌,然后立即离心(1 500 r/min,5 min)。

(c)将浮液中的卵囊用吸管吸出,加入 20 倍以上的冷却水(冰水),离心(1 500 r/min,5 min),沉淀物即为卵囊。

(2)蛋白酶消化法。在分离组织中的卵囊时,常有许多组织碎块或细胞团块混杂于卵囊中或黏附于卵囊壁上,致使纯化工作十分棘手。在捣碎的组织中加入 0.5%～1%胰蛋白酶,将 pH 调到 8.0,39 ℃下消化 20 min,或者加入 0.2%胃蛋白酶(蒋建林和蒋金书,1996),将 pH 调至 2.0,在 39 ℃下消化 1 h,使卵囊分散游离出来,再依次用 200 目、300 目和 400 目网筛过滤,滤液经 2 000 r/min 离心 10 min,弃掉上清液,在沉淀中加入 1 mol/L 蔗糖溶液,2 000 r/min

离心 10 min,管上层漂浮的白色似塞子状的物质即为卵囊。将其移入装有 0.5 mol/L 蔗糖溶液的小离心管中,2 000 r/min 离心 10 min 沉淀,重复几次充分洗涤除去相对密度较小的杂质,然后加入 5％次氯酸钠,在 4 ℃下作用 10 min,最后在低浓度(0.5 mol/L)的蔗糖溶液中离心洗涤,除去小的杂质和次氯酸钠,即可得纯化的未孢子化卵囊。

(3)糖溶液梯度离心法。适用于从少量溶液中分离卵囊。

①糖溶液的制备。将 128 g 精制白糖溶解于 100 mL 水中,以此作为总量,加入 0.5％苯酚溶液,混匀作为 A 液。以 A 液为基础,再按下述混合比,制成 B、C、D 液。

B 液:3 份 A 液+1 份水,充分混合。

C 液:3 份 B 液+1 份水,充分混合。

D 液:3 份 C 液+1 份水,充分混合。

②梯度离心管的装备。用 10~50 mL 的离心管,从底部开始,轻轻将等量的 A、B、C、D 液分层次地依次加入管中。这几种液体不得相互掺混。

③卵囊的分离。

A. 将粪便混匀在 5 倍体积的水中,离心(1 000 r/min,3 min),弃去上清液。

B. 沉淀物加 1/2 体积的水,混匀后取少量放置在 D 液的上部,厚度约为 1 cm。离心(1 000 r/min,3 min)。

C. 用吸管将液层上部的液体吸掉,只将 D 液层(含卵囊)移入另外的离心管中,用大约 10 倍的水稀释后,离心(2 000 r/min,5 min)。沉淀物即为卵囊。

(4)单卵囊分离(扩增)法。

①稀释法。

A. 将粪便或组织捣碎物混匀在 20 倍体积的 2.5％重铬酸钾溶液中,置于 25~27 ℃下培养 2~7 d,至 95％的卵囊孢子化。

B. 培养物经 3 层纱布或 50 目网筛过滤。

C. 用干净的滴管吸取滤过物一小滴于载玻片上,并加一滴生理盐水稀释,使在低倍显微镜下观察时,一个视野只有 1~2 个卵囊。

D. 在显微镜下,右手持玻璃毛细吸管的尖端正对视野中的一个卵囊时,将吸管向卵囊直伸过去,卵囊随溶液吸入毛细吸管内。

E. 把毛细吸管中的液体吹落到铺有薄层琼脂的载玻片上,在显微镜下观察,确证是一个卵囊时,单卵囊分离即告完毕。

分离单卵囊的目的是进一步扩增其"克隆"卵囊,操作步骤如下:

F. 用细的解剖刀将玻片上含有单卵囊小液滴的琼脂周围划破,以小液滴为中心,将前后左右的琼脂薄膜折叠覆盖起来。

G. 将包有卵囊的琼脂团小心地喂给 1 日龄的雏鸡。

H. 感染后,雏鸡需隔离饲养。从感染后第 2 天开始,每天检查粪便,观察有无卵囊排出。

I. 收集粪便中的克隆卵囊。

②显微操作器分离法。高级显微镜都有显微操作器,可在显微视野下方便地吸取所需的单个卵囊或其他发育阶段的球虫(如孢子囊、子孢子、裂殖子、裂殖体、配子和配子体等)。

2. 孢子化　卵囊孢子化需要合适的温度和湿度及充足的氧气。

可以在分离卵囊前也可在分离卵囊后进行。因为杂质的存在影响氧气的扩散,致使卵囊摄入氧不足,发育不良,加上培养(孵化)卵囊时,细菌的生长常常竞争消耗氧气,所以,用水培养卵囊时应添加青霉素和链霉素(1 000 IU/mL),或者用具有抑菌作用的液体来培养。最好的培养液是 2.5％的重铬酸钾液。

向盛有分离卵囊的平皿中加入一定量的培养液,放在 25～28 ℃的恒温箱中培养 1～7 d。在此期间每天应轻轻搅拌培养液 3～5 次,并观察孢子发育情况,当有 80％以上的卵囊完成孢子化时,停止培养。完成孢子化的卵囊(或称成熟卵囊、感染性卵囊、孢子化卵囊)内含 4 个孢子囊,孢子囊前端的斯氏体清晰可见,孢子囊内的 2 个子孢子的折光体也清楚。如果有加氧器,则可以用生理盐水瓶或其他容器培养。孢子化卵囊应放入 10 倍体积以上的 2.5％的重铬酸钾液中,低温 3～7 ℃下保存。在这种条件下,卵囊的感染性可保持 1 年以上。

(三)鸡球虫病的诊断技术

1. **卵囊计数方法**　球虫卵囊呈圆形、椭圆形、卵圆形,垫料及粪便中的卵囊,部分已孢子化。该法主要用于计算每克粪便和每克垫料中球虫卵囊数值(OPG)或实验室内收集的卵囊悬液和球虫疫苗保存液中的卵囊数值。常用方法有以下几种。

(1)血细胞计数板计数。称取 1 g 鸡粪,溶于 10 mL 水中制成 10 倍的稀释液,经充分搅拌均匀后,取 1 滴置于血细胞计数板中,在低倍镜下计算计数室四角 4 个大方格(每个大方格又分为 16 个中方格)中球虫卵囊总数,除以 4 求其平均值,乘以 10^4 即为 1 mL 液体的卵囊数。然后乘以 10 即为 OPG 值。如果计数室四角没有大方格则用正中的一个大方格,连数几次,求其平均数,乘以 10^5 即为 OPG 值。

计算公式:OPG$=a\times10\times1/(0.1\times0.1\times0.01)=a\times10^5$。

(2)麦克马斯特氏法(McMaster's method)。取粪便 2 g 置于研钵中,先加入 8 mL 饱和盐水,搅匀,再加饱和盐水溶液 50 mL,混匀后立即吸取粪液充满两个计数室,静置 1～2 min,镜检计数两个计数室的卵囊数。计数室容积为 $1\times1\times0.15=0.15$(mL),0.15 mL 内含粪便 2/$(10+50)\times0.15=0.005$(g),两个计数室则为 0.01 g。故所得卵囊数乘以 100 即为 OPG 值。

计算公式:OPG$=a\times100$。

(3)载玻片计数。从上述的 10 倍稀释液中,取出 0.05 mL 置于载玻片上,再覆加盖玻片,计数整个盖玻片内的卵囊。

计算公式:OPG$=b\times10\times1/0.05=b\times200$。

(4)浮游生物计数板计数。从上述的 10 倍稀释液中,吸取 0.04 mL,滴于浮游生物计数板中,加 32 mm×28 mm 的盖玻片,然后数出 64 列中的 10 列所见到的卵囊数。

计算公式:OPG$=c\times10\times(1/0.04)\times64/10=c\times1\,600$。

注:a、b、c 为数到的卵囊数。

(5)铬酸卵囊计数法。先向 2～5 g 鸡粪中加入 20～30 mL 的水,经充分搅拌后,取出 2 mL 放入带刻度的离心管中(10 mL 装),进行离心(2 000 r/min,5 min)。离心后除去上清液,测出粪的容量。用 10 倍的铬酸溶液(20％重铬酸钠溶液,加入等量的硫酸,再用玻璃过滤器将析出的结晶除去后的滤液)稀释,用水管的流水不断冷却离心管的外壁,再向粪液中加入铬酸溶液,充分搅拌。因操作过程发生气泡,故静置 5 min 使气泡释出后检查为宜。

此外,由于雏鸡个体的粪便状态不尽相同,例如从粪便排出到采样的间隔时间所致干燥程度上的差异及症状轻重不同所致水分含量的差异等条件,对通过称量鸡粪计算 OPG 值具有明显影响。为此,可以采用以下方法:先将鸡粪溶于适量水中,再将粪液放入带有刻度的离心管中,通过离心(2 000 r/min,5 min),舍去上清液,通过离心管上的刻度测出沉渣的容量,再重新加水制成 10 倍的稀释液,然后计算卵囊的数量。

粪便中各种艾美耳球虫属种的鉴定是基于传统技术进行的,如根据形态学(基于形状和大小的确定)和复合显微镜观察孢子形成的时间等进行鉴定。目前,已经开发出了一种在线形态计量学数据库软件,该软件根据鸡艾美耳球虫(物种)的大小、形态和质地/粒度而设计的,名为COCCIMORPH。该软件用于鉴定艾美耳球虫种类的参数包括:曲率、几何形状和质地。

2. 病理组织显微检查方法

(1)取材。用小型外科刀从最显著的感染区域取材,每一病例中至少取两个样品,一个取自黏膜表层,另一个取自黏膜的深层。浅层刮取物的显微镜观察应该查到卵囊或其他阶段虫体,深层刮取物应该观察到内生发育阶段的虫体。

(2)显微观察。

①卵囊呈圆形、椭圆形、卵圆形。囊壁有两层,个别种较小端有卵膜孔。在组织中的卵囊内有颗粒状的孢子体。

②子孢子呈香蕉形,通常有 2 个较为明显的折光体,一前一后(偶尔无前端的折光体),结构致密、均质、无界膜。光镜下观察,折光体发亮,不透明。染色后,折光体着色深而均匀。

③滋养体呈圆球形,单个细胞核,吉姆萨染色时,核着色较深呈暗红色。

④成熟裂殖体呈圆球形,由许多香蕉形裂殖子紧凑地排列组成,类似于剥皮后的橘子外观。裂殖子一端钝圆,一端稍尖,单个细胞核位于偏中部,细胞质呈颗粒状结构,内有空泡。吉姆萨染色后核呈深红色,细胞质呈淡红色。

⑤大配子呈亚球形,细胞浆中含有一层或两层嗜酸性颗粒,由黏蛋白组成,镜下观察细胞浆呈大理石状外观。成熟小配子体近似球形,内含近千个深紫色眉毛状小配子,成熟后小配子向外散出,中央留有残体。吉姆萨染色涂片上见到的成熟配子体的细胞浆内含紫色颗粒,大小不等,白色颗粒散在核的周围,核浅红色。

⑥合子呈亚球形,大小与大配子相似,大、小配子结合后形成合子,此时大配子细胞浆中的嗜酸性颗粒即开始向周边膜下迁移,由于颗粒状物位于膜下即可与大配子区别。

3. 卵囊鉴定方法　球虫卵囊鉴定可用于确定引起感染的艾美耳球虫种。对虫体内生阶段形态不熟悉的诊断人员,最好先做涂片进行吉姆萨染色。

(1)大小。用目镜测微尺测量卵囊(至少 50 个)的长、宽,找出最大值、最小值并计算平均值。虽然卵囊的大小可能有助于确定球虫种,但任何确定种的卵囊大小总有不同,因此该法有其局限性;除巨型艾美耳球虫与和缓艾美耳球虫之外,单独用此特征鉴别虫种尚有困难。

(2)形状。柔嫩艾美耳球虫、巨型艾美耳球虫、堆型艾美耳球虫、早熟艾美耳球虫和布氏艾美耳球虫是长椭圆形到卵圆形;和缓艾美耳球虫是亚球形到球形。这些特征必须加以量化(形状指数),才能更有助于种的鉴别;其量化的公式为:形状指数＝平均长度/平均宽度。巨型艾美耳球虫卵囊壁外层有时局部呈波浪状,而其他种则光滑。这些特征有助于鉴定出该种。

(3)颜色。巨型艾美耳球虫卵囊呈醒目的金黄色,可与其他 6 个种区分(浅绿色或无色)。

(4)孢子化时间。虫种之间的孢子化时间应该在标准温度(28～30 ℃)下进行测定。粪便样品必须在排出 1 h 内收集,卵囊必须经过滤和饱和盐水漂浮后迅速从粪便中分离出来。随后悬浮在 2%～4%重铬酸钾溶液的平皿中,在 30 ℃下孵育,按规定时间间隔在显微镜下检查样品,当发育完全的孢子囊出现于第一个卵囊时记录孢子化时间。

　　4.鸡球虫感染的病变记分　病变的严重性通常是和鸡摄入卵囊数量成比例的,并且与增重和记分等指标相关。最常用的记分方法是由 Johnson 和 Reid(1970)设计的病变记分法。在临床上,病变记分对于测量感染的严重性也往往是有用的;如果在实验中,卵囊和药物的剂量都是指定的,虫种也是已知的,则病变记分是可预见的。通常需将小肠分为 4 段来记分,包括十二指肠袢的小肠上段、小肠中段(卵黄蒂上端及下端各 10 cm 的肠道)、小肠下段和直肠和盲肠。

　　(1)混合感染情况下肠道病变记分。

　　0 分,无肉眼可见病变。

　　+1 分,有少量散在病变。

　　+2 分,有较多稀疏的病变,如多处肠区被感染和有柔嫩艾美耳球虫感染引起的盲肠出血。

　　+3 分,有融合性大面积病变,一些肠壁增厚。

　　+4 分,病变广泛融合,肠壁增厚。柔嫩艾美耳球虫感染,可见大型盲肠芯;巨型艾美耳球虫感染,可见肠内容物带血。

　　(2)单个虫种感染情况下肠道病变记分。

　　①柔嫩艾美耳球虫(感染后第 5～7 天)。两侧盲肠病变不一致时,以严重的一侧为准。

　　0 分,无肉眼可见病变。

　　+1 分,盲肠壁有很少量散在的瘀点,肠壁不增厚,内容物正常。

　　+2 分,病变数量较多,盲肠内容物明显带血,盲肠壁稍增厚,内容物正常。

　　+3 分,盲肠内有多量血液或有盲肠芯(血凝块或灰白色干酪样的香蕉形块状物),肠壁肥厚明显,盲肠中粪便含量少。

　　+4 分,因充满大量血液或肠芯而盲肠肿大,肠芯中不含或含有粪渣。死亡鸡记+4 分(图17-8)。

+1	+2	+3

图 17-8　柔嫩艾美耳球虫病变记分

　　②毒害艾美耳球虫(感染后第 5～7 天)。

　　0 分,无肉眼可见病变。

　　+1 分,从小肠中部浆膜面看有散在的针尖状出血点或白色斑点,黏膜损伤不明显。

　　+2 分,从小肠中部浆膜面看有多量的出血点,也可见到中部肠管稍充气。

　　+3 分,小肠腔有大量出血,肠内容物含量少,黏膜面粗糙,增厚,有许多针尖状出血点,小肠明显增粗但长度明显缩小,浆膜面见有红色或白色斑点。

　　+4 分,小肠因严重出血而呈暗红色、褐色,大部分肠管气胀明显,黏膜增厚加剧,肠腔内充满血液和黏膜组织的碎片。从浆膜面看,在感染部位组织见到白色或红色病状,在死亡鸡只病灶为白色和黑色,呈"白盐与黑胡椒"之外观,有些情况,可见到寄生性肉芽肿,肠管增粗1倍,长度缩短1倍。死亡鸡记+4分(图17-9)。

图 17-9　毒害艾美耳球虫病变记分

③布氏艾美耳球虫(感染后第6~7天)。

0分,无肉眼可见病变。

+1分,仔细观察时疑有病变。

+2分,小肠下段增厚,肠壁呈灰色,从其上可剥下橙红色物质。

+3分,小肠壁增厚,有带血的卡他性渗出物,直肠段有横向的红色条纹,病变发生在盲肠扁桃体时,有软的黏液栓。

+4分,小肠下段可能出现广泛的凝固性坏死,病变可能扩展到小肠中段或上段,部分鸡小肠因干性坏死膜而出现皱痕以及干酪样盲肠芯。病死鸡记+4分(图17-10)。

图 17-10　布氏艾美耳球虫病变记分

④巨型艾美耳球虫(感染后第6~7天)。

0分,无肉眼可见病变。

+1分,小肠中段浆膜面隐约可见出血点,肠腔中有少量橘黄色黏液,肠管形状不见异常。

+2分,小肠中段浆膜面有多量出血点,肠腔中见有多量橘黄色黏液,肠壁增厚。

+3分,小肠充气,壁增厚,黏膜面粗糙,小肠内容物含有小血凝块和黏液。

+4分,小肠充气明显,肠壁高度增厚,肠内容物含有大量血凝块和红褐色血液。病死鸡记+4分(图17-11)。

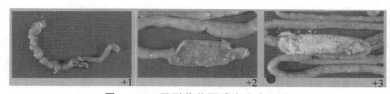

图 17-11　巨型艾美耳球虫病变记分

⑤堆型艾美耳球虫(感染后第5~7天)。

0 分,无肉眼可见病变。

+1 分,十二指肠浆膜面有散在的白色斑,每平方厘米不超过 5 处。

+2 分,白色斑增多但不融合,形成白色梯形条纹状外观,3 周龄以上的鸡,病变可扩展到十二指肠下 20 cm,肠壁不增厚,内容物正常。

+3 分,白色病灶增多且融合成片,小肠壁增厚,内容物呈水样,病变蔓延到卵黄囊憩室之后。

+4 分,被感染的肠绒毛缩短融合,使十二指肠和小肠黏膜呈灰白色,肠壁高度肥厚,肠内容物呈奶油状。死亡鸡记+4 分(图 17-12)。

图 17-12 堆型艾美耳球虫病变记分

5. 鸡球虫感染的粪便记分 在实验室感染中,粪便记分同样可用于对球虫感染程度的判断。

索勋(1997)提出,粪便记分反映群体感染球虫后有多少个体表现出粪便性状不正常的情况,但粪便记分尚无完整的记分标准系统。

(1)对于不具明显血便的球虫感染,诸如堆型艾美耳球虫、巨型艾美耳球虫、布氏艾美耳球虫、早熟艾美耳球虫与和缓艾美耳球虫的感染,对给定 12~24 h 时间范围内,0 分表示 100% 粪便正常,+1 分表示 25% 的粪便不正常,+2 分表示 50% 的粪便不正常,+3 分表示 75% 的粪便不正常,+4 分表示 100% 的粪便不正常。

(2)对于有明显血便的球虫感染,诸如柔嫩艾美耳球虫和毒害艾美耳球虫的感染,对给定 12~24 h 时间范围内,0 分表示 100% 的粪便不带血,+1 分表示 25% 的粪便带血,+2 分表示 50% 的粪便带血,+3 分表示 75% 的粪便带血,+4 分表示 100% 的粪便带血。

6. 鸡球虫病的分子检测技术 传统的球虫检测方法费时且不够稳定。近年来,分子检测技术成为鸡球虫病快速、灵敏、特异、稳定的检测方法,同样也是种、株鉴定及耐药株与敏感株间差异分析的有效方法。目前用于球虫分类、鉴定和检测的 DNA 多为 18S rDNA、28S rDNA、ITS-1、ITS-2 等。

(1)多重 PCR。可用于多种球虫的检测、鉴别和多态性分析,利于鉴别诊断 7 种鸡艾美耳球虫。ITS-1 和 ITS-2 是通过转录后从 rDNA 前体中切下的序列,被广泛应用于艾美耳球虫的鉴定,但唯一缺点是这些基因存在种内和基因组内变异,导致物种划分不佳。利用随机扩增多态性 DNA(RAPD)开发了序列特征扩增区(SCAR)引物,可用于鉴定每个艾美耳球虫物种。另外,细胞色素 c 氧化酶亚基 1(COI)有助于鸡球虫包括艾美耳球虫在内不同物种的划分。

(2)荧光 PCR。该方法适合卵囊样品大批量的诊断性筛选,优点是检测更快速、更可靠。实时荧光 PCR(qPCR)扩增 ITS-1、ITS-2 和 SCAR 标记等定量分析可应用于艾美耳球虫的鉴定及检测。

(3)DNA 序列分析。该方法需要与 PCR 相结合,通过 PCR 产物测序获得的数据来确定球虫种、株。研究显示,鸡球虫 7 个种的线粒体基因组结构非常相似,其编码基因(分别为 $cox1$、$cox3$ 和 $cytb$)种内保守,种间差异稍大。因此,球虫线粒体基因组基因编码序列一般不用作球虫种内鉴定。对艾美耳球虫进行 18S rDNA 进行 Illumina MiSeq 深度测序,该方法比内部转录间隔区(ITS)和序列特征性扩增区域(SCAR)定量 PCR 分析具有更高的灵敏度。

四、实验注意事项

(1)分离不同的卵囊时,实验过程中所用的离心管、吸管、烧杯等器皿需彻底洗净,以防污染。

(2)卵囊孢子化需要合适的温度和湿度及充足的氧气,最好的培养液是 2.5% 的重铬酸钾液。培养时,卵囊的密度不应超过 10^6 个/mL,培养液的深度不超过 0.7 cm。

(3)在卵囊计数的几种方法中,载玻片的计算方法准确,但费时。血细胞计数板计算卵囊的方法,虽然简便易行,但在卵囊数量少的情况下,误差较大,可靠性差。而浮游生物计数板的方法,介于前两者之间,具有利用价值。麦克马斯特氏法方便准确,若所测卵囊数量很多,可酌情稀释后再计数。用铬酸卵囊计数时,如果鸡粪中的杂物碎片扰乱视野,可用铬酸溶液稀释粪便,溶解杂质。

(4)鸡球虫感染的病变记分制用于阐述抗球虫药物的效果和球虫疫苗的保护效果时存在相当大的局限性,而且随检测人员的不同而有所变化,尤其重要的是球虫种的不同,如巨型艾美耳球虫的感染程度并不总是与肠道眼观病变的严重性相关。

(5)鸡球虫病是最常见的疾病,但许多诊断者很少注意肠道寄生的球虫种类的鉴别。柔嫩艾美耳球虫寄生于盲肠,比较容易鉴定。其他球虫种的鉴定需要将眼观病理变化和肠黏膜刮取物镜检识别虫体发育阶段相结合,所发现的虫体形态需要与 7 种艾美耳球虫的特征相比较。

五、实验报告

(1)绘出艾美耳属球虫孢子化卵囊的形态图,并标出其结构特征。

(2)阐述一种分离卵囊的方法,并说明该方法的优缺点。

实验十八　弓形虫病、住肉孢子虫病和结肠小袋纤毛虫病病原检查技术

一、实验目的及要求

掌握弓形虫病、住肉孢子虫病和结肠小袋纤毛虫病病原检查技术,通过对其病原的检测和鉴定,为预防、诊断和治疗寄生虫病提供科学依据。

二、实验器材

小鼠、鸡胚。

载玻片、盖玻片、浮聚瓶、滴管、铜筛、烧杯、离心机、搅拌棒、离心管、纱布、金属环、捣碎机、一次性注射器、手术剪、镊子、灭菌的培养皿、三角瓶、链霉素小空瓶、高压灭菌塞子、培养盘、蛋座、水浴锅、显微镜、PCR 自动扩增仪等。

生理盐水、碘液、饱和盐水、吉姆萨染色剂、青霉素、链霉素、Hank's 液、水解乳蛋白液或 MEM 培养液、胰蛋白酶、$NaHCO_3$、95％酒精等。

三、实验方法、步骤和操作要领

弓形虫病、住肉孢子虫病和结肠小袋纤毛虫病病原检查技术主要有以下几种方法。

(一)粪便检查法

1. 生理盐水直接涂片法　在洁净的载玻片中央加 1 滴生理盐水,用竹签或火柴棒挑取少许粪便(所需粪便仅粟米粒大),在生理盐水中均匀涂开,夹去较大的或过多的粪渣,最后使玻片上留有一层均匀的粪膜,粪膜的厚度要求是将此玻片放于报纸上,能通过粪便液膜模糊地辨认其下的字迹为合适,在粪膜上覆加盖玻片,置于显微镜下观察。因取材少,有时会发生漏诊,所以每份粪便做 3 张涂片较为准确。观察时,一般先在低倍镜下观察,遇有可疑结构再转至高倍镜下仔细辨认,光线要适当,过强的亮度不利于观察,应顺序地查遍盖玻片下的所有部分。本实验适用于结肠小袋纤毛虫滋养体的检测。结肠小袋纤毛虫滋养体一般呈不对称的卵圆形或梨形,大小为(30～180) μm×(25～120) μm,虫体前端略尖,后端略钝。

2. 碘液染色直接涂片法　将碘液滴加于载玻片上,用竹签或火柴棒挑取被检动物粪便少许(所需粪便仅粟米粒大),在碘液中均匀涂开,夹去较大的或过多的粪渣,加盖玻片,在显微镜下观察。本实验适用于结肠小袋纤毛虫包囊的检测。观察可见染色后包囊呈黄色或浅棕黄色,糖原泡为棕红色,囊壁、核仁和拟染色体均不着色。常用碘液为鲁氏(Lugol)碘液:碘化钾 10 g 溶于 100 mL 蒸馏水中,加结晶碘 5 g,溶解后贮于棕色瓶中。

3. 饱和盐水浮集法

(1)实验方法 1。取被检动物粪便约 1 g 置于浮聚瓶内(浮聚瓶为高 3.5 cm、直径 2 cm 的

圆筒形小瓶,也可以用青霉素瓶代替),加少许饱和盐水充分调匀,然后加饱和盐水至大半瓶,挑去上浮的粗渣,再用滴管加盐水至液面略高于瓶口而不外溢为止。静置(不允许挪动或摇动浮聚瓶)15～20 min,在瓶口上轻轻覆盖一洁净的载玻片,勿使产生气泡,如有较大气泡产生,应揭开载玻片加满饱和盐水后再覆盖。接着将载玻片向上提起并迅速翻转,置镜下观察。观察是否有卵囊或包囊存在。卵囊呈椭圆形,大小为(11～14) $\mu m\times$ (7～11) μm,孢子化后每个卵囊内有 2 个孢子囊,大小为 3～7 μm,每个孢子囊内有 4 个子孢子。子孢子一端尖,一端钝,其胞浆内含暗蓝色的核,靠近钝端。

(2)实验方法 2。取被检动物粪便 10 g,加饱和盐水 100 mL,混合,通过 250 μm(60 目)铜筛过滤,滤液收集于烧杯中,静置(不允许挪动或摇动烧杯)30 min,则卵囊或包囊上浮。用一直径 5～10 mm 的金属环,与液面平行接触以蘸取表面液膜,抖落于载玻片上,置于镜下观察。观察是否有卵囊或包囊存在。

饱和盐水的配制:将食盐慢慢加入盛有沸水的烧杯中并不时搅动,直至食盐不再溶解为止。100 mL 沸水需加食盐 35～40 g。

4. 33%硫酸锌离心浮集法　本实验适用于结肠小袋纤毛虫包囊的检测。取被检动物粪便 1 g,加清水 10 mL 充分搅匀,经纱布过滤转入离心管内,2 000～2 500 r/min 离心 1 min,倾去上清液,再加清水混匀,离心,如此重复 3 次。弃尽上清液,加 33%硫酸锌溶液 1～2 mL,调匀后再加此液至距管口 0.5 cm 处。以 2 000 r/min 离心 1 min,垂直放置离心管。离心机停止转动前,不能用外力刹住,以免使液体表膜震动而影响浮聚效果;离心后应立即取样检查,时间较久则结肠小袋纤毛虫包囊会变形下沉。用金属环蘸取表面液膜 2～3 次,置于载玻片上,加碘液染色并覆以盖玻片,镜检。观察可见染色后包囊呈黄色或浅棕黄色,糖原泡为棕红色,囊壁、核仁和拟染色体均不着色。

5. 35%蔗糖溶液浮集法　取被检动物粪便 5 g,加 2 倍的水混匀,经铜筛过滤,1 000 r/min 离心 5 min,弃尽上清液,加等容积 35%蔗糖溶液(含 0.8%苯酚溶液)混匀,再以 1 000 r/min 离心 10 min。用金属环蘸取液面 2～3 次,置于载玻片上,加盖玻片镜检。观察是否有包囊或卵囊存在。

(二)直接血液涂片法

本实验适用于弓形虫、结肠小袋纤毛虫和住肉孢子虫的检测。

1. 载玻片的选用　制作血涂片的载玻片要求表面光滑,清洁无油。新玻片先用清水冲洗后晾干,再浸泡于稀清洁液中 1～2 d。取出后用自来水彻底冲洗干净,最后用蒸馏水冲洗 1 次,再经 95%酒精浸泡后擦干。如果是用过的旧载玻片,则应先将玻片逐步投入沸腾的 5%肥皂水(或洗衣粉、洗涤剂的溶液)中,浸泡 1～2 h,用纱布擦洗,再以清水冲洗。待干后放入稀清洁液中浸泡 1～2 d,再用流水彻底洗净,烤干。在 95%酒精中浸泡 1 d 后擦干。已清洗的玻片要用干净无油的纸包好备用。

2. 血涂片的制作　取洁净载玻片 2 张,选一张边缘光滑平整者(最好是磨口边缘)作为推片,另一张则平置于桌上,或以左手拇指和食指夹持其两端。从被检动物耳静脉吸取 2 μL 血液,以推片一端的中央蘸取一小滴血使血滴与平置的载玻片接触。血滴必然沿推片边缘向两侧展开,随即将推片与载玻片保持 30°～45°夹角,从右向左迅速推成薄膜。也可用载玻片直接蘸取血滴,然后将推片置于血滴前方,待血液展开后再将推片迅速向前推动。操作时,血量不宜太多或太少,两玻片间的夹角要恰当,否则血膜会过厚或过薄。推片时用力要均匀,一次推成,切勿中途停顿或重复推片。质量好的血膜应呈舌形,血细胞分布均匀。

3. 染色

(1)瑞氏染色。染色前用蜡笔在血膜周围划线以防染液溢满全片,滴加瑞氏染液数滴,使之布满血膜,约 1 min 后血膜已被染剂中的甲醇固定,再加与染液等量的缓冲液或蒸馏水,轻摇载玻片,使染液与稀释液混匀。此时见有金属铜色膜上浮,3～5 min 后,用自来水从载玻片的一端冲洗(切勿先倒去染液后再用水冲洗,或使自来水直接对血膜冲洗,以防染料颗粒沉着于血膜上)。染色过程中不能使染液变干,否则也会产生大量沉渣。玻片冲洗干净后,竖立于片架上,晾干或用电吹风吹干,以便镜检。瑞氏染色时,温度与染色所需时间有密切关系,气温低时应适当延长染色时间。

(2)吉姆萨染色。血膜用甲醇固定(吸取甲醇的吸管不能有水分)。将吉姆萨原液用 pH 6.8～7.2 的缓冲液进行 1：(15～20)稀释。在血膜上滴加稀释的吉姆萨染液,染色 20～30 min(37 ℃温箱中仅需 15 min),用自来水轻轻冲洗,晾干后镜检。稀释后的染液会产生沉淀,故不宜久放,必须临用时配制。吉姆萨染色效果稳定,原虫色泽鲜明,且保存时间久,是目前染制血液涂片最可靠的染剂,尤其适用于教学、科研标本的制作。

4. 镜检　涂片染色后,在油镜下观察,可见月牙形或梭形虫体,核为红色,胞质为蓝色,即为弓形虫滋养体(速殖子)。镜检时,血膜中有一些与滋养体形态类似的物质,应注意区别。如染料小渣粒有红也有蓝,可黏附于红细胞上。或有单个的血小板附着于红细胞上,易被误认为大滋养体。但这些物体均在红细胞之上,通过调节精细螺旋可发现它们与红细胞不在同一水平。

直接涂片法检查住肉孢子虫时,采用病变组织压碎做涂片,吉姆萨染液染色,镜检。可见许多呈肾形或香蕉形,长 10～12 μm、宽 4～9 μm,一端稍尖,一端钝圆,核偏,位于钝圆一端的小体,即为住肉孢子虫的滋养体。

直接涂片法检查结肠小袋纤毛虫时,采用肠黏膜做涂片,镜检。可见结肠小袋纤毛虫滋养体一般呈不对称的卵圆形或梨形,大小为(30～180) μm×(25～120) μm,虫体前端略尖,后端略钝。

涂片时,还可选用骨髓、脑脊液、胸腹水、痰液、支气管肺泡灌洗液、眼房水、羊水等制作涂片;为了避免漏诊,1 张涂片至少要看 5 min,才能做出报告。两种染色方法比较,瑞氏染色速度快,适于检验,但较易褪色,保存时间不长。直接涂片法阳性检出率不高。

附:直接涂片法试剂配制

稀清洁液配制:工业浓硫酸 60 mL,重铬酸钾 60 g,清水 1 000 mL。先将重铬酸钾溶于冷水中,再将浓硫酸缓缓加入,边加边搅(切勿将水加入浓硫酸中,否则会发生暴沸)。

瑞氏染液配制:瑞氏染剂粉 0.2～0.5 g(根据不同批号产品的质量决定用量)置于乳钵中,加 3.0 mL 中性甘油充分研磨并逐步加入甲醇,将溶液倒入棕色瓶内,再将剩余的甲醇(总量为 97 mL)冲洗乳钵中的残留染液,全部装入瓶中。塞紧瓶口充分摇匀,置于阴暗处,在室温下放置 1～2 周(或 37 ℃温箱中 24 h),过滤后备用。

吉姆萨染液配制:吉姆萨染剂粉 1 g,甲醇 50 mL,中性甘油 50 mL。将吉姆萨染剂粉置乳钵中,加少量甘油充分研磨(磨 30 min 以上),继续加甘油边加边磨,直至加毕。然后装入烧瓶内,置 55～60 ℃恒温水浴中,时时振摇使染剂全部溶解(约需 2 h),冷却后加入甲醇,贮存于棕色瓶中,塞紧瓶口,充分摇匀。1～3 周后过滤,即为原液。配制时一定要将染粉认真磨细、磨匀,原液内切不可有水滴入,装瓶后要密封保存。配制好的原液可保存很久,且放置时间越久,染色性能越好。

(三)集虫检查法

取被检动物肝、肺、淋巴结等组织 3～5 g,研碎后加 10 倍生理盐水混匀,2 层纱布过滤,500 r/min 离心 3 min,取上清液 2 000 r/min 离心 10 min,取其沉淀做压滴标本或涂片染色(染色方法同直接涂片法)检查。本实验适用于弓形虫的检测。

(四)动物接种

取被检动物的肺、肝、淋巴结等研碎,加 10 倍生理盐水,每毫升加青霉素 1 000 IU 和链霉素 100 mg,在室温下放置 1 h,接种前振荡,待重颗粒沉底后,取上清液接种于小鼠(或家兔)腹腔,每只接种 0.5～1.0 mL。接种后观察 20 d,若小鼠出现被毛粗乱、呼吸急促的症状或死亡,取腹腔液或脏器做涂片染色镜检。初代接种的小鼠可能不发病,可用被接种小鼠的肺、肝、淋巴结等组织按上述方法制成乳剂盲传 3 代,可能从病鼠腹腔液中发现滋养体。本实验适用于弓形虫滋养体的检测。

(五)体外培养

1. 鸡胚原代细胞培养　适用于弓形虫的检测。

(1)配液。制备细胞前先在 Hank's 液中加青霉素、链霉素,使其含量为青霉素 100 IU/mL,链霉素 100 μg/mL,调整 pH 至 7.2～7.4。将胰蛋白酶液调整 pH 7.6,置于 37 ℃水浴锅中预热备用。

(2)鸡胚的取出及剪碎。将胚蛋气室端向上直立于蛋座上,用碘酊消毒气室,以消毒的镊子打去蛋壳,无菌揭去绒毛尿囊膜和羊膜,取出胚胎于灭菌平皿中。剪去头部、翅、爪及内脏,用 Hank's 液洗去体表血液,移入灭菌锥形瓶中,用灭菌剪刀剪碎鸡胚,使其成为约 1 mm³ 大小的碎块,加 5 mL Hank's 液轻摇,静置 1～2 min,使其组织块下沉。吸去上层悬液,依同法再洗 2 次,直至上悬液不混浊为止,吸干 Hank's 液留组织。

(3)消化。自水浴锅内取出预热的胰酶,按组织块量的 3～5 倍加入锥形瓶中,1 个鸡胚约需 5 mL 胰酶,锥形瓶上加塞,以免 CO_2 挥发及污染。37 ℃水浴消化约 20 min,每隔 5 min 轻轻摇动 1 次。胰酶的作用使细胞与细胞之间的氨基和羧基游离,待液体变混浊而稍稠,此时再轻摇可见组织块悬浮在液体内而不易下沉时,中止消化。如继续消化下去可破坏细胞膜而不易贴壁生长,如果消化不够,则细胞不易分散。

(4)洗涤。取出锥形瓶后静置 1 min,让组织块下沉后,吸去胰酶液,用 10 mL Hank's 液反复轻洗 3 次,以洗去胰酶,吸干上清液,留组织块。

(5)吹打。加 2 mL 含血清的 0.5%水解乳蛋白营养液或 MEM 培养液,以粗口吸管反复吹吸数次,使细胞分散,此时可见营养液混浊即为细胞悬液。静置 1 min,使未冲散的组织块下沉后,小心地将细胞悬液吸出 1 mL 于 20 mL 营养液中。

（6）细胞计数。取上述细胞悬液 0.5 mL 加入 0.1％结晶紫-柠檬酸（0.1 mol/L）溶液 2 mL，置室温或 37 ℃温箱中 5～10 min，充分振荡混合后，用毛细管吸取、滴入血细胞计数板内，在显微镜下按白细胞计数法计数，计算四角大格内完整细胞的总数。如 3～5 个聚集在一起，则按 1 个计算，然后将细胞总数按下法换算成每毫升中的细胞数。

每毫升细胞悬液细胞数＝（四大格细胞总数/4）×10^4×稀释倍数

例如：四大格的细胞总数为 284 个，而稀释倍数为 5（0.5 mL 染色液），则每毫升细胞悬液的细胞数为（284/4）×10^4×5＝ 3.55×10^6 个。

计数时，如大部分细胞完整分散，3～5 个细胞成堆，且细胞碎片很少，说明消化适度。如分散细胞少，则消化不够。如细胞碎片多，则消化过度。

（7）稀释。按照每毫升 50 万～70 万个细胞密度的标准，将细胞悬液用营养液稀释。

（8）分装培养。分装于链霉素瓶中，每瓶约 1 mL，瓶口橡皮塞要塞紧。不合适者弃去，以免漏气造成污染或 CO_2 跑掉而营养液变碱性。将细胞瓶横卧于培养盘中，于瓶上面划一直线，以表示直线的对侧面为细胞在瓶内的生长位置。瓶上注明组别、日期，置于 37 ℃温箱培养，4 h 后细胞即可贴附于瓶壁，24～36 h 生长成单层细胞。

（9）接种。吸去培养液，接种无菌处理的被检动物组织悬液，加维持液，观察细胞病变以及培养物中的虫体，如未发现虫体，盲传 3 代。涂片检查显示，早期虫体多呈卵圆形，继而出现呈椭圆形或新月形的虫体。

细胞培养对玻璃器皿洗涤要求严格，彻底洗涤后用蒸馏水冲洗，再用双蒸水冲洗，干燥灭菌后备用。所有的溶液都要用双蒸水配制，所用药品试剂要用分析纯试剂，严格要求无菌操作。

附：细胞培养所需的常用培养基与试剂

（1）Hank's 原液配制。

原液甲

NaCl	8 g
KCl	2 g
$MgSO_4 \cdot 7H_2O$	2 g
$MgCl_2 \cdot 6H_2O$	2 g
2.8％$CaCl_2$	100 mL
双蒸水	加至 1 000 mL

先将固体成分加于 800 mL 双蒸水中，加温到 50～60 ℃加速溶解；再加入 $CaCl_2$ 溶液，最后加双蒸水补足到 1 000 mL。加氯仿 2 mL，摇匀后于 4 ℃贮存。

原液乙

$Na_2HPO_4 \cdot 2H_2O$	1.2 g
$KH_2PO_4 \cdot 2H_2O$	1.2 g
葡萄糖	20 g
0.4％酚红	100 mL
双蒸水	加至 1 000 mL

将上述各物混合后使其溶解，加氯仿 2 mL，摇匀后于 4℃贮存。

（2）Hank's 工作液配制。

原液甲	1 份
原液乙	1 份
双蒸水	18 份

工作液分装于 100 mL 或 500 mL 盐水瓶中，115 ℃灭菌 10 min，使用前用 7％NaHCO$_3$ 调节 pH 到 7.2～7.6。

（3）0.4％酚红溶液配制。

酚红	0.4 g
0.1％NaOH 溶液	11.28 mL
双蒸水	加至 100 mL

将酚红置于研钵中，边磨边缓缓加 NaOH 溶液，直到所有颗粒完全溶解，置于 100 mL 量杯中，最后加双蒸水至 100 mL，摇匀后保存于 4 ℃冰箱内备用。

（4）0.5％乳蛋白水解物溶液配制。

乳蛋白水解物	5 g
Hank's 液	1 000 mL

将乳蛋白水解物放入 1 000 mL Hank's 液中，待完全溶解后，摇匀分装于 100 mL 的盐水瓶中，每瓶 95 mL，115 ℃灭菌 10 min，4 ℃贮存备用。

（5）营养液（生长液）配制。

0.5％乳蛋白水解物	95 mL
犊牛血清	5 mL
青霉素、链霉素	1 mL

将上述溶液混合后，以 7％NaHCO$_3$ 适量调节 pH 到 7.2～7.4。维持液按上述方法，加犊牛血清 2.5 mL 即成。

（6）MEM 培养液配制。

MEM 培养基一袋，加 1 000 mL 双蒸水，过滤除菌或高压灭菌，分装于 100 mL 盐水瓶中，每瓶 90 mL，用前用 7％NaHCO$_3$ 调 pH 到 7.2～7.4，并加 10％犊牛血清。

（7）双抗配制。

青霉素	100 万 IU
链霉素	1 g
Hank's 液	100 mL

将青霉素、链霉素溶解于 100 mL Hank's 溶液中，此为双抗溶液，无菌操作，分装小瓶，每瓶 1 mL，内含有青霉素 10 000 IU，链霉素 10 000 μg，低温冻结保存。

使用时每 100 mL 营养液中加双抗 1 mL，即每毫升营养液中含青霉素 100 IU，链霉素 100 μg。

（8）7％NaHCO$_3$ 溶液配制。

NaHCO$_3$	7 g
双蒸水	100 mL

将 NaHCO$_3$ 溶于双蒸水中，置于水浴锅中加热溶解，115 ℃灭菌 10 min 后，无菌操作分装小瓶，每瓶 1 mL，4 ℃保存。

(9)0.25%胰蛋白酶配制。

胰蛋白	0.25 g
Hank's 液	100 mL

将胰蛋白酶溶于 Hank's 液中,待完全溶解后,用 0.2 μm 滤膜过滤,检验无菌后才能使用。无菌分装小瓶,每瓶 5 mL,低温冻结保存。使用时,用 7%NaHCO₃ 调节 pH 到 7.6～7.8。

2. 金黄仓鼠肾单层细胞培养法　本实验适用于弓形虫的检测。采用刚断奶的金黄仓鼠肾,按常规的 0.25%胰蛋白酶 37 ℃一次消化法获得分散的肾细胞,加入由 0.5%水解乳蛋白液、7%小牛血清、0.5% NaHCO₃、青霉素 100 U/mL、链霉素 100 μg/mL 组成的生长液,使最终细胞数 50 万/mL。分装培养瓶,在 37 ℃培养 5 d,倒去生长液,接种无菌处理的被检动物组织悬液,加入维持液,其成分同生长液,但小牛血清为 15%、NaHCO₃ 为 2.5%,在 37 ℃培养,每天观察细胞情况。细胞一出现病变时,即取出镜检。如未发现虫体,盲传 3 代。涂片检查显示,早期虫体多呈卵圆形,继而出现呈椭圆形或新月形的虫体。

3. 猪肾细胞培养法　本实验适用于弓形虫的检测。细胞培养液用 45 份 199 液、45 份 Hank's 液、10 份小牛血清,青霉素、链霉素各 200 U/mL、卡那霉素 50 U/mL,以 5.6%NaOH 调节 pH 7.2。于 37 ℃培养箱中培育猪肾细胞,2 d 可长成单层,2～3 d 可传代一次。传代时,每瓶加入 10 mL 消化液(用 90 份 0.02%的 EDTA 和 10 份 0.25%胰酶,加以上抗生素,调节 pH 为 7.8),2～3 min 后,当培养瓶内细胞松散,瓶侧见到细胞界面呈不规则齿形时,立即倒去消化液;加不含牛血清的培养液清洗 1 次,以去除酶-EDTA 的作用,然后再加入少量培养液,以滴管反复搅拌细胞,让细胞均匀分散于培养液中,根据需要分装于培养瓶,加入培养液,在 37 ℃培养。选择生长良好的 2 日龄细胞,调换新鲜配制的培养液,接种无菌处理的被检动物组织悬液,每天观察细胞情况。细胞一出现病变,就取出镜检。涂片检查显示,早期虫体多呈卵圆形,继而出现呈椭圆形或新月形的虫体。

(六)尸体剖检

住肉孢子虫寄生于肌纤维间呈长圆柱形或纺锤形,灰白或乳白色,其大小差别很大,大的可长达 1～5 cm,肉眼容易发现,小的在 1 cm 以下,有的需用显微镜才能观察到。虫体多见于心肌、食道壁、咬肌、舌肌和膈肌等处。检查时取住肉孢子虫寄生最多的部位进行剖检,发现虫体时,用小镊子和小剪刀将虫体摘出,置载玻片上,剪破虫体囊壁,可见乳白色液体流出,取此液 1 滴制成薄膜涂片,待干后用甲醇固定,吉氏染液染色镜检,如见有许多呈肾形或香蕉形,长 10～12 μm、宽 4～9 μm,一端稍尖,一端钝圆,核偏位于钝圆一端的小体,即为本虫的滋养体。小的住肉孢子虫检查时,在住肉孢子虫寄生最多的部位进行取样,剪成米粒大小的肉粒,压在两张载玻片之间,置于解剖镜或低倍显微镜下检查。本实验还适用于结肠小袋纤毛虫的检测。

(七)组织学检查

本法适用于弓形虫病、住肉孢子虫病和结肠小袋纤毛虫病病原检查。

1. 取材固定　将被检动物杀死后,剪开腹腔和胸腔,依次取出肺、肝、淋巴结等,分别投入下列固定液:

Bouin 氏液：固定肺。Helly 氏液：固定肝。10％甲醛：固定淋巴结。

取材大小：0.5 cm×0.5 cm×0.2 cm 或 1.0 cm×1.0 cm×0.2 cm。

固定时间：12～24 h。

2. 洗涤

(1)Bouin 氏液固定的组织：直接入 70％酒精脱水，注意脱苦味酸。

(2)Helly 氏液固定的组织：用流水冲洗 12～24 h，至组织发白，即投入 50％酒精脱水。

(3)10％甲醛固定的组织：直接投入 50％酒精或 70％酒精脱水，不经水洗。但如果在甲醛中时间过长则仍应当用流水冲洗。

3. 脱水与透明　组织水洗后即入酒精脱水，经 50％、70％、80％、90％、95％、100％酒精脱水，其中 95％、100％酒精需重复 2 次。各级酒精的脱水时间为 45 min 到 1 h，然后入 100％乙醇：二甲苯(体积比 1∶1)中 30～40 min，再入二甲苯 2～3 次，每次 15～20 min，至组织透明为止。

在 80％酒精中组织可留存较久，在 70％酒精中组织可长久保存。

在 Helly 氏固定液中固定的组织，注意在 70％酒精中加入 0.5％碘酒以去汞。

4. 透蜡　透明后，将组织投入二甲苯：石蜡(体积比 1∶1)内 20～30 min，然后入纯蜡Ⅰ、Ⅱ、Ⅲ、Ⅳ中，每杯需 30～60 min。

5. 包埋　包埋可用 L 形金属包埋框，但最常用的是纸盒。

6. 修切蜡块、固着蜡块　把包有组织块的长条蜡块，用单面刀片分割成以组织块为中心的正方形或长方形，然后在蜡块底面(即切面)修成以组织块为中心、组织块边距为 2 mm，高 3～5 mm 的正方形或长方形蜡块，把修整齐的蜡块固定于金属台座或木块上。

7. 切片　切片的厚度一般为 4 μm。

8. 贴片、烤片　贴片可采用水内捞取法。烤片在温箱内进行。

9. 染色(采用间接免疫荧光法)

(1)石蜡切片经常规处理至水，然后入 0.01 mol/L PBS(pH 7.2)中充分洗涤。

(2)用吸管或滴管或移液器等滴加未标记的经适当稀释的抗体液，使其扩布于整个组织片表面，将载玻片放入湿盒中，加盖，在 37 ℃作用 30 min，或在 4 ℃下放置 12～24 h，使发生抗原(Ag)抗体(Ab)反应，弃去作用液。

(3)用室温的 PBS 充分洗净，换液 3～4 次，每次 5 min。

(4)滴加荧光素标记的二抗，将标本放入湿盒内，37 ℃作用 30 min，倒去作用液。

(5)用 PBS 冲洗 3～4 次，每次 5 min。

(6)甘油缓冲液封固。

(7)用荧光显微镜观察或暂存冰箱内过夜。

10. 镜检　将染色后的标本片置荧光显微镜下观察，先用低倍物镜选择适当的标本区，然后换高倍物镜观察。以油镜观察时，可用缓冲甘油代替香柏油。

本实验应设以下对照：①自发荧光对照。②荧光抗体对照。③阳性对照。④吸收实验。⑤阻滞实验。

结果判定标准：＋＋＋＋　黄绿色闪光荧光

　　　　　　　＋＋＋　　黄绿色亮荧光

　　　　　　　＋＋　　　黄绿色荧光较弱

　　　　　　　＋　　　　　　仅有暗淡的荧光
　　　　　　　－　　　　　　无荧光

使用荧光显微镜应注意以下问题。

　　①应在暗室或避光的地方进行操作,荧光显微镜安装调试后,最好固定在一个地方加盖防护,勿再移动。

　　②制备标本的载玻片越薄越好,应无色透明。涂片也要薄些,太厚不易观察,发出的荧光也不亮。

　　③标本检查时如需用油镜,可用无荧光的镜油、液体石蜡或缓冲甘油代替香柏油。放载玻片时,需先在聚光器镜面上加一滴缓冲甘油,以防光束发生散射。

Bouin 氏液的配制:

苦味酸饱和水溶液(0.9%～1.2%)	75 mL
甲醛(37%～40%)	25 mL
冰醋酸	5 mL

Helly 氏液的配制:

氯化汞	5 g
重铬酸钾	2.5 g
蒸馏水	100 mL
甲醛(40%)	5 mL

配制时先将氯化汞、重铬酸钾溶于水中,加温使其溶解,冷后过滤,贮于棕色瓶中。临用时取此液 95 mL,加甲醛 5 mL,即为 Helly 氏液。

(八)聚合酶链式反应

　　聚合酶链式反应(PCR),是指在 DNA 聚合酶催化下,以母链 DNA 为模板,以特定引物为延伸起点,通过变性、退火、延伸等步骤,体外复制出与母链模板 DNA 互补的子链 DNA 的过程。PCR 是一项 DNA 体外合成放大技术,能快速特异地在体外扩增任何目的 DNA。①变性:加热使模板 DNA 双链间的氢键断裂而形成两条单链。②退火:突然降温后模板 DNA 与引物按碱基配对原则互补结合,此时也存在两条模板链之间的结合,但由于引物的浓度高、结构简单等特点,从而使主要的结合发生在模板与引物之间。③在 DNA 聚合酶和 4 种脱氧核糖核苷三磷酸及 Mg^{2+} 存在的条件下,以引物 $3'$ 端为起始点,催化 DNA 链延伸。以上三步为一个循环,每一个循环的产物可以作为下一个循环的模板。因此,扩增产物的量以指数方式增加。理论上,经过 n 次循环特定片段扩增 2^{n-1} 倍。考虑到扩增效率不可能100%,实际上要少些,通常经 25～30 次可扩增目的片段约 10^5 倍,这个量可满足分子生物学研究的一般要求。本实验适用于弓形虫的检测。

　　1. 被检动物组织样品的采集　采集肺和肺门淋巴结。

　　2. 被检动物组织内模板 DNA 的提取　取肺及肺门淋巴结组织各 1 g,去掉筋膜,剪碎放入 2 mL 离心管,加入 1 mL 裂解液,以匀浆器研磨成细胞匀浆,加入蛋白酶 K 使其终浓度为100 μg/mL,55 ℃水浴 2 h,不时振荡摇匀。水浴结束后,加入等体积苯酚-氯仿-异戊醇(体积比 25∶24∶1),上下缓慢颠倒 10 次,室温下,12 000 r/min 离心 5 min。吸取上层水相,置于另一 1.5 mL 离心管中,加入等体积氯仿-异戊醇(体积比 24∶1),轻轻混匀,12 000 r/min 离心

5 min。吸取上层液相,置于另一 1.5 mL 离心管中,加入等体积氯仿,轻轻混匀,12 000 r/min 离心 5 min。吸取上层液相,置于另一 1.5 mL 离心管中,加入 2 倍体积的无水乙醇,置于－20 ℃ 15 min 以上,沉淀 DNA。取出离心管,4 ℃下 12 000 r/min 离心 2 min,取上清液。加入 70% 乙醇至管的 2/3 体积,轻弹离心管。4 ℃下,12 000 r/min 离心 2 min,弃上清液。将 DNA 沉淀溶于 30 μL TE 缓冲液中,加 1 μL RNA 酶。置于－20 ℃保存备用。

3. 引物设计

(1)据 J. L. Burg 提供的 B1 基因设计并合成如下引物。

上游引物为 5'-GGAACTGCATCCGTTCATGAG-3'(694～714 bp);

下游引物为 5'-TCTTTAAAGCGTTCGTGGTC-3'(887～868 bp)。

该引物扩增片段长度为 194 bp。

(2)据 J. T. Ellis 的报告设计并合成如下引物。

上游引物为 5'-CGCTGCAGGGAGGAAGACGAAAGTTG-3';

下游引物为 5'-CGCTGCAGACACAGTGCATCTGGATT-3'。

该引物来自弓形虫基因组 DNA,具有 200～300 个拷贝的片段,PCR 产物的长度 529 bp。

4. PCR 扩增

(1)根据 PCR 反应试剂盒说明书,配制 PCR 反应体系,见表 18-1。

表 18-1　PCR 反应体系的配制

试剂 25 μL 反应体系		试剂 25 μL 反应体系	
10×PCR 缓冲液	2.5 μL	Taq 酶	0.125 μL
dNTP	2 μL	DNA 模板	1 μL
上游引物,10 μmol/L	1 μL	去离子水	补充至 25 μL
下游引物,10 μmol/L	1 μL		

注:Taq 酶的体积可以忽略。

(2)PCR 反应条件。PCR 反应体系加好、混匀后按以下条件进行扩增:

①94 ℃预变性　　　7 min
②94 ℃变性　　　45 s
③56 ℃退火　　　1 min　重复 30 个循环
④72 ℃延伸　　　1 min
⑤72 ℃延伸　　　7 min

5. 鉴定 PCR 扩增结果　7 μL PCR 反应液于 0.8% 琼脂糖凝胶电泳,在凝胶成像系统下鉴定扩增结果。

每次实验分别设置阳性对照(模板 DNA 是已知 NT 株弓形虫 DNA)、阴性对照(模板 DNA 是已知非弓形虫 DNA)及空白对照(不加任何模板 DNA)。

四、实验报告

总结弓形虫病、住肉孢子虫病和结肠小袋纤毛虫病病原检查方法的步骤及操作要领。

实验十九　弓形虫病血清学诊断技术

一、实验目的及要求

掌握弓形虫病血清学诊断技术,通过对弓形虫的检测和鉴定,为预防、诊断和治疗弓形虫病提供科学依据。

二、实验器材

弓形虫虫株、小鼠。

恒温箱、离心机、G_3 砂芯漏斗、纤维素滤膜、试管、载玻片、盖玻片、显微镜、荧光显微镜、冰冻切片机、吸管、湿盒、微量血凝试验 V 形反应板、微量加样器、无菌试管、一次性灭菌注射器、冰箱、胶乳试验玻璃板、常规石蜡切片机、染色缸、水浴锅、ELISA 板等。

血清、无菌生理盐水、胰酶、美蓝染液、PBS、弓形虫诊断制剂抗原(IHA 抗原)、碘酒、70％酒精、5％柠檬酸钠、DAB、Tris 盐酸、牛血清白蛋白(BSA)等。

三、实验方法、步骤和操作要领

弓形虫病血清学诊断技术主要有以下几种。

(一)美蓝染色试验

美蓝染色试验(DT)由 Sabin 和 Feldman 首创,是一种检测弓形虫感染的独特血清学技术,根据抗体效价可区分感染时期,其特异性强、敏感性好已被普遍认可。原理是活的弓形虫速殖子与正常血清混合,在 37 ℃作用 1 h 或室温数小时后,大部分滋养体由原来的新月形变为圆形或椭圆形,细胞质对碱性美蓝具有较强的亲和力而被深染。但当弓形虫与含特异性抗体和补体(辅助因子)的血清混合时,虫体受到抗体和补体的协同作用而变性,对碱性美蓝不着色。计算着色与不着色虫体比例即可判断结果。

1. 辅助因子　存在于健康人血清中,不耐热。并非每个健康人的血清都含有这种辅助因子,用作辅助因子的血清需预先筛选,大约 6 个人中有 1 个人能用。测试方法是取弓形虫诊断制剂抗原(IHA 抗原)0.12 mL,加待测血清 0.08 mL,混合后于 37 ℃作用 1 h,冷却,加入碱性美蓝染液 0.1 mL,混匀,静置 10 min,吸出镜检 100 个游离虫体,若 90 个以上虫体着色,则该血清可用。含辅助因子血清可分装后于－20 ℃保存备用。

2. 抗原制备　采取人工感染弓形虫 72 h 后的小鼠腹水,加生理盐水反复离心洗涤 2～3 次(3 000 r/min 离心 10 min)后,用生理盐水混悬稀释至 400～600 倍,镜检时,每个视野含虫体 30～40 个,即每毫升混悬液含弓形虫约 500 个。也可将小鼠腹腔悬液用胰酶消化,经 G_3 砂芯漏斗或纤维素滤膜过滤纯化,所获虫体用辅助因子血清稀释至每高倍视野 50 个左右虫体,即为抗原液。

3. 碱性美蓝染液　美蓝 10 g,加入 95％乙醇溶液 100 mL,滤纸过滤,取 3 mL 加 pH 11 的碱性缓冲液(0.53%Na₂CO₃ 9.73 mL,1.91%Na₂B₄O₇ 0.27 mL)10 mL。碱性缓冲液临用前配制。

4.待检血清 新鲜血清需经 56 ℃ 30 min 灭活,或直接用生理盐水倍比稀释后,每管0.1 mL,4 ℃中保存次日使用。

5.检测 将被检血清用生理盐水倍比稀释至 1∶256,然后各取 0.1 mL 分别置于试管内,各加辅助因子 0.2 mL,再加抗原 0.1 mL。置于 37 ℃中孵育 12 h,取出待冷;滴加美蓝染液 2～4 滴,振荡 5～6 min,自每管取悬液 1 滴涂片,加盖玻片镜检。分别镜检计数各管内 100个游离虫体着色和未着色的比例判定结果。另设阳性对照和阴性对照管,前者以阳性血清代替被检血清并同样稀释,后者以生理盐水代替被检血清。

6.结果判定 在阳性对照虫体全部不着色、阴性对照 90%以上虫体着色的情况下,对被检血清管进行判定。计算各管不着色虫体的百分比,以 50%虫体不着色管的血清稀释度为该份被检血清的最高抗体滴度。一般认为,抗体滴度 1∶8 为隐性感染;1∶256 为活动性感染;1∶1 024 以上为急性感染。

DT 所测抗体是虫体表膜抗原诱导的特异性抗体。本试验易与住肉孢子虫抗血清发生交叉反应;操作中需用活虫。辅助因子血清筛选较烦琐。

(二)荧光抗体试验

荧光抗体(FA)试验将血清学的特异性和敏感性与显微技术的精确性结合起来,解决了生物学上的许多难题。其原理是:用荧光素对抗原或抗体进行标记,然后用荧光显微镜观察所标记的荧光以分析示踪相应的抗体或抗原的方法。

1.直接荧光抗体试验

(1)标本制备。

①切片制备。取被检动物腹股沟淋巴结压印片,冷丙酮 4 ℃固定 10 min。

②洗涤。将固定好的压印片用 0.01 mol/L pH 7.2～7.4 PBS 漂洗 5 次,每次 3 min,吹干。

(2)直接染色。

①在压印片上滴加用 0.01 mol/L pH 8.0 PBS 稀释的 1∶16 的荧光标记特异抗体。

②放于湿盒内,37 ℃经 30 min 孵育。

③用 0.01 mol/L pH 7.2～7.4 PBS 漂洗 5 次,每次 3 min,吹干。

④用 0.01%偶氮蓝液复染,在滴加后立即洗去,并吹干。

⑤载玻片上加缓冲甘油并覆以盖玻片封片。

⑥置于荧光显微镜下立即观察。

⑦结果判定标准:＋＋＋＋ 黄绿色闪光荧光

＋＋＋ 黄绿色亮荧光

＋＋ 黄绿色荧光较弱

＋ 仅有暗淡的荧光

－ 无荧光

2.间接荧光抗体试验

(1)标本制备。

①切片制备。将冰冻的被检动物腹股沟淋巴结进行切片,冰冻切片置于载玻片上,用 $-30\ ℃$ 丙酮 $4\ ℃$ 固定 30 min。

②洗涤。将固定好的切片用 0.01 mol/L pH 7.2~7.4 PBS 漂洗 5 次,每次静置 3 min,拍干。

(2)间接染色。

①一抗作用。在晾干的标本片上滴加弓形虫抗体,置于湿盒,$37\ ℃$ 作用 30 min。

②洗涤。以吸管吸取 PBS 冲洗标本片上的弓形虫抗体,后置于大量 PBS 中漂洗,共漂洗 5 次,每次 3 min。

③二抗染色。滴加荧光抗体,置于湿盒,$37\ ℃$ 染色 30 min。

④洗涤。以吸管吸取 PBS 冲洗标本片上的荧光抗体,后置于大量 PBS 中漂洗,共漂洗 5 次,每次 3 min。

⑤晾干。将标本片置于晾片架上晾干。

⑥镜检。将染色后的标本片置于荧光显微镜下观察,先用低倍物镜选择适当的标本区,然后换高倍物镜观察。以油镜观察时,可用缓冲甘油代替香柏油。

本试验应设以下对照:①自发荧光对照。②已知阳性对照。③已知阴性对照。

结果判定。同直接荧光抗体试验。

(三)间接血凝试验

间接血凝试验(indirect hemagglutination assay,IHA)也称被动血凝试验,其操作简单、价格低廉、敏感性高、特异性强,宜作为辅助诊断、流行病学调查的方法。反应原理是:将可溶性抗原致敏于红细胞表面,用于检测相应抗体,在与相应抗体反应时出现肉眼可见凝集。

(1)弓形虫抗原的制备。取小鼠,以碘酒和 70% 酒精消毒小鼠腹部皮肤,腹腔接种弓形虫速殖子,4 d 后乙醚麻醉或颈椎脱白法处死小鼠,以碘酒和 70% 酒精消毒腹部皮肤,向腹腔内注入无菌生理盐水 3~4 mL,轻揉腹壁,再抽取腹腔液,2 500 r/min 离心 15 min,倾去上清液,在沉淀中加 10 倍 pH 7.2 PBS,振荡混匀,$4\ ℃$ 过夜,10 000 r/min $4\ ℃$ 离心 1 h,取上清液加等量 1.7% 盐水。$-20\ ℃$ 以下保存备用。

(2)绵羊红细胞的鞣化。

①绵羊红细胞的采集和处理。以碘酒和 70% 酒精消毒健康绵羊颈部皮肤,用 5 mL 的一次性灭菌注射器采集全血 2~3 mL,快速注入含有 0.2~0.3 mL 5% 柠檬酸钠的试管内,轻轻摇匀。2 000 r/min 离心 10 min,加入 0.15 mol/L pH 7.2 PBS 适量进行洗涤,2 000 r/min 离心 10 min,再加入 0.15 mol/L pH 7.2 PBS 适量进行洗涤。如此反复洗涤 3 次,用 PBS 配成 2.5% 的红细胞悬液。

②绵羊红细胞的鞣化。在 2.5% 的红细胞悬液中加入含 1% 鞣酸的 0.15 mol/L pH 7.2 PBS 使鞣酸的终浓度为 1/10 000 或 1/20 000,$37\ ℃$ 水浴 15 min,用 PBS 洗涤 3 次,再加 PBS 配成 2.5% 鞣化红细胞。

(3)抗原致敏鞣化的绵羊红细胞。将 2.5% 鞣化红细胞 1 份,抗原液 1 份,pH 6.4 的 PBS 液 4 份混合,摇匀后室温下放置 15 min,加 1% 正常兔血清后,2 000 r/min 离心洗涤 2 次,再用 PBS 配成 2.5% 的红细胞悬液。$4\ ℃$ 下保存备用。

（4）待检血清的采集与处理。取待检血清0.5 mL置于试管中，加入1%正常兔血清1.5 mL，56℃灭活30 min，加入未致敏的绵羊红细胞2 mL，4℃过夜。

（5）间接红细胞凝集试验的操作步骤。取处理后的待检血清做倍比稀释，于96孔V形反应板中每孔加入上述倍比稀释的待检血清50 μL，然后加入致敏的绵羊红细胞悬液50 μL，37℃作用2 h以上，观察结果。以1∶64的稀释度出现50%凝集者判为阳性。同时设阳性对照和阴性对照。

（6）结果判定。

①红细胞呈膜状均匀沉于孔底，中央无沉点或沉点小如针尖，判为"＋＋＋＋"。

②红细胞呈膜状沉着，但颗粒较粗，中央沉点较大，判为"＋＋＋"。

③红细胞部分呈膜状沉着，周围有凝集团点，中央沉点大，判为"＋＋"。

④红细胞沉积于中心，周围有少量颗粒状沉着物，判为"＋"。

⑤红细胞沉积于中心，周围无沉着物，分界清楚，判为"－"。

⑥结果判定：以出现"－"孔的血清最高稀释倍数定为本间接血凝试验的凝集效价。小于或等于1∶16判为阴性；1∶32判为可疑；等于或大于1∶64判为阳性。

兔血清要事先用绵羊红细胞吸收其非特异性凝集素。抗原致敏鞣化的绵羊红细胞，在6个月内有效。

（四）胶乳凝集试验

胶乳凝集（LA）试验是在特定条件下将寄生虫抗原与胶乳相连接，使成为颗粒型抗原，这种抗原与寄生虫感染者血清中特异性抗体结合后，即形成抗原抗体复合物，在有适当电解质存在的条件下，经过一定时间，胶乳颗粒即凝集在一起，显示肉眼可见的凝集团块，即为阳性反应，否则为阴性反应。

1. 弓形虫抗原的制备

（1）弓形虫腹水的制备。小鼠是获得弓形虫最令人满意的动物模型。小鼠一般在感染速殖子后的4 d左右因发病而死亡，此时速殖子大量繁殖并散在于腹腔液中，在其病死前处死，先注入1 mL灭菌生理盐水，吸出腹腔液，再用生理盐水洗涤1~2次（有出血者弃去），这样可获得大量的速殖子。一般认为感染后3 d内收集腹水最为适宜，此时白细胞数较少，容易纯化。

（2）速殖子纯化方法。

①胰蛋白酶消化法。将小鼠腹水3 000 r/min离心5 min，弃去上清液，加入20倍量体积0.25%的胰蛋白酶消化液，37℃消化30 min，0.15 mol/L pH 7.2 PBS离心、洗涤3次，沉淀再重复消化洗涤1次，取滤液置于血细胞计数板上镜检，对弓形虫速殖子、白细胞进行计数。

②微孔滤膜过滤法。将小鼠腹水3 000 r/min离心5 min，弃上清液，加入适量0.15 mol/L pH 7.2 PBS，制成虫体悬液，将此悬液加入装有3 μm微孔滤膜的滤器，收集滤液，取滤液置于血细胞计数板上镜检，对弓形虫速殖子、白细胞进行计数。

③植物血凝素（PHA-P）法。将小鼠腹水3 000 r/min离心5 min，弃上清液，加入适量0.15 mol/L pH 7.2 PBS，制成虫体悬液，然后加入植物血凝素，使植物血凝素的终浓度为0.005%。室温下放置30 min。尼龙纱布过滤，取滤液置于血细胞计数板上镜检，对弓形虫速殖子、白细胞进行计数。

选择虫体回收率、白细胞清除率高以及非特异性可溶性蛋白少的纯化方法作为抗原纯化方法。

（3）弓形虫抗原的制备。取纯净的弓形虫速殖子，加灭菌双蒸水，混匀，经超声波粉碎或反复冻融 5 次，经 10 000 r/min 离心 30 min，取上清液加等量 1.7% NaCl 溶液即为可溶性抗原。

2. 胶乳及胶乳抗原制备

（1）羧化聚苯乙烯胶乳及其衍生物的制备。

① 羧化聚苯乙烯胶乳制备。在苯乙烯的乳液聚合过程中加入丙烯酸单体，可获得带有羧基的聚苯乙烯胶乳。各组分的质量比为：水：苯乙烯：丙烯酸＝180：20：0.9，引发剂为过硫酸钾，乳化剂为 10～14 烷基苯基磺酸钠。应用上述方法所制备的羧化胶乳的浓度约 0.5%，它的直径为 0.5～0.6 μm，为较适宜的胶乳颗粒大小。

② 羧化聚苯乙烯衍生物制备。为提高胶乳颗粒结合蛋白分子的反应能力，可通过碳化二亚胺反应，将 ε-氨基己酸与胶乳相连接，即为羧化聚苯乙烯衍生物。

③ 胶乳抗原制备。通过碳化二亚胺反应，将弓形虫抗原的氨基与羧化聚苯乙烯胶乳衍生物的末端羧基相连接。交联时，抗原浓度为 0.3 mg/mL，室温反应 2 h。离心洗涤后，悬浮于含 0.1% 叠氮钠的 0.05 mol/L pH 7.6 磷酸缓冲液中，即为胶乳抗原。它的胶乳浓度为 10 mg/mL。这种颗粒型抗原保存于 4～6 ℃ 中，备用。

（2）重氮胶乳抗原制备。先将 5% 氨基聚苯乙烯胶乳重氮化，然后使重氮胶乳在酸性条件下，加入等体积抗原。置于 37 ℃ 缓慢搅拌 10 h，以 8 000g 离心 10 min，弃去上清液。抗原体积 1/2 加入 20% 间苯二酚（0.2 mol/L pH 8.3 GBS），混合后，静置 2 h，用上述 GBS 以 8 000g 离心 10 min，共 3 次，最后使成 2% 胶乳抗原，并加硫柳汞防腐，保存于 4 ℃，备用。临用前加等体积 pH 7.4 PBS，使其成 1% 浓度，用于检测。

3. 操作方法　吸取已用生理盐水做 1：10 稀释的待检血清约 50 μL，置于胶乳试验玻璃板上，加入胶乳抗原约 50 μL，轻轻摇动，使其充分混匀，5 min 后观察反应结果。每次检测时，均用阴性和阳性参考血清作为对照。凡 LA 阳性者的血清，应进一步做倍比稀释，以确定其抗体滴度。

4. 反应标准　阳性反应：呈现清晰的凝集颗粒。阴性反应：不呈现凝集颗粒。

胶乳抗原保存于 4 ℃ 中，避免冰冻，有效期可达一年。试验时，将反应板摇动后，若发现待测样本相互混杂者，需重做。观察反应结果时，应在光亮处进行。

（五）放射免疫试验

放射免疫试验是将放射性同位素检测的高灵敏度与抗原抗体反应的高特异性相结合的一种免疫标记测定技术。其原理是待检标本中某微量抗原与用放射性同位素标记的该种抗原（Ag*）竞争结合有限量的特异性抗体（Ab），并形成抗原抗体的可溶性复合物 Ag-Ab 和 Ag*-Ab，直至达到平衡状态。

1. 加样　先将各浓度标准品和待检动物标本分别加在小试管中，再顺序加入标记抗原和特异性抗体，恒温作用一定时间，让其充分竞争结合。

2. 加分离剂　分离剂实际上是一种沉淀剂（目的是将抗原抗体复合物与游离的标记抗原分开）。常用的分离剂有抗免疫球蛋白抗体（抗抗体）、聚乙二醇、硫酸铵、含葡萄球菌 A 蛋白（SPA）的金黄色葡萄球菌、活性炭等。向溶液中加入分离剂，然后离心。

3. 测定放射性强度　分别测定上清液和沉淀物中的放射性强度(用液体闪烁计数仪),可计算出结合态的标记抗原(B)与游离态的标记抗原(F)的比值(B/F),或计算出其结合率$[B/(B+F)]$。

4. 绘制标准曲线　以标准品浓度为横坐标,与之相应的结合率或 B/F 值为纵坐标绘制标准曲线,以测定管的放射性强度测得值[仍是 $B/(B+F)$ 或 B/F],在标准曲线上查出相应的待测抗原的含量。

放射免疫测定(RIA)所用试剂均由专业单位制成成套试剂盒供应,根据检测对象选用相应的试剂盒。试剂盒内一般含有标准品、标记抗原、特异性抗体、分离剂和稀释剂等,可按照说明书上的操作程序进行,具体操作方法因检测项目不同而异。

(六)间接辣根过氧化物酶免疫组化方法

1. 病料采集　采集心、肝、脾、肺、肾、脑、肌肉、肺门淋巴结、肠系膜淋巴结等组织。

2. 兔抗弓形虫抗体的制备

(1)弓形虫抗原的制备。参照胶乳凝集试验。

(2)家兔免疫。取健康家兔,首次在家兔两后脚足垫部注射 0.5 mL 弗氏完全佐剂进行基础免疫,2 周后进行抗原免疫,每只家兔用抗原 0.4 mL 加等体积弗氏完全佐剂充分乳化后,在家兔两后脚足垫部注射。1 周后,进行第二次免疫,每只家兔用抗原 0.4 mL 加等体积弗氏不完全佐剂充分乳化后,在家兔踝淋巴结注射免疫。1 周后,进行第三次免疫,操作与第二次免疫相同,免疫 1 周后,取兔耳静脉血 1 mL 离心,分离血清,用琼扩试验测定免疫血清效价,若血清效价在 1∶8 以上,最后在兔耳静脉注射 0.2 mL 抗原进行强化免疫,4 d 后,心脏、颈静脉采血,分离血清。

(3)抗体粗提。免疫血清加等量 pH 7.0～7.2 的 0.01 mol/L PBS,滴加饱和硫酸铵溶液至 50% 浓度,静置 3～4 h 后 4 000 r/min 离心 15 min,弃去上清液,沉淀物加 PBS 至原血清量,再用 33% 饱和硫酸铵溶液重复离心 3 次,每次静置 30 min,4 000 r/min 离心 15 min,最后的沉淀物加少量的 PBS 洗涤,装入透析袋中,袋口严密扎紧,先用自来水流动透析 5 min 左右,再置于生理盐水或 pH 7.4 的 0.01 mol/L PBS 中透析 72 h,透析液的量至少相当于蛋白质溶液的 100 倍,其间换透析液 3 次。透析情况以 1% $BaCl_2$ 溶液和纳氏试剂检查,要求完全去除硫酸根离子和铵离子,必要时可使用葡聚糖 G50 去除。粗提后血清－20℃ 保存备用。

3. 苏木素-伊红染色(HE 染色)　切片烘烤后,经过二甲苯脱蜡、高浓度酒精到低浓度酒精,回归到水洗,HE 染色,中性树胶封片,光学显微镜观察病理组织变化。

4. 组织切片辣根过氧化物酶染色方法操作步骤　采集组织,置于 10% 福尔马林中固定,梯度酒精脱水(浓度由低到高)、二甲苯透明、浸蜡、包埋、切片 4 μm、烘片、脱蜡及水洗后 4 ℃ 保存备用。用含 0.5% 过氧化氢甲醇处理 30 min,0.1% 胰蛋白酶消化 10 min,滴加 1% BSA 封闭液,37 ℃ 湿盒内封闭 30 min,加兔抗弓形虫抗体,37 ℃ 湿盒温育 1 h,洗涤 3 次,每次 5 min,加酶标记二抗,37 ℃ 湿盒温育 1 h,洗涤 3 次,每次 5 min,加 DAB 避光显色反应 5～8 min,置于蒸馏水浸洗、苏木素衬染、中性树脂封片,光镜下观察结果。

5. 结果的判定　在被检动物的多个组织内观察到被染成棕褐色的弓形虫速殖子存在于巨噬细胞或组织细胞中,形成假包囊。在组织的坏死区内或周围可见散在的游离于组织内被染成棕褐色的单个或成对存在的弓形虫速殖子。

(七)间接酶联免疫吸附试验

间接酶联免疫吸附试验(间接 ELISA)可检查抗原、抗体或免疫复合物,操作简单,具有高度特异性和敏感性,且简便经济,结果可定量,适于批量样品的检测。其原理是已知抗原与酶结合,仍保持其免疫学及生物化学特性,然后与待测样本中的抗体反应,形成酶标记的免疫复合物,如遇相应底物,即产生颜色反应,颜色深浅与样本中相应抗体的量成正比,故可检测样本内相应抗体的有无及量的多少。

1. 弓形虫抗原的制备　参照胶乳凝集试验。

2. 实验步骤

(1)包被。以 pH 9.6 的碳酸盐缓冲液稀释已知抗原(常用 5～10 μg/mL)。每孔 200 μL(包被反应板),37 ℃湿盒温育 2～3 h 或 4 ℃过夜。

(2)洗涤。弃去包被液,反应板用 0.1 mol/L pH 7.4 PBS Tween-20 液冲洗 3 次,每次 3 min,甩干。

(3)封闭。每孔加入 100 μL 封闭液进行封闭,37 ℃ 1 h,甩去孔底液体,PBST 洗涤 3 次,每次 3 min。

(4)加被检动物血清及酶标二抗。用血清稀释液稀释血清(起始浓度>100^{-1}),每孔 200 μL,37 ℃孵育 1 h。弃去孔底液体,如(2)冲洗,甩干后加稀释的酶标二抗,每孔 200 μL,37 ℃孵育 1～2 h。

(5)加底物显色。如(2)冲洗甩干反应板,即刻加入新配制的底物溶液,每孔 200 μL,置于暗盒 37 ℃显色 20 min。

(6)终止反应。辣根过氧化物酶-邻苯二胺(HRP-OPD)系统每孔加入 2 mol/L H_2SO_4 50 μL。

(7)结果判定。目测或用酶标检测仪在 490 nm 波长段测定吸光值(OD 值)。

每块板均设阳性对照、阴性对照各两孔和空白对照一孔,以空白孔调零,490 nm 波长测定 OD 值。如样品 OD 值/阴性对照值≥2.1,则判为阳性;如样品 OD 值/阴性对照值<2.1 判为阴性。

近年来随着分子生物学技术的应用,重组抗原取代天然抗原作为诊断抗原,省去抗原制备的烦琐过程,从而达到经济、特异和安全的目的,使血清学方法有了更广泛的应用前景。

(八)ABC-ELISA

ABC-ELISA 原理:抗生物素蛋白(avidin)与生物素(biotin)之间有极强的亲合力,至少要比抗原和抗体之间的结合高 1 万倍,且两者结合迅速而稳定,故用于免疫标记技术中,可提高检测的灵敏度,并可缩短反应时间。在包埋弓形虫抗原的反应板凹孔中,加被检血清后,即形成抗原抗体复合物,再加生物素标记的羊抗人 IgG(biotin-IgG),即与复合物相结合,再加 ABC 复合物(抗生物素蛋白-生物素-酶结合物),即与 biotin-IgG 相结合,最后用相应底物进行显色反应后,用分光光度计测定吸光值,即可判读反应结果。

1. 弓形虫抗原的制备　参照胶乳凝集试验。

2. 生物素标记羊抗人 IgG　羊抗人 IgG 血清经 50%和 33%饱和硫酸铵各盐析一次,收集 γ球蛋白部分,透析后测定蛋白质含量。临用前,以 0.1 mol/L $NaHCO_3$ 配成 1 mg/mL 浓度。将生物素用 N-羟基丁二酰亚胺进行酯化反应,使成为酯化生物素,然后用二甲基甲酰胺配成

10 mg/mL 浓度,以每毫克抗球蛋白加 0.2～0.4 mg 酯化生物素的比例,将酯化生物素二甲基甲酰胺溶液加于羊抗人 IgG 中,振荡混匀 10 min,置于室温中 3～4 h,然后用 PBS 透析 24 h,多次换液后,即为生物素标记物,保存备用。

3. 生物素标记辣根过氧化物酶　按上述生物素标记羊抗人 IgG 方法,制备生物素标记酶(HRP-Bio)。

4. ABC 溶液配制　在 PBST 中,分别加入抗生物素蛋白和 HRP-Bio,使各自的最终浓度为 8～12 μg/mL 和 3～4 μg/mL,置于室温中混匀 20～30 min,即可应用。通常在临用前 30 min 配制。

5. 操作方法　在已包被抗原的 40 孔反应板凹孔中,加待检血清,如间接 ELISA 法孵育、洗涤后,加 biotin-IgG,如上法孵育、洗涤,再加 ABC 洗涤,于 37 ℃经 15 min,洗涤后加底物(邻苯二胺 OPD),置于 37 ℃经 10～15 min,最后用 2 mol/L H_2SO_4 终止反应,用酶标检测仪测定待检血清 OD 值。检测时每一待检血清做 2 份,求得均值。

6. 反应标准　以健康人测得的 OD 均值,加 2 个标准差作为标准值(N)。求每一待检血清的 OD 值(P)与 N 值的比值。以 $P/N \geqslant 1.5～2.0$ 作为阳性,否则为阴性。

(九)皮内试验

1. 弓形虫变应原的制备　用人工感染弓形虫的小鼠,收集其含有弓形虫的腹水,以离心法将虫体浓集,将虫体充分洗净,冷冻干燥,研磨成粉,加生理盐水 100 倍稀释,加入防腐剂(0.01%硫柳汞)。浸液应不断搅动,在冰箱中冷浸 3～7 d,而后离心沉淀,取其上清液,用蔡氏滤器除菌或用间歇法灭菌。滤出液即可作为变应原。

2. 皮内反应　用灭菌生理盐水将干燥的弓形虫变应原稀释 300～500 倍后,以结核菌素注射器注射于猪的耳根部皮内 0.2 mL,同时于另一侧耳根部皮内注射生理盐水 0.2 mL 作为对照。在注射后的 48 h 观察其皮肤反应,红肿面积直径超过 15 mm 时为阳性,10～15 mm 为疑似,9 mm 以下为阴性。本反应只在猪患本病的晚期才呈现,因此本法仅适用于流行病学调查,以查出慢性及隐性弓形虫病。

(十)琼脂扩散

原理:琼脂凝胶呈多孔结构,孔内充满水分,1%琼脂凝胶的孔径为 0.085 μm,允许各种抗原抗体在其中自由扩散,抗原抗体在琼脂凝胶中扩散时,由近及远形成浓度梯度,当两者在比例适当处相遇时,即发生沉淀反应,反应的沉淀因其颗粒较大,故在凝胶中不再扩散,而形成沉淀带,并成为屏障,继续扩散而来的相同抗原抗体使沉淀带加厚而不再向外扩散。通常用于诊断寄生虫病的方法是双向扩散,简称琼扩。

1. 弓形虫抗原制备　参照胶乳凝集试验。

2. 操作方法　取琼脂 1 g,加生理盐水 100 mL,在沸水浴中溶解,待稍冷时倒入玻璃培养皿,使成 3 mm 厚度,冷却后用打孔器在琼脂上打孔,孔排列成梅花状,即中间一个孔,周围 6 个孔,中央孔与周围孔间距离均为 3 mm,周围各孔间相互距离大致相等。然后将培养皿在酒精灯上加热,使其底部琼脂略有溶解,以便使孔周围琼脂与培养皿底紧密黏合。在中央孔中加满抗原,周围孔中加满被检血清,每孔一份血清,盖上皿盖,置于 37 ℃温箱中 1～2 d,取出在深色背景前和斜射照明下观察中央孔与周围孔间有无白色线。

3. 结果判定 被检血清孔与中央孔间有白色沉淀线时,判为阳性,无时为阴性。

(十一)免疫金银染色法

免疫金银染色法(immunogold-silver staining,IGSS)是将血清学方法和显微镜方法相结合的一种新的免疫标记技术,它的示踪标记物是胶体金(colloidal gold)。氯金酸(HAuCl$_4$)在还原剂(如白磷、抗坏血酸、鞣酸等)作用下聚合成的一定大小(20~40 nm)的颗粒,由于静电作用而成为比较稳定的疏水胶体状态(金溶胶),故称为胶体金。它能和生物大分子(如抗人IgG)相结合成为金标记抗体,能与抗原抗体复合物结合,经银显影处理后,使金颗粒周围吸附大量银颗粒,在光镜下可见到黑褐色的金银颗粒,即阳性反应,否则为阴性反应。

1. **固相抗原制备** 取含弓形虫的组织,充分洗涤后,制成石蜡切片用于试验。

2. **金标记抗体制备**

(1)金溶胶制备。煮沸 220 mL 双蒸水,加入 2.8 mL 新鲜配成的 1%柠檬酸钠溶液,然后在剧烈搅拌下加入 0.5 mL 4%HAuCl$_4$ 溶液,搅拌 30 min,即可获得大颗粒(20~40 nm)金溶胶,它的最大吸收峰为 528 nm。这种规格的金溶胶适用于光镜和扫描电镜。

(2)金溶胶标记兔抗人 IgG。

①金标记兔抗人 IgG。将 10 mL 金溶胶置于容器中,在磁力搅拌下,加入 66 μg 兔抗人IgG,10 min 后,加入 5%牛血清白蛋白(BSA)溶液 2 mL,使其最终浓度为 1%,然后将标记物进行纯化。

②标记物纯化。

a. 凝胶过滤法。将上述标记物移入透析袋,用 PEG 20000 浓缩至原容积的 1/10,置于4 ℃用 8 000 r/min 离心 15 min,将上清液装于 0.8 cm×20 cm 聚丙烯葡聚糖凝胶(Sephacryl-400),用 0.02 mol/L pH 8.2 TBS 缓冲液(Tris-缓冲盐水)充分平衡后,再用 1%BSA-TBS 缓冲液洗涤,以稳定金溶胶。用含 0.1% BSA 的 TBS 缓冲液洗脱,流速为 2 mL/15 min,分管收集,每管 4 mL/30 min。层析柱分为 3 个区带,下端是微黄色区带,为最先流出的大颗粒聚合物杂质;中间是明亮深红色带,即为金标记抗体;上端为含未标记蛋白的黄色区带。收集中间数管深红色洗脱液,即为标记物。

b. 离心法。先将上清液用低速离心,除去在制备过程所形成的可见聚合物,然后再将上清液用 60 000g 1 h,收集 5 nm 大小的金颗粒,或用 14 000g 1 h,收集 20~40 nm 大小的金颗粒。用 1% BSA-TBS 缓冲液将收集的金颗粒作 1∶20 稀释时,在 520 nm 波段测定 5 nm、20 nm 和 40 nm 金颗粒的 OD 值分别为 0.25、0.35 和 0.5。用比色法可鉴定金颗粒的质量。

3. **操作方法** 将切片抗原置于 0.05 mol/L pH 7.4 TBS 作用 200 min,洗涤后,加 10%兔血清 A 液,10 min 后弃去,加入已稀释的待检血清,置于 37 ℃ 2 h(或 4 ℃ 20 h),用 0.05 mol/L pH 7.4 TBS 液洗涤 3 次,每次 5~10 min,用 0.02 mol/L pH 8.2 TBS 液洗涤 5~10 min。再加 10%兔血清 B 液,5~10 min 后弃去,加 1∶10 稀释的金标记抗体,于 37 ℃经 1 h,用0.02 mol/L pH 8.2 TBS 液洗 3 次,每次 5~10 min,再用双蒸水如上法洗涤 3 次。然后在避光下,置于显影剂 A 液中作用 3~5 min,再置于混合液(显影剂 A 液 85 mL 加 B 液 15 mL)中染色 5~10 min,用蒸馏水冲洗,吹干后,在光镜下检查反应结果。

4. **反应标准**

阴性反应:无虫体部分切面呈无色或淡棕色。

阳性反应：虫体切面呈褐黑色。

附：免疫金银染色法试剂配制

0.02 mol/L pH 8.2 TBS 缓冲液：

Tris	4.84 g
NaCl	17.50 g
蒸馏水	1 500 mL

混匀后用 HCl 调至 pH 8.2，加蒸馏水至 2 000 mL。

0.05 mol/L pH 7.4 TBS 缓冲液：

Tris	12.1 g
NaCl	17.5 g
蒸馏水	1 500 mL

混匀后用 HCl 调至 pH 7.4，再加蒸馏水至 2 000 mL。

10%正常兔血清：

A 液：9 mL 0.05 mol/L pH 7.4 TBS＋1 mL 兔血清＋200 mg BSA。

B 液：9 mL 0.02 mol/L pH 8.2 TBS＋1 mL 兔血清＋200 mg BSA。

显影剂：

A 液：对苯二酚 850 mg、柠檬酸 2.55 g、柠檬酸钠 2.35 g、双蒸水 85 mL。

B 液：硝酸银 95 mg、双蒸水 15 mL。

四、实验报告

简述本次实验的目的、诊断技术的操作过程及实验结果。

实验二十　日本血吸虫病实验室诊断技术

　　日本血吸虫病是一种人畜共患的寄生虫病,被世界卫生组织列为全球重点防治疾病之一。它严重威胁着疫区人与动物的健康和生命安全,给畜牧业带来巨大的经济损失。在我国,本病严重流行于长江流域及其以南的 13 个省(自治区、直辖市)。家畜如牛、羊、猪感染日本血吸虫后,不仅危害自身,更重要的是作为人体血吸虫病的保虫宿主,向人群传播本病。大量调查研究表明,家畜是人类血吸虫病流行最主要的传染源和污染源。控制家畜传染源是综合防治疫病、扑灭疫情的重要环节,而控制传染源的前提是确诊传染源。因此,应用灵敏、快速、经济的诊断方法确诊传染源,已成为日本血吸虫病流行病学调查、疫情监测以及控制其流行和扑灭疫情必须解决的问题。下面介绍几种常用的日本血吸虫病诊断方法。

一、实验目的及要求

(1)熟悉日本血吸虫卵和毛蚴的形态特征。
(2)掌握血吸虫病虫卵检查方法。
(3)掌握血吸虫病毛蚴孵化方法。
(4)了解血吸虫病的几种常见的血清学(免疫学)诊断方法。

二、实验器材

(一)病原学诊断

1. 直接涂片法
(1)检验材料:新鲜动物粪便。
(2)试剂:50%甘油水溶液或普通水。
(3)器材:载玻片、滴管、盖玻片、显微镜。

2. 沉淀法
(1)检验材料:新鲜动物粪便。
(2)试剂:普通水。
(3)器材:专用乳白色塑料粪杯、竹筷、铜筛、滴管、金属环、载玻片、显微镜、普通离心机。

3. 浮集法
(1)检验材料:新鲜动物粪便。
(2)试剂:普通水、饱和食盐水、33%的硫酸锌溶液、碘液。
(3)器材:专用乳白色塑料粪杯、竹筷、铜筛(60 目)、滴管、金属环、载玻片、显微镜。

4. 毛蚴孵化法
(1)检验材料:新鲜动物粪便。
(2)试剂:pH 6.8～7.2,温度 20～30 ℃的灭菌自来水(脱氯处理)。
(3)器械:专用乳白色塑料粪杯、竹筷、铜筛(40 目)、尼龙筛网兜(260 目)、塑料袋、长颈烧瓶或三角瓶(500 mL)、脱脂棉、天平、温箱。

(二)血清学(免疫学)诊断

1. 环卵沉淀试验

(1)检验材料:新鲜动物血清。

(2)试剂:血吸虫冻干虫卵、标准阳性血清、标准阴性血清。

(3)器材:滴管、载玻片、盖玻片(24 mm×24 mm)、蜡杯(熔蜡用)、玻璃蜡笔、脱脂棉、有盖盘、酒精灯、温箱、计数器、显微镜。

2. 间接血凝试验

(1)检验材料:动物血清。

(2)试剂:生理盐水、蒸馏水、血吸虫病血凝抗原、标准阳性血清、标准阴性血清。

(3)器材:96孔微量血凝板、25 μL和100 μL微量移液器。

3. 胶乳凝集试验

(1)检验材料:动物血清。

(2)试剂:PAPS血吸虫病快诊液、标准阳性血清、标准阴性血清、生理盐水、蒸馏水、磷酸盐缓冲液(PBS)(pH 7.2)。

(3)器材:12 cm×16 cm玻璃凝集反应板,25 μL和100 μL微量移液器,手术剪刀,洁净纸,冰箱,中性滤纸(2.5 cm×2.5 cm),2 mL一次性注射器。

4. 斑点酶联免疫吸附试验(Dot-ELISA)

(1)检验材料:动物血清。

(2)试剂:三联斑点酶联免疫吸附诊断试剂盒(浙江省农业科学院畜牧兽医研究所)、生理盐水、吐温(Tween)-20、30%过氧化氢。

(3)器材:5 mL或10 mL试管(多支),试管夹,镊子,50 mL或100 mL烧杯(多个),100 mL量筒,温箱,50 mL棕色试剂瓶,25 μL和100 μL微量移液器,小纸片多条。

5. 免疫印迹试验

(1)检验材料。动物血清。

(2)主要试剂。

①样本缓冲液:含甘油10 mL,2-巯基乙醇5 mL,10% SDS 30 mL。

②转印缓冲液(TB):Tris 3 g,甘氨酸14 g,甲醇250 mL,加水至1 000 mL。

③Tris缓冲盐水(TBS):10 mmol/L Tris含0.9%NaCl,用1 mol/L HCl调pH至7.4。

④TBS-T液:含0.05%吐温-20的TBS液。

⑤猝灭剂:1%~5%BSA或0.1%~0.3%吐温-20的TBS液。

⑥氨基黑染液:0.1%氨基黑(C.I. 20470),45%甲醇,10%冰醋酸。

⑦脱色液:90%甲醇,2%冰醋酸。

(3)器材。转移电泳仪、硝酸纤维素膜、滤纸、剪刀、手套、尺子等。

三、实验方法、步骤和操作要领

(一)病原学诊断

1. 直接涂片法　粪便中虫卵数量多时可采用直接涂片法检查。用滴管在载玻片表面加

50％甘油水溶液或普通水 1～2 滴,取黄豆大小的被检粪块放入液滴内,混匀,剔除粗粪渣,加盖盖玻片,显微镜下镜检虫卵(图 20-1)。

2. 沉淀法　日本血吸虫卵的相对密度大,可沉积于水底,可采用自然沉淀法或离心沉淀法检出。

自然沉淀法:取粪便 20～30 g,加水成混悬液,经金属筛(40～60 目)或 2～3 层湿纱布过滤,再加清水冲洗残渣;过滤粪液在容器中静置 25 min,倒去上清液,重新加满清水,以后每隔 15～20 min 换水一次(如此反复 3～4 次),直至上清液澄清为止。最后倒去上清液,取沉渣做涂片镜检。

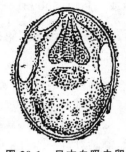

图 20-1　日本血吸虫卵

附:离心沉淀法

将上述滤去粗渣的粪液离心(1 500～2 000 r/min)1～2 min,倒去上清液,注入清水,再离心沉淀,如此反复沉淀 3～4 次,直至上清液澄清为止,最后倒去上清液,取沉渣镜检。

3. 浮集法　利用相对密度较大的液体(日本血吸虫卵相对密度约 1.16),使日本血吸虫卵上浮,集中于液体表面。常用的方法有如下两种。

(1)饱和盐水浮集法。用竹筷取黄豆粒大小的粪便置于浮聚瓶(高 3.5 cm、直径约 2 cm 的圆形直筒瓶)中,加入少量饱和盐水(相对密度约 1.18)调匀,再慢慢加入饱和盐水到液面略高于瓶口,但不溢出为止。此时在瓶口覆盖一载玻片,静置 15 min 后,将载玻片提起并迅速翻转,镜检。

附:饱和盐水的配制

将食盐缓缓加入盛有沸水的容器内,不断搅动,直至食盐不再溶解为止。

(2)硫酸锌离心浮集法。取粪便约 1 g,加 10～15 倍的水,充分搅碎,按离心沉淀法过滤,反复离心 3～4 次,至水澄清为止,最后倒去上液,在沉渣中加入相对密度 1.18 的硫酸锌液(33％的溶液),调匀后再加硫酸锌溶液至距管口约 1 cm 处,离心 1 min。用金属环取表面的粪液置于载玻片上,加 1 滴碘液,进行镜检。

4. 毛蚴孵化法　毛蚴孵化法是日本血吸虫病病原学检查最常用的方法。其操作步骤如下。

(1)取新鲜粪便 300 g,搅拌混匀后分成 3 份,每份 100 g。

(2)将分好的粪便置于 40 目铜筛滤杯内,然后将该铜筛放入预先盛好水的粪杯内进行淘洗,淘洗时三上三下,力求将血吸虫虫卵全部洗下,除去滤渣。

(3)将滤液倒入 260 目尼龙筛兜,用清水继续淘洗,至滤水清晰。

(4)将网兜内粪样捏干成团块包入纸内,放入塑料袋内保湿,在 30 ℃温箱中孵育 24 h。

(5)将孵育好的粪样倒入 500 mL 长颈烧瓶(或三角瓶)内,加孵化用水至瓶颈处,在烧瓶瓶颈处塞一团脱脂棉(脱脂棉与粪水之间不能留有空气柱),再加清水至距瓶口 1～2 cm 处,保持温度在 22～26 ℃间,进行孵化。

(6)分别在开始孵化后 1 h、3 h、5 h 各观察一次,观察时间 2 min 以上。发现水面下有灰白色点状物直线来回运动,即为毛蚴,对难以判定样品用吸管将血吸虫毛蚴置于显微镜下观察,镜下毛蚴前部宽,中间有一个顶突,两侧对称后渐窄,周边有纤毛。每个样品中有 1~5 个毛蚴为＋,6~10 个毛蚴为＋＋,10~20 个毛蚴为＋＋＋,21 个以上为＋＋＋＋,并记录。

(二)血清学(免疫学)诊断

近些年来已将血清学诊断法应用于生产实践,如环卵沉淀试验、间接血凝试验、胶乳凝集试验和斑点酶联免疫吸附试验等。其检出率可在 95% 以上,假阳性率在 5% 以下。

1. 环卵沉淀试验

(1)原理。环卵沉淀试验(circum-oval precipitin test,COPT)是以血吸虫全卵为抗原的特异免疫血清学试验,卵内毛蚴或胚胎分泌排泄的抗原物质经卵壳微孔渗出与检测血清内的特异抗体结合,可在虫卵周围形成特殊的复合物沉淀,在光镜下判读反应强度、计数反应卵并计算环沉率。环沉率＝(全片阳性反应卵数/全片虫卵数)×100%。

(2)操作步骤。

①取载玻片,在其中央横轴两侧涂两条平行蜡,蜡间距离与盖玻片宽度相同。

②用滴管吸取被检动物血清 1~2 滴(约 25 μL),用针挑取虫卵约 100 个,放入血清中,并用针搅拌,使虫卵散开,盖好盖玻片,四周用蜡封闭。

③将制好的玻片放入湿盒(在有盖盘中预先放置一层湿纱布),置于 37 ℃ 温箱中培养。

④48 h 后,取出切片在显微镜下观察,记录环沉情况,并计算环沉率。

(3)判定标准。

①环沉判定标准。

块状反应物面积大于 1/8 而小于 1/2 虫卵面积或索状反应物大于 1/3 而小于 1/2 虫卵长径,记为"＋"或"＋＋";

块状反应物面积大于 1/2 虫卵面积或索状反应物大于 1/2 虫卵长径,记为"＋＋＋"或"＋＋＋＋"。

②阳性判定标准。环沉率达 5% 者为阳性。

2. 间接血凝试验法

(1)原理。间接血凝试验(indirect hemagglutination test,IHA)是以甲醛和鞣酸处理过的绵羊红细胞或 O 型人红细胞为载体,将血吸虫卵或成虫抗原吸附于载体上,当受检动物血清中存在相应的抗体时,相应抗体便连同红细胞形成抗原抗体复合物,产生肉眼可见红细胞凝集颗粒的图像变化,而不含抗体的血清则不会导致红细胞凝集。因此,可通过这种图像变化判定被检血清中有无血吸虫抗体,从而测定家畜是否感染日本血吸虫病。IHA 操作简便,敏感性高,适于现场使用,是一种较好的诊断传染病和寄生虫病的血清学方法。

(2)操作步骤。

①用微量移液器在血凝板左边第一孔、第二孔、第三孔内分别加入生理盐水 100 μL、25 μL、25 μL。

②在第一孔内加入被检血清 25 μL,用微量移液器反复吸 3 次混匀,使血清成 1∶5 稀释。

③吸取 25 μL 第一孔的血清液,加入第二孔,混匀,此孔血清成 1∶10 稀释。

④吸取 25 μL 第二孔的血清液,加入第三孔,混匀,此孔血清成 1∶20 稀释。然后吸取 25 μL 此孔血清液丢弃。

⑤如有多份样本,每个样本均按上述操作处理。

⑥阳性对照和阴性对照采用标准血清,也按上述操作处理。另外用生理盐水设空白对照。

⑦用移液器吸取血吸虫病血凝抗原,在各个样本和对照的 1∶10 和 1∶20 的稀释孔分别加 25 μL,振荡混匀,置于 25～30 ℃条件下 1～2 h 判定结果。当空白或阴性血清两孔的血细胞全部沉于孔底中央(即无圆形红点或仅有小的圆形红点)时,即可判定诊断结果。

(3)判定标准。

①反应强度判定。

红细胞全部下沉到孔底中央,形成紧密红色圆点,周缘整齐为阴性"—"。

红细胞少量沉于孔底中央,形成一较阴性小的红色圆点,周围有少量凝集红细胞为弱阳性"＋"。

红细胞半数沉于孔底中央,形成一更小的红色圆点,周围有一层淡红色凝集红细胞为阳性"＋＋"。

红细胞 75％以上散于孔底斜面,形成一层淡红色薄层为强阳性"＋＋＋"。

红细胞全部凝集,均匀散于孔底斜面,形成一层淡红色薄层为超强阳性"＋＋＋＋"。

②阳性血清判定。

以血清 1∶10 稀释孔出现阳性(包括弱阳性)时被检血清判定为血吸虫病阳性。

3. 胶乳凝集(LA)试验

(1)原理。胶乳凝集试验(latex agglutination test,LAT)是以聚苯乙烯胶乳颗粒为载体,将血吸虫抗原结合在胶乳颗粒上。试验时将一定量的结合有抗原的胶乳试剂加入待检血清中,如待检血清中有相应的抗体,则抗原抗体结合,将分散的肉眼不能分辨的聚苯乙烯小颗粒凝聚成肉眼可见的聚苯乙烯颗粒,即胶乳颗粒发生凝集,即为阳性反应;如待检血清中无相应的抗体,则胶乳颗粒不发生凝集,即为阴性反应。

(2)操作步骤。

①在 12 cm×16 cm 玻璃凝集反应板的左边第一孔中加 PBS 液 100 μL,第二孔加 PBS 液 25 μL。

②在第一孔中加待检血清 25 μL,混匀,使第一孔成 1∶5 稀释。

③在第二孔中加第一孔稀释血清液 25 μL,混匀,使第二孔成 1∶10 稀释。

④在每孔中加 PAPS 快诊液 25 μL,混匀,10 min 后观察结果。

(3)判定标准。

①反应强度判定。

1～2 min 内胶乳全部凝集出现粗颗粒,并且四周形成一白色框边,液体清亮,记为"＋＋＋＋"。

3～4 min 内胶乳全部凝集出现粗颗粒,四周白色框边不太明显,液体较清亮,记为"＋＋＋"。

5～6 min 内 70％～80％胶乳出现凝集颗粒,液体微混浊,记为"＋＋"。

8～10 min 内 40％～50％胶乳出现凝集颗粒,液体微混浊,记为"＋"。

不出现凝集颗粒,呈白色均匀混浊状,记为"—"。

②阳性血清判定。

1∶10(第二孔)血清稀释孔出现"＋"即判为阳性。

4. 斑点酶联免疫吸附试验(Dot-ELISA)

(1)原理。斑点 ELISA(Dot-ELISA)是在 ELISA 技术基础上发展起来的一种技术,选用对蛋白质有很强吸附能力的硝酸纤维素薄膜作固相载体,底物经酶促反应后形成有色沉淀物使薄膜着色,然后目测或用光密度扫描仪定量。Dot-ELISA 可用来检测抗体,也可用来检测抗原,由于该法检测抗原时操作较其他免疫学试验简便,目前多用于抗原检测。

(2)试剂准备。本实验采用三联斑点酶联免疫吸附诊断试剂盒(浙江省农业科学院畜牧兽医研究所),试剂盒内有试剂 1、2、3、4、5,试剂 6、7、8、9、10 需现配现用,配制方法如下。

试剂 6:一包试剂 1 配 500 mL 生理盐水,溶解后加入 2 mL 吐温-20,混匀。

试剂 7:一包试剂 2 配 500 mL 生理盐水,溶解后即成。

试剂 8:量取 25 mL 试剂 6 倒入烧杯中,将试剂 3 纸片浸入即成。

试剂 9:吸取 5 mL 试剂 6 加入试剂 4 中,待溶解后倒入烧杯中,再量取 20 mL 试剂 6 洗试剂 4 瓶 3 次,倒入烧杯中,混匀即成。

试剂 10:量取 40 mL 试剂 7 倒入烧杯中,将试剂 5 加入,置于 37 ℃温箱避光溶解后,取出在室温下置于避光容器(棕色瓶)中待用。

(3)操作步骤。

①用记号笔在试管上标好待检血清号码,用铅笔在诊膜右端编上待检血清号码,用剪刀将膜条剪下,放入相应试管中。

②分别在各个试管中加 1.5 mL 的试剂 6。

③分别在各个试管中加 4 μL 相应编号的待检血清,轻轻摇匀。

④将摇匀的试管置于 37 ℃温箱中孵育 50～60 min,每隔 20 min 轻轻摇动试管 1 次。

⑤取烧杯一只,加入约 40 mL 试剂 6,用镊子将每支试管中膜夹出,放入盛有试剂 6 的烧杯中,每隔 2 min 轻轻摇动洗涤 1 次,共计 3 次。

⑥洗涤好的膜用镊子夹出,放在滤纸上吸去膜表面水后,放入盛有试剂 8 的烧杯中,用镊子翻动膜,使其充分接触液体,然后,置于 37 ℃温箱中反应 50～60 min,隔 25 min 用镊子翻动膜 1 次。

⑦反应结束后洗涤膜 3 次,方法同⑤。

⑧用滤纸吸去膜表面水后,将膜放入盛有试剂 9 的烧杯中,用镊子翻动膜,使膜浸在液体中,置于 37 ℃温箱中反应 40 min,隔 25 min 用镊子翻动膜 1 次。

⑨反应结束后洗涤膜 3 次,方法同⑤。

⑩用可调微量移液器吸取 30%过氧化氢 40 μL,加入盛有试剂 10 的烧杯中摇匀后,迅速用滤纸吸去膜表面水,放入烧杯中,轻轻摇动,待出现任一清晰斑点后终止反应。

将烧杯中的反应液弃去,用自来水充分洗涤至水清为止,然后判定结果。

(4)判定标准。

①反应强度判定。深棕色为"＋＋＋＋",浅棕色为"＋＋＋",黄色为"＋＋",浅黄色为"＋",稍有黄色为"±",无色为"—"。

②阳性血清判定。凡出现"＋"即判为阳性血清。

5. 免疫印迹试验

(1)原理。免疫印迹(immunoblot)试验是由十二烷基硫酸钠聚丙烯酰胺凝胶电泳(SDS-PAGE)、电泳转印及标记免疫试验三项技术结合而成的一种新型的免疫探针技术(immunoprobing technique),又称蛋白质印迹(Western blotting)技术,是用于分析蛋白抗原和鉴别生物学活性抗原组分的有效方法。它将传统的高分辨率的 SDS-PAGE 电泳与灵敏度高、特异性强的免疫探测技术相结合,最有效地分析目的蛋白的表达,在分子生物学中发挥着重要的作用。近年来已应用于检测寄生虫感染宿主体液内针对某分子质量抗原的相应循环抗体成分或谱型,是一项高敏感和高特异的诊断方法,具有很大发展潜力。用于诊断的免疫印迹试验以采用酶标记的探针(即二抗及其标记结合物)较为安全方便,称酶免疫转移印迹试验(enzyme immuno-transfer blotting,EITB)。

(2)操作程序。

①样本分离。取日本血吸虫新鲜成虫按 5～10 对 1.5 mL 比例加样本缓冲液,匀浆,置于沸水浴 2 min,离心(10 000g,30 min),取上清液备用。上述成虫抗原样本进行单梳 SDS-PAGE 电泳分离。左侧梳孔加标准蛋白,右侧梳孔加抗原液,电压控制在 160～180 V。

②电泳转印。

a. 从电泳板中取出已完成电泳的凝胶片浸泡于盛有转印缓冲液(TB)的搪瓷盘内。

b. 在 TB 液内组成转印夹心板层:取相应大小的硝酸纤维素(NC)薄膜,慢慢浸泡在 TB 液中,将凝胶片与薄膜光面紧贴。两面各放置浸湿滤纸两层,再放海绵垫(厚 0.5～1 cm)一层,做好方位标记,最后夹于两层有孔塑料衬板之间,绝对避免各层之间留有气泡。

c. 将 TB 液倒入转印槽中,然后插入转印板,使凝胶片位于阴极侧,NC 薄膜位于阳极侧。

d. 置转印槽于 4 ℃冰箱内,通电转印数小时或过夜,电流控制在 250 mA 上下(40～50 V)。

③探针检测。

a. 取出转印好的 NC 薄膜,水平放入猝灭剂中,室温摇动 1 h 以封闭未吸附蛋白质的区域,然用洗涤缓冲液洗 2～3 次,每次 30 min,以除去变性剂,使蛋白质的天然状态和生物学特性得以恢复。

b. 平置 NC 薄膜于浸有 Tris-缓冲盐水(TBS)的滤纸上,用刀片将薄膜按电泳方向分割为宽约 0.5 cm 的直条,用铅笔做好上端标记。

c. 取其中一个细条,并同标准蛋白条带一起进行氨基黑染色(也可用考马斯亮蓝染或银染)测试分离效果并确定分子质量位置。其余细条晾干后置于 4 ℃作印迹试验备用(抗原活性可保持 3 个月以上)。

④印迹试验。

a. 置于上述抗原条于分格反应板的反应槽内,正面向上,每槽一条,预先用 0.05％TBS-Tween 液(TBS-T)浸湿。

b. 被检血清用 TBS-T 液稀释(常用 1∶150),加入反应槽中,以浸没膜条为限。通常需 0.5～1.5 mL,相当于 10 μL 血样量(每槽加液量下同)。

c. 室温(20～25 ℃)振荡 60 min,以后用 TBS-T 洗 6 次,每次 3 min。

d. 加已稀释的羊抗人酶标抗体,温育 1.5 h,洗涤操作如上。

e. 加入新鲜配制的底物溶液(TBS 50 mL+0.3％萘酚甲醇液 3 mL+30％ H_2O_2 10 μL;或二氨基联苯胺 5 mg/mL+0.05 mol/L 柠檬酸磷酸缓冲液,pH 5.0,每 60 mL 加入 3％H_2O_2 20 μL 和 1％COC 120.2 μL)和 1％COC 120.6 mL。

f. 15 min 后用蒸馏水冲洗数次以终止反应,薄膜条取出后置于玻板上自然干燥。

g. 阳性反应可见蓝黑色(4-氯-1-萘酚底物)或棕褐色(DAB)条带。

四、实验注意事项

(1)对器具设备的使用必须正确。

(2)粪便必须新鲜,送检时间一般不宜超过 24 h。

(3)盛粪便的容器要干净,并防止污染与干燥;粪便不可混杂尿液等,以免影响检查结果。

(4)毛蚴形状大小一致,透明发亮,具有折光性,呈直线方向游动。

(5)聚丙烯酰胺有毒,操作时要小心。

(6)使用微量移液器加样时要准确,避免人为的失误。

(7)要想做出正确的诊断,最好采用多种方法通过多次实验来证实。

五、实验报告

(1)绘出日本血吸虫卵和毛蚴的形态图。

(2)简述毛蚴孵化法的操作要领。

(3)比较日本血吸虫病主要血清学诊断方法的优缺点。

实验二十一　旋毛虫病肉品检验技术

一、实验目的及要求

(1)掌握肌肉旋毛虫压片镜检法、消化法的操作方法。

(2)了解旋毛虫酶联免疫吸附试验。

(3)掌握旋毛虫样本的处理方法。

二、实验器材

(一)旋毛虫压片镜检法

1. 材料　被检肉品。

2. 器材　载玻片、剪刀、镊子、天平、显微镜。

3. 试剂　50%甘油水溶液、10%盐酸溶液。

(二)旋毛虫集样消化法

1. 材料　被检肉品。

2. 器材　组织捣碎机、采样盘、磁力加热搅拌器、圆盘转动式计数镜检台、集虫器、载玻片、表面皿、烧杯、剪刀、镊子、天平、温度计、显微镜。

3. 试剂　0.04%胃蛋白酶溶液、盐酸。

(三)旋毛虫酶联免疫吸附试验(ELISA)

1. 材料　被检肉品。

2. 器材　滤纸片、玻璃瓶、剪刀、酶标测定仪、反应板、加样器。

3. 试剂

(1)阳性血清,阴性血清。

(2)旋毛虫抗原。

(3)酶标抗体(又称酶结合物、酶标记免疫球蛋白)。

(4)包被液:Na_2CO_3 1.59 g、NaN_3 0.2 g、$NaHCO_3$ 2.93 g,蒸馏水加至 1 000 mL,调整 pH 为 9.6。放 4 ℃冰箱中保存备用。

(5)洗涤液:NaCl 8.9 g、Tween-20 0.5 g、KH_2PO_4 0.2 g、NaN_3 0.2 g、$Na_2HPO_4 \cdot 12H_2O$ 2.9 g、KCl 0.2 g,蒸馏水加至 1 000 mL,调整 pH 为 7.4。

(6)底物溶液($OPD-H_2O_2$):称取邻苯二胺(OPD)40 mg,溶解于 100 mL pH 5.0 磷酸-柠檬酸缓冲液(0.1 mol/L 柠檬酸 24.3 mL,加 0.2 mol/L NaH_2PO_4 25.7 mL,加水 50 mL)中,然后加 30%过氧化氢 0.15 mL,现配现用。

(7)终止液(2 mol/L H_2SO_4):浓硫酸 22.2 mL,蒸馏水 177.8 mL。

三、实验方法、步骤和操作要领

(一)旋毛虫压片镜检法

1. **采样** 自胴体左右两侧横膈膜的膈肌角,各采膈肌 1 块(与胴体编成相同号码)(图 21-1),每块肉样不少于 20 g,记为一份肉样,送至检验台检查。如果被检样品为部分胴体,则可从肋间肌、腰肌、咬肌等处采样。

2. **肉眼检查** 撕去被检样品肌膜,将肌肉拉平,在良好的光线下仔细检查表面有无可疑的旋毛虫病灶(图 21-2)。未钙化的包囊呈露滴状,半透明,细针尖大小,较肌肉的色泽淡。随着包囊形成时间的增加,色泽逐步变深而为乳白色、灰白色或黄白色。若见可疑病灶,做好记录且告知总检将可疑肉尸隔离,待压片镜检后做出处理决定。

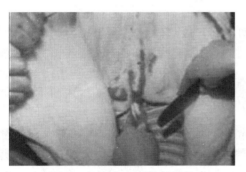

图 21-1 取左右膈肌角样品

图 21-2 撕开肌膜肉眼观察

3. **制片** 取清洁载玻片 1 块放于检验台上,并尽量靠近检验者。用镊子夹住肉样顺着肌纤维方向将可疑部分剪下。如果无可疑病灶,则顺着肌纤维方向在肉块的不同部位剪取 12 个麦粒大小的肉粒(2 块肉样共剪取 24 个小肉粒)。将剪下的肉粒依次均匀地附贴于载玻片上且排成两行,每行 6 粒。然后,再取一清洁载玻片盖放在肉片的载玻片上,并适度用力捏住两端轻轻加压,把肉粒压成很薄的薄片,以能通过肉片标本看清下面报纸上的小字为标准。

图 21-3 制成压片镜检

另一块膈肌按上法制作,两片压片标本为一组进行镜检(图 21-3)。

4. **镜检** 把压片标本放在低倍(4×10)显微镜下,从压片一端第一块肉片处开始,顺肌纤维依次检查。镜检时应注意光线的强弱及检查速度,切勿漏检。

5. **结果判定**

(1)没有形成包囊的幼虫,在肌纤维之间呈直杆状或逐渐蜷曲状态,但有时因标本压得太紧,可使虫体挤入压出的肌浆中。

(2)包囊形成期的旋毛虫。在淡黄色背景上,可看到发光透明的圆形或椭圆形物。包囊的内、外两层主要由均质透明蛋白质和结缔组织组成,囊中央是蜷曲的虫体(图 21-4)。成熟的包囊位于相邻肌细胞所形成的梭形肌腔内。

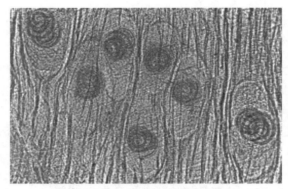

图 21-4　旋毛虫幼虫包囊

（3）发生机化现象的旋毛虫。虫体未形成包囊以前，包围虫体的肉芽组织逐渐增厚、变大、形成纺锤形、椭圆形或圆形的肉芽肿。被包围的虫体有的结构完整，有的破碎甚至完全消失。虫体形成包囊后的机化，其病理过程与上述相似。由于机化灶透明度较差，需用 50％甘油水溶液做透明处理，即在肉粒上滴加数滴 50％甘油水溶液，数分钟后，肉片变得透明，再覆盖上玻片压紧观察。

（4）钙化的旋毛虫。在包囊内可见数量不等、浓淡不均的黑色钙化物，包囊周围有大量结缔组织增生。由于钙化的不同发展过程，有时可能看到下列变化：①包囊内有不透明黑色钙盐颗粒沉着；②钙盐在包囊腔两端沉着，逐渐向包囊中间扩展；③钙盐沉积于整个包囊腔，并波及虫体，尚可见到模糊不清的虫体或虫体全部被钙盐沉着。此外，在镜检中有时也能见到由虫体开始钙化逐渐扩展到包囊的钙化过程（多数是由于虫体死亡而引起的钙化）。发现钙化旋毛虫时，通过脱钙处理，滴加 10％盐酸溶液将钙盐溶解后，可见到虫体及其痕迹，与包囊毗邻的肌纤维变性，横纹消失。

（5）鉴别诊断。在旋毛虫检验时，往往会发现住肉孢子虫和发育不完全的囊尾蚴，虫体典型者，容易辨认，如发生钙化、死亡或溶解现象时，则容易混淆，在检查时可参考表 21-1 进行鉴定。

表 21-1　旋毛虫、住肉孢子虫、囊尾蚴肉眼检查及镜下区别

（引自孙锡斌，1992）

项目	旋毛虫	住肉孢子虫	囊尾蚴		
			发育早期	发育中期	成熟期
虫体形态	呈灰白色半透明小点，包囊呈纺锤形、椭圆形，虫体常蜷曲成 S 形或 8 字形	呈灰白色或黄白色毛根状小体。镜下：米氏囊内充满香蕉形滋养体和卵圆形孢子	粟粒大到米粒大包囊，囊内有可见的白色头节。镜下：头节上有 4 个吸盘，尚无或有发育不全的角质钩	黄豆大包囊，囊内充满无色液体，白色头节如米粒大。镜下：头节上有 4 个吸盘和角质钩	黄豆大包囊，囊内充满无色液体，白色头节如米粒大。镜下：头节上有 4 个吸盘和角质钩

续表 21-1

项目		旋毛虫	住肉孢子虫	囊尾蚴		
				发育早期	发育中期	成熟期
寄生部位		多见于膈肌、肩胛肌、腰肌及腓肠肌等	骨骼肌、心肌。以食道、腹部、股部等部位寄生最多	肩胛外肌、股部内侧肌、心肌、咬肌及腰肌等	肩胛外肌、股部内侧肌、心肌、咬肌及腰肌等	肩胛外肌、股部内侧肌、心肌、咬肌及腰肌等
虫体钙化灶	肉眼检查	针尖大或针头大，灰白或灰黄色。与钙化的住肉孢子虫不易区别	虫体钙化灶略小于囊尾蚴钙化灶，呈灰白或灰黄色。触摸有坚实感	针尖大灰白色小点	粟粒大或米粒大，呈灰黄色	椭圆或圆形，粟粒至黄豆大，呈灰白—淡黄—黄色。触摸有坚硬感
	压片镜检	包囊内有大小不等的黑色钙盐颗粒，有的在囊周围形成厚的组织膜	数量不等、浓淡不均的灰黑色钙化点，有时隐约可见虫体	不透明的黑色块状物	不透明的黑色块状物	不透明的黑色块状物
	脱钙处理	虫体或残骸清晰可见	可见虫体或残骸	未见或可见发育不全的角质小钩	可见角质小钩	可见角质小钩

(二)旋毛虫集样消化法

1. **实验原理**　先用机械方法将受检肉样捣碎，使其呈颗粒或絮状，再用消化酶在最适温度和最佳酸碱度条件下进行生物化学消化。本实验采用快速集样消化法，即由磁棒转动带动杯中消化液旋转成漩涡，加速底物消化分解，同时比水重的有形物质随漩涡的力量向中心移动，但未消化的巨型肌组织被集虫器外周粗筛阻留，而虫体或虫体包囊等细小物体随漩涡向中心移动进入集虫器；当转动停止，集虫器中的有形物质便随漩涡作用逐渐沉降于底部细筛孔漏掉，只保留虫体和包囊在筛面上供镜检。

2. **实验方法、步骤和操作要领**

(1)采样。首先确定群检分组的头数，每组头数的大小可根据各地区旋毛虫病的发生情况而定，即在旋毛虫病的低发病地区采取 5～10 头猪为 1 组，而常年未检出旋毛虫的地区每组可增加到 30～50 头或 100 头。既能因此提高检验工效，又不致使旋毛虫检验流于形式。如果以 10 头猪为 1 组，其分组情况应按生产流水线上胴体编号 1～10、11～20、21～30……顺序。每头猪取横膈膜肌角 2 g，每组 10 头肉样，共 20 g，依次放在序号相同的采样盘或塑料袋内送检。

(2)捣碎。按采样盘顺序，每次取 1 组(20 g)，置于捣碎机容器中，加入 0.04% 胃蛋白酶溶液 100 mL(按每 10 g 肉样加 50 mL 酶溶液的比例)，徐徐启动捣碎机，转速由 8 000 r/min 逐渐到 16 000 r/min。捣碎约 30 s 至肉样成颗粒或絮状，并混悬于混浊的消化液中。

(3)加热、消化、集虫。取下容器将捣碎液倒入 500 mL 烧杯中，加入 2% 的热盐酸溶液 100 mL(与酶溶液等量)，使温度保持在 45 ℃左右。然后将集虫器从液面上小心压入杯中，加入磁棒,将烧杯放在加热磁力搅拌器上,启动转速调节柄,消化液被搅成一漩涡。在 45 ℃左右搅拌 3～5 min 后,回转调节柄,停止搅拌,待磁棒静止后取出磁棒。取出集虫器,卸下集虫筛,用适量清水将筛面物充分洗入表面皿中。

(4)镜检。将表面皿移于镜检台的圆孔上,旋转圆盘使表面皿中心底部位于接物镜头下,将表面皿前后、左右晃动数次,使有形成分集中于皿底中心,用 40 倍物镜检查有无旋毛虫虫体、包囊以及虫体碎片或空包囊。

(5)查病畜胴体。镜检发现阳性时,按圆盘转数(0、1、2、3……顺序)乘以 100(每组头数×圆盘孔数)加孔号乘以 10(每组头数),即得出该组 10 头猪的胴体编号。计算公式:圆盘转数×100＋孔号×10。例如,阳性组圆盘转数是 20,孔号数为 3,代入公式为 20×100＋3×10＝2 030,该组胴体编号即为 2021、2022、2023……2030 这 10 个号码。将该 10 头猪的胴体全部推入修割轨道待查。复查时,按每 2 头为一组消化镜检,检出阳性组,再逐头检测,确定病畜胴体。复查时用压片镜检法更快、更方便。

(三)旋毛虫酶联免疫吸附试验(ELISA)

1. 实验原理　ELISA 利用酶作为抗原或抗体的标记物,在固相载体上进行抗原或抗体的测定。ELISA 的原理是:让抗原或抗体结合到固相载体表面,并保持其免疫活性;使抗原或抗体与某种酶联结成酶标抗原或抗体,仍保留其免疫活性和酶的催化活性。在测定时,把受检标本和酶标抗原或抗体,按不同步骤与固相载体表面的抗原或抗体起反应,形成抗原抗体复合物。经清洗后在固相载体表面留下不同量的酶。加入酶反应的底物后,底物在复合物上酶的催化作用下生成有色产物,产物的量与标本中受检抗原或抗体的量直接相关。故可根据颜色反应的深浅,间接推断受检抗原或抗体的存在及其含量,达到定性或定量检测的目的。

2. 实验方法、步骤和操作要领

(1)采样。用 1.0 cm×3.0 cm 滤纸片紧贴胴体残留血液处或血凝块(若无残血,可将滤纸片紧贴肌肉组织新鲜断面,轻轻挤压断面两侧),当滤纸片全部湿润后,将其放入小玻璃瓶(装有含吐温-20 的 pH 7.4 PBS 液 1 mL)中,振摇后即为被检样品。纯肌肉时,可取蚕豆大小的肌肉置于小玻璃瓶中,剪碎,加 2～3 倍 PBS 液,振摇、静置,上清液即为被检样品。

(2)抗原包被。将旋毛虫抗原用包被液稀释成一定浓度(抗原蛋白含量 2 mg/mL),加入反应板 A、B、C、D 列 1～10 号孔内,每孔加 0.2 mL;E 列各孔分别为阴、阳性血清对照,每孔加 0.2 mL。每列的第 11 孔为空白对照(每孔加稀释液 0.2 mL),加毕,将反应板加盖,置于湿盒内,37 ℃孵育 2 h 或 4 ℃过夜,使其达到最大反应强度。

(3)洗涤。将反应板倒空,倒置于滤纸上片刻,用洗涤液加满各孔,室温下静置后倒空,并用滤纸吸干。再加满洗液,如此重复 3 次。

(4)加入被检样品。将被检样品加入预定孔内,每份加 2 孔,每孔加 0.2 mL,包被液空白对照各孔加洗涤液 0.2 mL。同时做阴、阳性标准血清对照,37 ℃孵育 2 h。

(5)洗涤 3 次,方法同(3)。

(6)加酶标抗体。按照说明,用洗液稀释至最适浓度,每孔加 0.2 mL,37 ℃孵育 2 h(适当提高反应温度及抗原、酶结合物浓度,可缩短孵育时间)。

(7)洗涤 3 次,方法同(3)。

(8)加底物。将新鲜配制的底物溶液加入各孔,每孔 0.2 mL,37 ℃湿盒避光作用 15 min。

（9）终止反应。每孔加终止液 50 μL，静置 5 min。

（10）测定 OD 值。在酶标测定仪上，于 492 nm 波长，按仪器使用及制定标准要求调节仪器，测定各反应孔的 OD 值，记录结果。

（11）结果判定。①根据反应颜色的深浅先用肉眼判定。参考阳性及阴性对照，分别判为阳性（＋）、阴性（—）及可疑（±）。②凡被检样品的 OD 值高于标准阴性血清平均 OD 值 2 倍以上，即判阳性反应。

四、实验注意事项

（一）旋毛虫压片镜检法

（1）采样操作过程中，肉样要做好登记编号，不能搞错。

（2）肉眼检查时光线要充足，检查一段时间后要注意休息，避免因疲劳而漏检。

（3）剪取小肉粒制片时应顺肌纤维方向挑取膈肌角的可疑小病灶剪下。如果无可疑病灶，则顺着肌纤维方向在肉块的不同部位剪取，不应盲目地集中于一处剪样。压片要厚薄适当，不能过厚或过薄，应以能通过肉片标本看清下面报纸上的小字为标准。

（4）检查过程中要注意与住肉孢子虫、囊尾蚴的鉴别。

（二）旋毛虫集样消化法

（1）不能盲目选择群检分组头数的大小，应根据不同地区旋毛虫发生情况而定。

（2）肉样消化过程中注意掌握好酸和酶的浓度，以及消化时的温度。

（3）清洗集虫器筛面时应充分，但也不能水量过多，否则影响后续检查。

（三）旋毛虫酶联免疫吸附试验（ELISA）

（1）在各载体中使用最多的为聚苯乙烯塑料板。不同厂牌，甚至不同批号的反应板吸附性能往往有很大差异，因此抗原包被前需要加以选择。方法为：在整块板上测定同一样品，求出每一对孔的平均 OD 值，将此值与该板的总均值相比，其差值需在 ±10% 以内。

（2）为增加反应板对抗原的吸附作用，可试用鞣酸、牛血清白蛋白等处理反应板。

（3）反应板可能存在边缘效应，因此测定样品时要取每个样品 2 孔的平均值。

五、实验报告

（1）简述旋毛虫病肉品检验的常用技术，比较其优缺点。

（2）根据本次实验检验结果，所检肉品该如何处理？

实验二十二　动物寄生虫病 Dot-ELISA 法诊断技术

斑点 ELISA(Dot-ELISA)是在常规 ELISA 方法的基础上发展起来的,1982 年 Hawks 等及 Herbrind 等以硝酸纤维素膜(NC 膜)为固相载体几乎同时建立了 Dot-ELISA 检测法,保留了常规 ELISA 特异、敏感、经济、快速、可自动化等优点,而且 NC 膜具有更好的吸附能力(可100%吸附),用离子型去污剂裂解的抗原也能很好地吸附,从而使该方法迅速得到推广,被认为是传染病及寄生虫病等诊断技术标准化最有前途的新技术之一。以硝酸纤维素膜(NC 膜)代替聚苯乙烯板,在膜上滴加抗原或抗体,封闭后,按常规 ELISA 实验操作,再利用酶的显色反应,将反应结果固定在 NC 膜上,根据显色反应有无或颜色深浅,进行定性或半定量。斑点 ELISA 方法具有以下优点:特异性强,假阳性少;由于 NC 膜对蛋白质的吸附能力优于聚苯乙烯,故其敏感性比常规 ELISA 高 6~8 倍;试剂用量少,比常规 ELISA 至少节约 10 倍;抗原膜保存期长,$-20\ ℃$ 可保存半年;检测结果可长期保存;操作简便,不需特殊仪器(酶联检测仪)。此法简易快速,便于推广,目前已广泛用于多种寄生虫病的诊断和监测,如弓形虫病、广州管圆线虫病、犬弓首蛔虫病、包虫病、囊虫病、捻转血矛线虫病、血吸虫病、华支睾吸虫病、旋毛虫病、毛滴虫病等的抗原或抗体检测。

一、实验目的及要求

了解和掌握 Dot-ELISA 的原理和基本操作过程。

二、实验器材

1. 器材　硝酸纤维素膜(NC 膜)或聚氯乙烯(PVC)白色薄膜凹孔板、微量加样器、滤纸、玻璃皿等。

2. 0.01 mol/L PBS(pH 7.4)

KH_2PO_4	0.2 g
$Na_2HPO_4 \cdot 12H_2O$	2.9 g
NaCl	8.0 g
KCl	0.2 g
蒸馏水	加至 1 000 mL

3. 0.05 mol/L TBS(pH 7.4)

Tris(三羟甲基氨基甲烷)	12.1 g
NaCl	17.5 g
蒸馏水	加至 1 500 mL

磁性搅拌下滴加 HCl 至 pH 为 7.4,再加蒸馏水至 2 000 mL。

4. 封闭液　为 2%BSA 的 0.01 mol/L pH 7.4 的 PBS 等。

5. PBST 洗涤液　为 0.5%吐温-20 0.01 mol/L pH 7.4 的 PBS。

6. 底物溶液　二氨基联苯胺(DAB)：0.05% DAB＋0.3% H_2O_2；4-氯-1-萘酚：用甲醇配制 0.3% 母液，4 ℃保存，用前取 1 mL 母液加 0.05 mol/L TBS 5 mL，再加 30% H_2O_2 10 μL。

7. 酶标抗体　辣根过氧化物酶标记抗体、酶标二抗或辣根过氧化物酶标记葡萄球菌 A 蛋白(SPA)。

三、实验方法、步骤和操作要领

(一)直接法测抗原(以检测血吸虫循环抗原为例)

1. 原理　将待检血清点在 NC 膜上，如血清中含日本血吸虫循环抗原则包被在 NC 膜上形成固相抗原，加入酶抗记的抗血吸虫单克隆抗体，与固相抗原形成抗原-酶标抗体复合物，再加入底物，复合物上的酶则催化底物而显色，由于每步之间均有冲洗步骤，若样品中不含有血吸虫循环抗原，酶标抗体将被洗掉，底物不显色而呈阴性反应。

2. 操作方法　具体操作如下。

(1)取适当大小 NC 膜，用铅笔画或使用点膜器制备直径 5 mm 的加样孔，并做好相应标记。

(2)将 NC 膜浸入 0.01 mol/L pH 7.4 的 PBS 中 15～30 min，取出用滤纸吸干。

(3)将对照阳性血清、阴性血清和待检血清分别点加于加样孔内，室温干燥。

(4)将 NC 膜浸入封闭液中振摇封闭 30 min。

(5)将 NC 膜浸入洗涤液中振荡洗涤 3 次，每次 5 min，取出用滤纸吸干。

(6)将 NC 膜浸入单克隆酶标抗体溶液中，振摇反应 30 min。

(7)重复步骤(5)。

(8)将 NC 膜浸入底物溶液中，振摇显色 10～20 min。

(9)用流水冲洗数分钟，放入蒸馏水中终止反应。

3. 判定标准　每次试验均须设立阳性、阴性血清对照，对照成立方可判定。根据显色反应有无或颜色深浅，进行定性或半定量：反应膜片呈现均匀棕褐色斑点，与背景反差极强烈者判定为强阳性(♯)。与背景反差较强烈者为较强阳性(＋＋＋)。与背景反差明显为阳性(＋＋)。着色淡，与背景反差小者为弱阳性(＋)。与阴性对照相同不着色者为阴性"—"。

(二)间接法测抗体(以检测旋毛虫病抗体为例)

1. 原理　将特异性抗原(Ag)点在 NC 膜上，干燥形成固相抗原，加入待检血清，如血清中含有抗旋毛虫特异抗体(Ab)，则与固相抗原形成抗原抗体复合物，再加入酶标记的抗抗体(或酶标 SPA)，与上述抗原抗体复合物结合。此时加入底物，复合物上的酶则催化底物而显色(反应过程见图 22-1)。由于每步之间均有冲洗步骤，若待检血清中不含相应的抗体，酶标抗体将被洗掉，底物不显色而呈阴性反应。

固相Ag　　Ab　　Ag-Ab结合物　　酶标抗Ab　　Ag-Ab-抗Ab-酶复合物

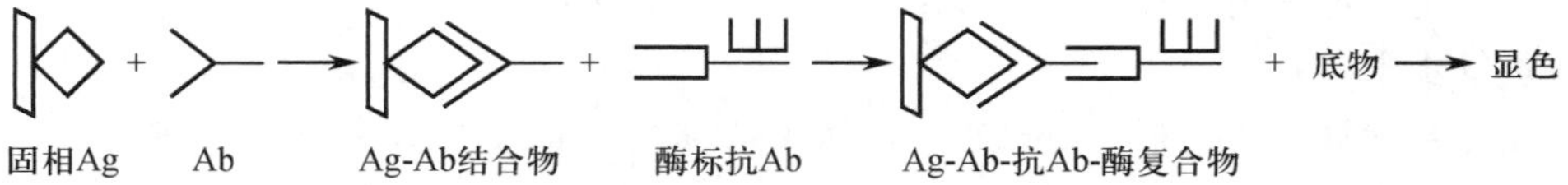

图 22-1　间接法 Dot-ELISA 反应原理

2. 操作方法　　具体操作如下。

(1)抗原的制备。收集纯净的浓集旋毛虫幼虫,经研磨至显微镜下观察不到虫体碎片,反复冷浸,离心沉淀,弃去沉渣。再经水浴离心后,呈乳白色的上清液即为抗原。使用时以 Tris-HCl 缓冲液(pH 7.4)进行适当稀释。

(2)将 NC 膜浸入 0.01 mol/L pH 7.4 的 PBS 中 15～30 min,取出用滤纸吸干。

(3)取适当大小 NC 膜,用铅笔画或使用点膜器制备直径 5 mm 的加样孔,并做好相应标记。

(4)将抗原点加于加样孔内,室温干燥。

(5)将 NC 膜浸入封闭液中振摇封闭 30 min。

(6)将 NC 膜浸入洗涤液中振荡洗涤 3 次,每次 5 min,取出用滤纸吸干。

(7)将 NC 膜浸入一定稀释度的待检血清中,同时做阳性和阴性血清对照,振摇反应 30 min。

(8)重复步骤(6)。

(9)将 NC 膜浸入一定稀释度的酶标二抗(或酶标 SPA)溶液中,振摇反应 30 min。

(10)重复步骤(6)。

(11)将 NC 膜浸入底物溶液中,振摇显色 10～20 min。

(12)用流水冲洗数分钟,放入蒸馏水中终止反应。

3. 判定标准　　每次试验均须设立阳性、阴性血清对照,对照成立方可判定。根据显色反应有无或颜色深浅,进行定性或半定量:反应膜片呈现均匀棕褐色斑点,与背景反差极强烈者判定为强阳性(♯);与背景反差较强烈者为较强阳性(＋＋＋);与背景反差明显为阳性(＋＋);着色淡,与背景反差小者为弱阳性(＋);与阴性对照相同不着色者为阴性"—"。

(三)白色 PVC 载体快速 Dot-ELISA(以检测肺吸虫抗体为例)

1. 原理　　以聚氯乙烯(PVC)白色薄膜凹孔板代替 NC 膜为载体进行 Dot-ELISA,能克服 NC 膜试验的一些不足之处,有如下优点:待测血清直接在 PVC 孔内稀释、试验一次完成,减少血清稀释及加样误差;PVC 载体为平底凹孔板,洗涤方便、快速;试剂用量少,试验成本低;试验时间短。目前已被用于肺吸虫病、日本血吸虫病、华支睾吸虫病、囊尾蚴病等寄生虫病的研究。

2. 操作方法　　以检测肺吸虫抗体为例,具体操作如下。

(1)抗原的制备:从人工感染卫氏并殖吸虫囊蚴的犬肺内获取肺吸虫成虫,用无菌生理盐水洗涤数次、冻干、研磨、超声粉碎、离心,上清液测定蛋白含量,低温贮存备用。

(2)将抗原点加在孔径为 1 cm 的白色 PVC 板孔内,室温干燥。

(3)每孔加入封闭液 100 μL,37 ℃封闭 30 min。

(4)洗涤。弃掉孔内液体,0.01 mol/L pH 7.4 的 PBS 快洗 1 次,自来水快洗 5 次。

(5)加一定稀释度的待检血清 100 μL,同时做阳性和阴性血清对照,37 ℃作用 10 min。

(6)重复步骤(4)。

(7)加适合稀释度的酶标二抗(或酶标 SPA)溶液 100 μL,37 ℃作用 10 min。

(8)重复步骤(4)。

(9)每孔加底物溶液 4-Cl-1-N-H_2O_2 100 μL,室温显色 3～5 min。

（10）用流水冲洗数分钟终止反应。

3. 判定标准　根据显色反应有无或颜色深浅，进行定性或半定量：阳性结果为孔中心出现浅紫色斑点并与阳性对照一致，阴性结果为无色或呈现浅灰色环状斑点。

四、实验注意事项

（1）包被用的抗原或抗体最好是预先经过方阵法滴定选择其最佳工作浓度。

（2）可选择多种封闭液，如 2％BSA、0.5％明胶 PBST 溶液、10％小牛血清、0.5％的脱脂奶粉等。

（3）实验时 NC 膜可置于玻璃皿、血凝板孔内或其他容器里反应。

（4）底物现配现用。

（5）在包被后，用 1％～5％ BSA 或其他封闭液封闭至关重要，不可省略。因为用抗原或抗体包被后，固相载体表面尚残留少量未饱和的吸附位点，在之后反应中，会引起非特异性吸附，导致本底偏高。

（6）预先准备好致敏抗原的 NC 膜和白色 PVC，可密封冰箱长期保存备用。

五、实验报告

简述本次实验的实验目的、Dot-ELISA 诊断技术的操作过程及实验结果。

实验二十三　PCR 技术在动物寄生虫病诊断和虫株鉴定上的应用

　　聚合酶链反应(polymerase chain reaction,PCR)技术是一种既敏感又特异的 DNA 体外扩增方法,它可将一小段目的基因扩增至数以亿倍,其扩增效率使得该方法可检测到单个虫体或仅部分虫体的痕量 DNA 及其片段。通过设计针对病原种、株特异的引物,此法只扩增出种、株特异的 PCR 产物,具有很高的特异性和灵敏性。而且 PCR 技术的操作过程也相对简便快捷,无须对病原进行分离纯化,同时可以克服抗原和抗体持续存在的干扰,直接检测到病原体的 DNA,既可用于动物寄生虫病的临床诊断,又可用于动物寄生虫病的分子流行病学调查。在生物进化过程中,基因型的改变往往先于表型变化,有些近缘种类之间基因结构已发生差异,而从形态上较难鉴别。而 PCR 等分子生物学技术的出现解决了这一难题,改变了传统的分类学上依据虫体的形态特征差异,即表型差异来区分不同虫种,为种下阶元如亚种、株之间的分类鉴别提供了科学方法。但是由于常规 PCR 本身存在无法克服的技术缺陷,如过分依赖昂贵的设备,反应时间较长等。而目前等温扩增技术(isothermal amplification technology)是一类分子生物学的总称。其主要特点为在恒定温度下,通过一些特殊的酶使得 DNA 双链解旋,并促使特异性的 DNA 片段扩增,来达到核酸体外扩增的效果。相比常规 PCR 技术,等温扩增技术大大缩短了反应时间,减低了对仪器的依赖性。目前本技术作为 PCR 技术的衍生技术在病原临床快速诊断方面得到了广泛的应用。随着 PCR 技术以及其衍生技术的不断完善与发展,它已广泛应用于病原的临床鉴定、物种分类、耐药基因的诊断等各个领域,具有广泛的应用前景。

一、实验目的及要求

　　掌握 PCR 诊断技术所涉及实验的基本原理,全面熟悉 PCR 诊断技术的操作过程,其中包括寄生虫 DNA 的提取、PCR 引物的设计、PCR 条件的优化、对目的片段的扩增、琼脂糖凝胶电泳及结果分析及 PCR 产物的纯化等。

二、实验器材

(一)寄生虫基因组或病料基因组 DNA 的提取及纯化

　　1. 虫体材料　单个虫体。

　　2. 器具　超净工作台、恒温培养箱、恒温水浴锅、TGL-16G 高速台式离心机、漩涡振荡器、微量取液器及配套吸头、微量离心管、一次性注射器、微型眼科镊、微型眼科剪刀、玻璃平皿、滴管、有机架等。

　　3. 试剂

　　(1)乙二胺四乙酸(EDTA)、十二烷基磺酸钠(SDS)、三羟甲基氨基甲烷-盐酸(Tris-HCl)、平衡酚(phenol)、氯仿(chloroform)、异戊醇(isoamyl alcohol)、氯化钠、蛋白酶 K(25 μg/μL)、异丙醇(80%)、双蒸水、灭菌超纯水等。

（2）DNA裂解液：500 mmol/L NaCl 70 μL、100 mmol/L Tris-HCl（pH 8.0）30 μL、50 mmol/L EDTA（pH 8.0）150 μL、10%SDS 30 μL。

（3）Wizard™ DNA Clean-Up 试剂盒或类似的DNA提取试剂盒。

（二）寄生虫DNA的PCR扩增及琼脂糖电泳

1. 材料　提纯的虫体DNA或疑似病料的总DNA。

2. 器具　超净工作台、低温冷冻高速台式离心机、微量取液器（2 μL、20 μL、200 μL、1 000 μL）、PCR扩增仪、琼脂糖凝胶电泳系统、凝胶成像系统、微波炉、4 ℃/−20 ℃冰箱、紫外透射仪、核酸蛋白定量仪、微型离心管（200 μL、500 μL、1 500 μL）、试剂架、一次性乳胶手套、透明胶带、量筒（100 mL）、三角瓶（500 mL）等。

3. 试剂

（1）10×PCR Buffer（无 Mg^{2+}）、dNTPs（2.5 mmol/L each）、ddH_2O、$MgCl_2$（25 mmol/L）、Primers、Ex Taq 酶（5 U/μL）或 LA Taq DNA 聚合酶、低熔点琼脂糖（Sigma）、溴化乙锭（EB，10 mg/mL）或其他核酸染料、Tris 碱、硼酸（boric acid）、DI water（去离子水）、EDTA（0.5 mol/L，pH 8.0）、10×载样缓冲液。

（2）0.5×TBE缓冲液：Tris 碱 5.4 g，硼酸 2.75 g，充分溶解于 800 mL 去离子水中，加 10 mL 0.5 mol/L EDTA（pH 8.0），用去离子水定容至 1 000 mL。

（三）PCR扩增产物的纯化

1. 材料　PCR扩增产物。

2. 器具　TGL-16G 高速台式离心机、三用电热恒温水箱、微量取液器（2 μL、20 μL、200 μL、1 000 μL）、琼脂糖电泳系统、微波炉、电子天平、4 ℃/−20 ℃冰箱、紫外透射仪、微型离心管（500 μL、1 500 μL）、有机架、透明胶带、一次性注射器、量筒（100 mL）、三角瓶（500 mL）、手术刀、保鲜膜等。

3. 试剂　琼脂糖、0.5×TBE缓冲液、UNIQ-10柱式DNA胶回收试剂盒、UNIQ-10柱式PCR产物纯化试剂盒、异丙醇（80%）、75%乙醇等。

三、实验方法、步骤和操作要领

（一）寄生虫基因组或病料基因组DNA的提取及纯化

1. 实验原理　应根据研究目的来决定是从单个虫体还是多个虫体提取基因组DNA。寄生虫虫体的各个部位都可以作为基因组DNA的抽提材料，如果虫体较大的话可取其中部而保存其头部及尾部，以备形态学鉴定以验证其种类。如果虫体较小（小于 1 cm），则应使用整条虫体抽取DNA。若虫体特别细小（如幼虫），可用多条虫体来提取DNA。为了获得高含量、高纯度的DNA，最好使用新鲜材料。从冻干或 50%～70% 乙醇溶液保存的寄生虫材料中也可较容易地提取DNA。

寄生虫DNA的抽提方法有多种，不同种类的寄生虫虫体都有其最适合的抽提方法，但各种方法的基本原理都一样：先用机械的方法将虫体组织破碎，然后加入DNA裂解液和蛋白酶K，充分作用后，虫体组织中的细胞膜破裂，蛋白质变性，将虫体基因组DNA释放到溶液中。

在裂解过程中,虫体细胞碎片及大部分蛋白质会相互缠绕成大型复合物,离心即可除去。用苯酚处理匀浆液时,由于蛋白与 DNA 联结键已断,蛋白分子表面又含有很多极性基团与苯酚相似相溶,蛋白分子溶于酚相,而 DNA 溶于水相。离心分层后取出水层,多次重复操作,再合并含 DNA 的水相,利用核酸不溶于醇的性质,用乙醇沉淀 DNA,可从上清中回收虫体基因组DNA。回收后的虫体基因组 DNA 液用 Wizard™ DNA 纯化试剂盒进行纯化。纯化时,DNA溶液与纯化试剂盒中的清洗树脂混合后,其混合液在通过微型柱时 DNA 会结合在柱上,而其他杂质会通过微型柱排出。再用 75％乙醇进行冲洗,去除残余杂质。最后,在微型柱中加入预热的 TE 缓冲液或超纯水,使结合在微型柱上的 DNA 充分溶解,通过离心,其洗脱液即为纯化的虫体基因组 DNA 提取液。

2. 实验方法、步骤和操作要领

(1)虫体材料的处理(若为新鲜或冻干保存的虫体,则不需要此步骤)。若虫体(蠕虫类)较大,用镊子将保存在 70％乙醇溶液中的虫体材料取出,剪取其中部,保存其头端或尾端部分。用双蒸水冲洗 2 次后,再用超纯水反复冲洗 2～3 次,置于一高压灭菌的 1.5 mL 离心管中。若虫体较小,取一整条虫体经如上洗涤处理。

对于疑似病料,将易感组织 20 mg 剪碎,并转移到高压灭菌的 1.5 mL 离心管中,如果组织中含有较多细胞可酌情减至 10 mg。用研磨棒将组织研磨、匀浆。加入 200 μL gT Buffer 至离心管中,并不断研磨、混匀组织。

对于鸡球虫,将保存在 2.5％重铬酸钾溶液的卵囊悬液以 2 000g 离心 10 min,弃重铬酸钾溶液。以双蒸水重悬,同法离心洗涤 3 次后,用 20％次氯酸钠处理卵囊 20 min,2 000g 离心沉淀卵囊,用适量饱和盐水重悬卵囊沉淀,1 500g 离心 10 min,上清液加入 4 倍体积的灭菌双蒸水,3 000g 离心 10 min。卵囊沉淀再用上述方法重新漂浮、洗涤 1 次。用少量灭菌双蒸水重悬卵囊沉淀,然后将其轻轻地加在 0.6 mol/L 无菌蔗糖溶液之上,2 000g 离心 5 min,取上层卵囊加 5 倍体积的水,3 000g 离心 10 min,沉淀再用无菌蔗糖溶液漂浮 1 次,即可得纯净的卵囊,可立即用于裂解以提取 DNA。

(2)虫体材料的裂解。用灭菌且经紫外灯照射过的微型眼科剪刀将虫体组织剪碎,加入280 μL 的 SDS 裂解缓冲液,轻轻混匀,再加入 20 μL(25 μg/μL)的蛋白酶 K 溶液,漩涡振荡。对于原虫如鸡球虫、隐孢子虫,将纯化好的卵囊 3 000 r/min 离心 10 min,去掉大部分上清液后加入与卵囊体积相同的玻璃珠,漩涡振荡直到有 95％卵囊破壁后,即可加入 SDS 裂解缓冲液及蛋白酶 K 溶液。混匀后,放于恒温培养箱中,37 ℃作用 12～48 h,其间不时摇动离心管,使虫体组织裂解充分。如果消化后仍含有未溶解的沉淀,将该离心管于 13 000 r/min,离心2 min,去上层液转移至新的离心管中,标记。

(3)虫体 DNA 的抽提和纯化。首先进行虫体 DNA 提取,然后按 Promega 公司试剂盒Wizard™ DNA Clean-Up System 使用说明对 DNA 进行纯化。方法如下。

①取出于恒温培养箱中作用了约 20 h 的离心管,漩涡振荡器振荡混匀,10 000 r/min 离心2 min,上清液即为虫体 DNA 溶液。将上清液转移至一新的离心管中,加入清洗树脂(按 50～500 μL 悬液 1 mL 清洗树脂的比例),漩涡振荡混匀。

②取一支 5 mL 的一次性注射器,去针头,拔出注射器内芯推液筒,接上 Wizard™ 微型柱。

③将 DNA-树脂混合液全部转移到注射器中,用注射器内芯推液筒,慢慢地将 DNA-树脂

混合液推过微型柱,排出废液。

　　④将注射器从微型柱上拔出后,拿去注射器内芯推液筒,再将注射器套在微型柱上,向注射器内加入 2 mL 柱洗溶液(75％的乙醇溶液),用注射器内芯推液筒慢慢将洗柱液推过微型柱,以洗涤 DNA-树脂样品。

　　⑤拔去注射器,将微型柱套在洁净的 1.5 mL 离心管上,10 000 r/min 离心 20 s,以除去残留的乙醇。

　　⑥将微型柱从装有残余乙醇的离心管上转移到一新的离心管上,确保乙醇挥发完全后,在柱中央加入 30～50 μL 预热(60～70 ℃)的超纯水或 1×TE 缓冲液,静置 1 min,10 000 r/min 离心 20 s。若希望获取更多的 DNA,将离心管中的液体吸取后再次加回微型柱中,10 000 r/min 离心 20 s,离心管内的液体即为 DNA 溶液。可将 DNA 溶液转移至 0.5 mL 离心管中于 -20 ℃冰箱保存备用。

(二)寄生虫 DNA 的 PCR 扩增及琼脂糖电泳

1. 实验原理

　　(1)PCR 引物设计。PCR 反应成功扩增的一个关键条件在于寡核苷酸引物的正确设计。PCR 引物设计的目的是找到一对合适的寡核苷酸片段,使其能有效地与目的片段两端的序列互补。设计引物时要遵循以下原则:

　　①长度:不能太长,也不能太短,一般在 18～25 个碱基。

　　②G+C 含量及 T_m 值:引物的 G+C 含量以 40％～60％为宜。引物的 T_m 值是指寡核苷酸的解链温度,即在一定盐浓度条件下 50％寡核苷酸双链的解链温度。PCR 引物应保持合理的 G+C 含量。含有 50％ G+C 的 20 个碱基的引物其 T_m 值界于 56～62 ℃,这可为有效退火提供足够的温度。由于 G+C 间的氢键数较 A+T 间多,因此,G+C 含量高的 DNA 片段其 T_m 值也高。对于短于 20 个碱基的引物,T_m 值可按 $T_m = 4(G+C) + 2(A+T)$ 计算,而对于较长的引物,T_m 值的计算较为复杂。由于 PCR 扩增的特异性取决于两条引物与相应模板的结合,因此,反应中退火温度应根据两个 T_m 值折中选择。

　　③碱基的组成尽量随机,尽量不要有聚嘌呤或聚嘧啶的存在,尤其是 3' 末端不应超过 3 个连续的 G 或 C。

　　④引物内部不应有互补序列,否则引物自身会折叠形成发夹结构或引物本身复性。这样二级结构会因空间位阻而影响引物与模板的复性结合。引物自身连续互补碱基达 3 个以上,就容易形成发夹结构。

　　⑤两个引物之间不能互补,尤其应避免 3' 末端的互补重叠以防止形成引物二聚体。两个引物不应有 4 个以上的碱基连续相同或互补。

　　⑥引物的 3' 末端应与目的片段完全相配。这对于获得好的扩增结果非常重要。如果能确定一个保守氨基酸,可将其密码子的前 2 个碱基作为 3' 末端。

　　⑦引物的 5' 末端可不与目的片段互补,可被修饰而不影响扩增的特异性。引物的 5' 末端修饰包括:加酶切位点、标记生物素、荧光、同位素、地高辛等,还可引入蛋白质结合 DNA 序列、突变位点、翻译起始密码子、启动子序列等。所附加的限制性酶切位点应是不会在引物以外的 DNA 上切割的。为了有效地切割限制性酶切位点,在限制性酶识别序列的 5' 端常需添加 2～3 个非特异的额外碱基。

⑧若是设计种或株特异性引物,引物与非特异序列的相似性不能超过70%或有连续8个以上的互补碱基相同。可用 DNAstar、MegAlign 软件比较相似性,用 Oligo5.0 来设计引物。

(2)PCR 的基本原理。在存在 DNA 模板、引物、dNTPs、适当缓冲液(Mg^{2+})的反应混合物中,在热稳定 DNA 聚合酶的催化下,对一对寡核苷酸引物所界定的 DNA 片段进行扩增。这种扩增是通过模板 DNA 解链(变性)、引物与模板结合(退火)、DNA 聚合酶催化新生 DNA 的合成(延伸),三步反应为一周期(cycle),循环进行,使目的 DNA 片段得以扩增。每一周期所产生的 DNA 片段均能成为下一次循环的模板,故 PCR 产物以指数方式增加,经30个周期后,特定 DNA 片段的数量在理论上可增加 10^9 倍。在实际应用中,一般多用30～35个循环。

(3)琼脂糖电泳的基本原理。琼脂糖是一种天然聚合长链状分子,于沸水中溶解,45 ℃开始形成多孔性结构,凝胶孔径的大小决定于琼脂糖的浓度。DNA 分子在碱性环境中带负电荷,在外加电场的作用下向正极泳动。DNA 分子在琼脂糖凝胶中泳动时,有电荷效应与分子筛效应。不同的 DNA,其大小及构型不同,电泳时的泳动率就不同,从而分出不同的区带。琼脂糖凝胶电泳法分离 DNA,主要是利用分子筛效应,迁移速度与分子质量的对数值成反比关系。溴化乙锭(EB)为扁平状分子,在紫外光照射下发射荧光。EB 可与 DNA 分子形成 EB-DNA 复合物,其发射的荧光强度较游离状态 EB 发射的荧光强度大10倍以上,且荧光强度与 DNA 含量成正比。

2. 实验方法、步骤和操作要领

(1)PCR 扩增。按扩增体系中各试剂的量在 200 μL 离心管中依次加入试剂,经离心混匀后于 PCR 扩增仪中按已设好的 PCR 扩增条件进行扩增。

如肝片吸虫核糖体内转录间隔区(internal transcribed spacer,ITS)基因的扩增体系为:

试剂	体积/μL
ddH$_2$O	15.75
10×PCR Buffer(Mg^{2+} free)	2.5
MgCl$_2$(25 mmol/L)	3.0
dNTPs(2.5 mmol/L each)	2.0
Forward primer(50 pmol/μL,JB3)	0.25
Reverse primer(50 pmol/μL,JB4.5)	0.25
Ex *Taq*(5 U/μL)	0.25
DNA 模板(不低于 20 ng/μL)	1
总量	25

cox I 基因的 PCR 扩增条件:

94 ℃预变性	5 min
94 ℃变性	30 s
55 ℃复性	30 s 35 个循环
72 ℃延伸	1 min
72 ℃延伸	5 min

扩增完毕后,取出 PCR 扩增产物于 4 ℃/-20 ℃冰箱保存备用。

(2)琼脂糖凝胶电泳。

①制备凝胶:胶浓度视具体情况而定。以配制 0.8%琼脂糖凝胶为例,准确称取 0.8 g 琼脂糖加入 100 mL 0.5×TBE 电泳缓冲液,于微波炉中或高压灭菌器内熔化均匀,冷却至 50 ℃左右(用手触及瓶底不烫手为好,注意冷却温度过低会造成凝胶凝结),加入溴化乙锭(EB)(10 mg/mL,按 8.3 μL EB/100 mL 加入琼脂糖凝胶液),混匀后倒入已封好的凝胶灌制胶模中,插上样品梳。待胶凝固后,从胶模上除去封带,拔出梳子放入电泳槽中,加入足够量的电泳缓冲液(要求缓冲液液面高出凝胶表面约 1 mm)。

②点样:取 PCR 扩增产物 3~5 μL,与适量的加样缓冲液(10×loading buffer)混匀,然后用取液器将样品加入点样孔中,同时根据所要测定的片段大小来选择合适的 DNA 标准物(DNA ladder)作为参照。

③电泳:接通电极(注意:点样孔所在的一侧接通电源的负极),使 DNA 向阳极移动,在 1~10 V/cm 凝胶的电压下(常用 100 V)进行电泳。当加样缓冲液中的溴酚蓝迁移至足够分离 DNA 片段的距离时(根据经验通常电泳时间以 20~30 min 为宜),关闭电源。

④结果观察:将电泳好的琼脂糖凝胶置于紫外透射仪中,打开紫外灯,若看到橙红色的核酸条带,则说明有扩增的 PCR 产物。通过与 DNA 标准物条带比对,可粗略估计该条带的 DNA 量。根据已知分子质量的标准 DNA 对照,通过线性 DNA 条带的相对位置可初步估计扩增产物的分子质量。如果仅出现预期分子质量大小的条带而无非特异性条带,则说明扩增的特异性较好。如果扩增片段除了预期大小片段外还有其他条带,说明扩增的特异性差,根据实验的下一步需要确定是否需要进一步优化(通常对温度、Mg^{2+}、模板和引物的浓度进行优化)。如果扩增结果比较满意,则用凝胶成像系统进行摄影,打印图像用于实验结果的记录,也可以保存电子图像用于电子数据的记录。

(三)PCR 扩增产物的纯化

1. 实验原理　为验证 PCR 扩增产物的种或株特异性,往往需对 PCR 扩增产物进行测序验证。为了建立种、株特异的 PCR 诊断技术,需要确定种、株特异的遗传标记。在这样的情况下,往往需要将 PCR 产物进行纯化,连接到克隆载体,转化基因工程宿主菌,然后经菌落 PCR 及限制性内切酶酶切鉴定筛选阳性菌落进行测序。获得纯度高的 PCR 产物是进行连接、转化、测序的前提条件。PCR 产物的纯化方法一般有 2 种:一种是切胶回收,另一种是 PCR 产物直接回收。切胶回收的原理是通过琼脂糖凝胶电泳,将要回收的目的片段在紫外透射光下从凝胶上切下来,然后再通过 DNA 胶回收试剂盒进行纯化,以去除 DNA 样品中除了目的基因片段外的所有杂质。而 PCR 产物直接回收法则是将扩增的 PCR 产物直接用 PCR 产物纯化试剂盒进行纯化。两种方法各有利弊,切胶纯化的纯度较高,但回收率低;PCR 产物直接纯化,回收率高,但纯度较低。如果 PCR 扩增产物很特异,且引物长度小于 60 bp,则两种方法都可选用,但有非特异性条带或引物长度大于 60 bp 时,必须用切胶纯化的方法。

2. 实验方法、步骤和操作要领

(1)切胶纯化法。按生工生物工程(上海)有限公司 UNIQ-10 柱式 DNA 胶回收试剂盒说明进行。

①取 40~50 μL PCR 产物于 0.8%的琼脂糖凝胶中电泳 40~50 min(可适当缩短电泳时间以提高回收效率)。注意:必须将电泳槽用自来水充分冲洗,然后再用 1×TAE 或 1×TBE

电泳缓冲溶液冲洗一次,电泳缓冲液一定要换新鲜干净的,以保证不会有其他 DNA 污染。

②于紫外透射仪中铺上一块新鲜的保鲜纸,将凝胶放在保鲜纸上(以尽量提高 DNA 回收的纯度),打开长波紫外灯,用干净的手术刀快速将目的片段从琼脂糖凝胶上切下来(尽可能去除多余的琼脂糖凝胶)。切下来的胶块放入一个干净、灭菌的 1.5 mL 离心管中,用电子天平称重并做好记录。

③按每 100 mg 琼脂糖凝胶或 100 μL 的 DNA 溶液加入 400 μL 结合缓冲液(binding buffer)的量来计算,加入相应体积的结合缓冲液,混匀后置于 50～60 ℃水浴中 10 min,使胶彻底熔化(加热熔胶时,每 2 min 混匀一次)。

④将熔化的胶溶液转移到套放于 2 mL 收集管的 UNIQ-10 柱中,室温放置 2 min,用台式离心机高速(8 000 r/min)离心 1 min。适当降低离心转速有助于提高 DNA 结合率。

⑤取下 UNIQ-10 柱,弃去收集管中的废液,将 UNIQ-10 柱放回收集管中,加入 500 μL 洗涤液(wash solution),高速离心(10 000 r/min)30 s。

⑥重复步骤⑤一次。

⑦取下 UNIQ-10 柱,倒掉收集管中的废液,将 UNIQ-10 柱放回收集管中,高速离心(10 000 r/min)1 min。

⑧将 UNIQ-10 柱放入一洁净的 1.5 mL 离心管中,在柱膜中央加 30 μL 洗脱缓冲液(elution buffer)或双蒸水(pH＞7.0)到 UNIQ-10 柱中,室温或 37 ℃放置 2 min(提高洗脱温度至 55～80 ℃有利于提高 DNA 的洗脱效率)。

⑨10 000 r/min 高速离心 1 min,离心管中的液体即为回收的 DNA 片段。欲获得更高回收率的 DNA,可将洗脱液重新加入柱膜中,10 000 r/min 高速离心 1 min。洗脱液可立即使用或保存于－20 ℃备用。

⑩取 3～5 μL PCR 纯化产物,加适量加样缓冲液混合,琼脂糖电泳检查回收率,可根据带的亮度估算 DNA 回收纯化后的浓度。如需精确定量,则采用核酸定量仪测定。

(2)PCR 产物直接纯化法。按生工生物工程(上海)有限公司 UNIQ-10 柱式 PCR 产物纯化试剂盒说明进行。

①取 PCR 产物 40～50 μL,加入 3 倍体积的结合缓冲液,混匀。

②把混合液转移到套放于 2 mL 收集管的 UNIQ-10 柱中,室温放置 2 min,用台式离心机高速(8 000 r/min)离心 1 min。适当降低离心转速有助于提高 DNA 结合率。

③取下 UNIQ-10 柱,倒掉收集管中的废液,将 UNIQ-10 柱放入同一收集管中,加入 500 μL 洗涤液(wash solution),高速离心(10 000 r/min)30 s。

④重复步骤③一次。

⑤取下 UNIQ-10 柱,倒掉收集管中的废液,将 UNIQ-10 柱放回收集管中,高速离心(10 000 r/min)1 min。

⑥将 UNIQ-10 柱放入一洁净的 1.5 mL 离心管中,在柱膜中央加 30 μL 洗脱缓冲液(elution buffer)或双蒸水(pH＞7.0)到 UNIQ-10 柱中,室温或 37 ℃放置 2 min(提高洗脱温度至 55～80 ℃有利于提高 DNA 的洗脱效率)。

⑦10 000 r/min 高速离心 1 min,离心管中的液体即为回收的 DNA 片段。欲获得更高回收率的 DNA,可将洗脱液重新加入柱膜中,10 000 r/min 高速离心 1 min。洗脱液可立即使用或保存于－20 ℃备用。

⑧取 5～10 µL PCR 纯化产物,加适量加样缓冲液混合,琼脂糖电泳检查回收率,可根据带的亮度估算 DNA 回收纯化后的浓度。如需精确定量,则采用核酸定量仪测定。

(四)动物寄生虫病特异 PCR 诊断技术实例

以检测鸡柔嫩艾美耳球虫感染为例,选用 Fernandez 等(2003)报道的柔嫩艾美耳球虫种特异的引物(Tn-01-F:5′-CCGCCCAAACCAGGTGTCACG-3′;Tn-01-R:5′-CCGCCCAAA-CATGCAAGATGGC-3′),建立特异、敏感、快速的特异 PCR 诊断技术,用于鸡柔嫩艾美耳球虫感染的诊断及分子流行病学调查。

1.PCR 反应体系　按常规方法进行,在 0.2 mL PCR 管中配制反应液,总体积为 25 µL,其中:

试剂	体积/µL
10×PCR buffer	2.5
$MgCl_2$(25 mmol/L)	2.5
dNTPs(2.5 mmol/L each)	2
Forward primer(Tn-01-F,50 pmol/µL)	0.275
Reverse primer(Tn-01-R,50 pmol/µL)	0.275
ddH_2O	16.2
rTaq(5 U/µL)	0.25
DNA 模板(不低于 20 ng/µL)	1
总量	25

同时设阳性对照和空白对照。

2.PCR 反应　在 PCR 仪上进行。反应条件为:96 ℃预变性 5 min,然后 94 ℃变性 1 min、65 ℃退火 2 min,72 ℃延伸 1 min,共 30 个循环,最后 72 ℃后延伸 7 min。

3.结果判定　PCR 产物在 1.0% 1×TBE 琼脂糖凝胶电泳,用溴化乙锭染色,紫外投射仪下观察结果。阳性对照可见约 0.53 kb 的条带;临床样品如有同样大小条带判为阳性;阴性对照不见扩增条带。

四、实验注意事项

(一)寄生虫基因组或病料基因组 DNA 的提取及纯化

(1)操作中所使用的镊子和剪刀一定要事先灭菌并于超净工作台中紫外照射 1～1.5 h,以保证没有污染其他 DNA。

(2)吸取上清液时,应注意勿将下层沉淀物吸入,以免带入蛋白质和有机溶剂等杂质,但也不要余下太多上清液,致使 DNA 损失较多。

(3)整个操作过程中,一定要注意不要交叉污染。如同时进行多个虫体 DNA 的提取,一定要做好标记。操作完毕后,台面要用酒精擦拭 2 次。镊子和剪刀经清洗后先用酒精消毒,再用紫外灯照射 1～2 h 以破坏或降解残余的 DNA,以免污染其他实验。也可以采用高压灭菌的方式进行器械消毒。

(二)寄生虫 DNA 的 PCR 扩增及琼脂糖电泳

(1)在 PCR 扩增操作过程中,一定要注意每加完一种试剂后,要换一次枪头,以免试剂被污染,且加试剂时一定要注意不要加错、重加或漏加(通常在记录本上对加入的试剂进行标记),最后加模板 DNA 时要用记号笔在管上做好标记,以免结果混淆。

(2)用微波炉熔胶时,胶液的量不要超过三角瓶容量的 1/3,否则易溢出。同时在熔胶过程中建议每 15 s 观察一次,并进行摇动,以增加熔胶效果。

(3)煮好的胶应冷却至 50 ℃左右时加入核酸染料,然后再倒入胶模中,倒胶过程中尽量减少气泡的产生。

(4)倒胶注意厚度(4~6 mm),充分凝固后再拔出梳子,以保持齿孔形状完好。也可待胶稍凝固后,放入 4 ℃冰箱 10 多分钟,以加速胶的凝固。也可用肉眼观察,待胶由透明的液体变为灰白色,表明胶已经凝固。

(5)加样前需赶走点样孔中的气泡,点样时吸管头垂直,切勿碰坏凝胶孔壁,以免使带形不整齐。

(6)凝胶中含有 EB(有极强的致癌性),不要直接用手接触凝胶,操作时要戴上手套。废弃胶应放入带有生物安全标识的桶中,切勿丢入水池或其他废弃桶中。

(三)PCR 扩增产物的纯化

(1)试剂盒首次使用前,必须按说明书在洗涤液(wash solution)瓶中加入 4 倍体积的无水乙醇,充分混匀后使用,并在瓶体标签中做好标记。每次使用后一定要将瓶盖拧紧,以保持洗涤液中的乙醇含量。

(2)切胶回收时,于紫外透射仪中切胶的时间应尽可能短,以减少凝胶在紫外光照射下的时间。

(3)切胶回收时,对于高浓度的胶(1.5%~2%),每 100 mg 凝胶加入 700 μL 结合缓冲液,熔胶时间可以延长到 15 min,以保证凝胶全部熔化。

(4)切胶回收时的琼脂糖凝胶电泳,必须将电泳槽用自来水充分冲洗,其电泳缓冲液一定要换新鲜干净的,以保证不会有其他 DNA 污染。

(5)PCR 产物直接纯化时,扩增产物的特异性必须非常高,对于特异性差的反应,应从琼脂糖凝胶中回收目的片段,引物的长度如大于 60 bp,同样要求用胶回收法来回收扩增的 DNA 片段。

(6)使用 PCR 产物纯化试剂盒时,模板 DNA 的存在不影响下游工作,而对于质粒模板则要特别小心。

五、实验报告

实验报告应包括下列内容:
(1)实验目的。
(2)实验的材料及试剂。
(3)引物设计的基本原则。
(4)PCR 诊断技术的基本原理。
(5)PCR 诊断技术的操作过程及实验结果。
(6)PCR 扩增及琼脂糖凝胶电泳应注意的事项。

实验二十四　动物驱虫及其效果评定

一、实验目的及要求

(1)了解动物驱虫的目的和意义。

(2)熟悉动物驱虫技术和步骤。

(3)掌握驱虫效果的评定方法。

二、实验器材

(1)驱虫药品:阿维菌素、伊维菌素、阿苯达唑等;解毒药品及兽医常用的其他药品。

(2)驱虫相关器械:注射器、塑料瓶、地秤、大量筒、小量筒、温度计、解剖刀、镊子、解剖针、载玻片、盖玻片、标本瓶、显微镜、手持放大镜、脸盆、毛巾、肥皂、工作服等。

(3)实验动物:羊、猪、牛等家畜。

三、实验方法、步骤和操作要领

(一)驱虫的目的和意义

应用各种驱虫药剂驱杀动物体内外的寄生虫,称为药物驱虫(简称驱虫),它是防治动物寄生虫病的重要措施之一。这种措施具有双重意义:一方面是在宿主体内或体表驱除或杀灭寄生虫,使宿主得到康复;另一方面,通过驱虫,减少了病原体向自然界的散布,也就是做到了对健康动物的保护或预防。驱虫可分为治疗性驱虫和预防性驱虫两种类型。治疗性驱虫指当动物感染寄生虫之后出现明显的临床症状时,要及时用特效驱虫药对患病动物进行治疗;而预防性驱虫指按照寄生虫病的流行规律,定时投药,而不论其发病与否。一般在寄生虫病流行地区,要根据当地的寄生虫种类,并结合其季节动态、流行规律、放牧和饲养管理情况,制定定期驱虫计划,以达到"预防为主"的目的。驱虫的次数要根据所寄生虫种的生物学特性及动物体的被感染情况来确定。需要注意的是,在防治动物寄生虫病方面,要想完全彻底地控制寄生虫病的发生和流行,不是仅仅依靠驱虫一项来实现的,必须采取较全面的综合性预防措施,才能达到目的。

(二)驱虫的方法和步骤

1. 动物分组　选择学校动物实验基地或某饲养场经粪便检查自然感染有线虫的动物,按性别、年龄、体重等,随机分成实验组和对照组,每组 10 个以上动物。

2. 驱虫前检查　投药前 1~2 d,每天逐个动物定时两次收集粪便,混匀,采用麦克马斯特氏法计数检查两组中各个动物粪便中线虫卵的数量,计算出每克粪便虫卵数(EPG)和驱虫前动物感染数(表 24-1)。

3. 投药　实验组动物按药物说明上的推荐剂量,给予驱虫药物。如伊维菌素或阿维菌素,有效成分剂量:一般牛、羊为 0.2 mg/kg 体重,猪为 0.3 mg/kg 体重。对照组动物不给药。

4. 驱虫后检查

(1)观察驱虫动物的饮食欲、精神状况和粪便情况等。

(2)用药后 3～5 d,将所排出粪便用粪兜收集起来,进行水洗沉淀,观察统计驱出虫体的数量和种类。

(3)用药后第 7 天,剖检各组中一半动物,收集并计算残留在其体内的各种线虫的数量,鉴定其种类。

(4)其余动物在用药 15 d 后,每天逐个两次收集粪便,混匀,采用麦克马斯特法检查各组动物粪便中线虫卵的数量,计算每克粪便虫卵数(EPG)和驱虫后动物感染数。

5. 驱虫效果判定　一般采用虫卵转阴率、虫卵减少率、精计驱虫率、粗计驱虫率和驱净率几种指标来判定驱虫效果(表 24-2)。

虫卵转阴率＝(虫卵转阴动物数/实验动物数)×100%

虫卵减少率＝[(驱虫前 EPG－驱虫后 EPG)/驱虫前 EPG]×100%

精计驱虫率＝[排出虫体数/(排出虫体数＋残留虫体数)]×100%

粗计驱虫率＝[(对照组平均残留虫体数－实验组平均残留虫体数)/对照组平均残留虫体数]×100%

驱净率＝(驱净虫体动物数/全部实验动物数)×100%

表 24-1　动物粪便虫卵变化统计

检查项目	药物处理组		对照组	
	驱虫前	驱虫后 15 d	驱虫前	驱虫后 15 d
阳性动物头数				
阴性动物头数				
每克粪便虫卵数				
虫卵转阴率	—		—	
虫卵减少率	—		—	

表 24-2　驱虫率统计

检查项目	药物处理组	对照组
平均驱出虫数		
平均残留虫数		
精计驱虫率		
粗计驱虫率		
驱净虫体动物数		
全部实验动物数		
驱净率		

四、实验注意事项

1. 驱虫时间的确定　一定要依据对当地寄生虫病流行病学的调查来进行,否则会事倍功半。在用药前要调查清楚当地畜禽存在的寄生虫种类、感染率、感染强度,一般选择在虫体成熟前驱虫,以防止性成熟的成虫排出虫卵或幼虫对外界环境的污染。在北方地区,还可采取秋冬季驱虫,此时驱虫一是有利于保护畜禽安全过冬。另外,秋冬季外界寒冷,不利于驱虫后排出的大多数虫卵或幼虫存活发育。

2. **药物性能的了解**　使用药物进行驱虫,其效果好坏与药物性能的关系密切。在用药前应对药物的理化性状、驱虫范围、副作用、使用剂量及方法、药物在动物体内的代谢过程等有详尽的了解,以便于合理地选用剂型、用法、疗程,更充分地发挥药物的作用。

3. **药物安全试验**　驱虫药一般都有一定的毒副作用,不同种类药物其毒性大小不同,同种药物不同产地也不完全一样。所以在大批畜禽驱虫之前,应该先选择有代表性的各类不同年龄、性别的动物进行安全性试验,取得经验后再进行全面驱虫,以免发生中毒事故。同时对病情严重的动物及老弱畜也应分隔出来进行适当减量用药处理。对孕畜驱虫要特别慎重,一般在怀孕初期和产前不要驱虫,以免流产。

4. **正确合理用药**　在驱虫药的使用过程中,一定要注意正确合理用药,避免频繁地连续几年使用同一种药物。在应用驱虫药时,可作必要的联合使用(注意配伍禁忌)或交替使用不同种类的药物,尽量争取推迟或消除抗药性的产生。

5. **休药期问题**　休药期是指动物从被给药结束到被许可屠宰或它们的产品(乳、肉、蛋等)被许可上市的间隔时间。在使用驱虫药时,应注意休药期的长短,即药物在动物体内的残留时间。休药期随动物种类、药物种类、制剂形式、用药剂量及给药途径等不同而有差异。一般来说,对畜禽的屠宰和其产品的销售与食用,应在药物全部排出后方能进行,因为它关系到食品安全和人的健康。

6. **其他注意事项**　驱虫应在专门的、有隔离条件的场所进行。驱虫后排出的粪便应统一集中,用生物热发酵法进行无害化处理,防止其对环境的污染。驱虫后对动物应加强饲养管理,随群观察动物驱虫后的反应,对中毒畜禽及时抢救。对多宿主寄生虫而言,所有带虫动物均应同时驱虫。另外,驱虫后应做好驱虫效果的统计,必要时再次驱虫。

五、实验报告

(1)动物驱虫实验的步骤和要领有哪些?

(2)根据驱虫效果的判定指标,确定本次驱虫试验效果。

附:参考资料

一、常用家畜估重法

驱虫用的驱虫药剂量一般都是按动物体重来计算的。动物体重在有条件的情况下,最好是采用地秤进行称量,但在条件不具备时,也可以由有经验的工作人员进行尺测或目测估计。如估测的体重与实际体重相差悬殊则会影响驱虫效果。对体重估测过低,会导致疗效降低;估测过高,由于药量大而产生副作用,会引起严重后果。无论过高过低,对于驱虫效果和家畜健康都是不利的,这就要求估测体重与实际体重越接近越好。

对动物进行尺测估重时,可以结合目测调整的方法,使估重比较接近实际体重。下面是几种家畜尺测估重的计算方法(仅供参考)。其中胸围是从肩胛后缘处围绕胸围一周的长度;体长是从肩胛骨前突起的最高点(即肩端)到坐骨结节最后内隆凸(臀端)间距离;体斜长是从肩胛骨前缘至坐骨结节后缘距离,两侧同时测量,取其平均值;体直长是由肩端至坐骨端后缘直线的水平距离;猪体长是从两耳连线的中点起,沿着背中线至尾根的长度。

$$黄牛体重(kg)=胸围(cm)^2×体斜长(cm)/12\,500(适用中国黄牛)或11\,420(适用秦川黄牛)$$

$$黄牛体重(kg)=胸围(cm)^2×体斜长(cm)/10\,800(适用外国大型黄牛)$$

$$水牛体重(kg)=胸围(cm)^2×体斜长(cm)/12\,700$$

$$猪体重(kg)=胸围(cm)×体长(cm)/(肥)142(中等)156或(瘦)162$$

$$马体重(kg)=[胸围(cm)^2×体斜长(cm)+R]/10\,800$$

$$羊体重(kg)=胸围(cm)×体长(cm)/300$$

(注:猪体重在60 kg以下时,在所算得的体重上加3 kg;体重在60~180 kg时,不加不减;体重在200 kg左右时,减9 kg;体重在250 kg以上时,减30 kg。马体重的系数R:3周岁以下R值为15;3周岁以上:中等马R值为22.5,肥壮马R值为45,瘦弱马R值为10~22.5)

二、驱虫药物选择标准

驱虫药种类很多,应合理选择,正确应用,以便更好地发挥药物的作用。广谱、高效、安全、投药方便、价格低廉、无残留、不易产生耐药性、药源丰富等条件是衡量和选择抗寄生虫药物临床价值的标准。

(1)广谱。是指驱虫范围广。在生产上各种动物往往受到多种寄生虫的感染,仅对某种或某一类寄生虫有效的驱虫药已不能满足畜牧业生产的要求,因此要注意选择广谱驱虫药或采取两种以上驱虫药的复合疗法,以期达到一次投药即能驱除多种寄生虫的目的。如阿维菌素类药物既能驱除蜱、螨、吸血虱等外寄生虫,又能驱除线虫;阿苯达唑(丙硫咪唑)可驱除一般蠕虫(线虫、吸虫、绦虫、棘头虫等);硝氯酚与左旋咪唑的复合疗法可以驱除牛的胃肠道线虫、肺线虫和肝片吸虫。

(2)高效。所谓高效是指对成虫、幼虫甚至虫卵都有很好的驱杀或抑制作用,且使用剂量小。一般来说,高效驱虫药在单剂一次投服时,其粗计驱虫率应达到60%~70%或以上,或精计驱虫率达到95%或以上,其虫卵减少率在95%或以上。

(3)低毒。抗蠕虫药应该对虫体有强大的驱杀作用,而对宿主无毒性或毒性很小。安全范围大小的衡量标准是化疗指数[半数致死量(LD_{50})/半数有效量(ED_{50})],化疗指数越大,表示药物对机体的毒性越小,越安全。一般认为化疗指数必须大于3,才有临床应用意义。同时,还要考虑驱虫药在畜禽体内的残留问题。残留量要小或在机体内能彻底分解成无毒的物质排出体外,以免畜禽产品(乳、肉、蛋等)中的残毒危害人类健康及污染环境。

(4)投药方便。驱虫药应无味或无特殊气味,又能溶于水,且使用剂量小。这样可通过饮水、混饲或喷雾给药,将驱虫工作从强制性个体投药改变为畜群集体自饮或自食,避免抓畜,以节约人力、物力等,提高工作效率。

(5)价格低廉。在防治寄生虫病时,必然要考虑到经济核算问题,尤其在牧区和集约化养殖场,牲畜多,用药量大,应用价格较低廉的驱虫药;但价廉的前提是必须保证驱虫效果。

动物寄生虫病学综合实习大纲

一、目的与任务

兽医寄生虫学是以寄生于家畜、家禽、伴侣动物(犬、猫)的各种寄生虫及其所引起的疾病为研究对象,包含生物学和兽医学内容的一门综合性学科。这门学科的内容包括两个方面:一是针对寄生虫方面,即研究寄生在动物机体的各种寄生虫的解剖形态学、分类学、生理学、生物学和生态学等;二是针对寄生虫感染所引起的动物疾病,即研究寄生虫的致病作用,动物寄生虫病的流行病学、临床症状、病理变化、免疫反应、诊断方法,以及在正确诊断的基础上施行防治措施等。

本实习周的目的是:学生修完动物寄生虫病学理论课和实验课后,在掌握寄生虫病学的基本理论、基本知识和基本技能的基础上,通过本周的实习,加深学生对理论知识的理解和验证,使学生处理实际问题的能力、理论联系实际的能力和动手能力都得到锻炼和提高。

二、内容与要求

(1)鸡球虫病的人工感染试验,要求通过鸡球虫的人工感染发病,观察鸡球虫病的临床症状,剖检观察病变,并进行抗球虫指数计算,加深对球虫病理论知识的理解,确实掌握球虫病乃至其他寄生虫病诊疗的基本技能和操作技术。

(2)寄生虫浸渍标本的肉眼和放大镜观察,要求学会用肉眼和放大镜鉴定和鉴别个体较大并具有明显特征的各种常见吸虫、绦虫、线虫和棘头虫。

(3)寄生虫的显微观察,要求学会在显微镜下观察各种常见寄生虫尤其是原虫的标本,鉴定和鉴别相应的虫体。

(4)猪常见寄生虫卵观察与集约化猪场寄生虫感染情况调查,要求认识猪的各种常见寄生虫卵的形态特点,应用粪检技术调查集约化猪场寄生虫感染情况,作为诊断和防治猪寄生虫病的依据。

(5)牛常见寄生虫卵观察与奶牛场寄生虫感染情况调查,要求认识牛的各种常见寄生虫卵的形态特点,应用粪检技术调查奶牛场寄生虫感染情况,作为诊断和防治奶牛寄生虫病的依据。

三、方法与步骤

在动物寄生虫病学课程结束后即开始本实习,时间 0.5～1 周,集中进行。学生在教师指导下独自操作完成实验内容及实验报告,最后参加寄生虫标本形态鉴别的闭卷考试。

四、成绩考核

撰写实验报告占 40%,寄生虫标本考试(形态鉴别)占 40%,实验操作占 20%,以百分制评定成绩记入学籍档案。

参考文献

[1]毕玉霞,祁画丽.畜禽寄生虫病防治.郑州:河南科学技术出版社,2007.

[2]陈淑玉,汪溥钦.禽类寄生虫学.广州:广东科技出版社,1994.

[3]陈天铎.实用兽医昆虫学.4版.北京:中国农业出版社,1996.

[4]程训佳.人体寄生虫学.上海:复旦大学出版社,2015.

[5]德怀特·D.鲍曼(Dwight D. Bowman)著.兽医寄生虫学.9版.李国清,译.北京:中国
    农业出版社,2013.

[6]丁丽,靳静.临床寄生虫检验.武汉:华中科技大学出版社,2017.

[7]顾小龙,刘红彬,方素芳,等.黄艾美耳球虫单卵囊分离及PCR鉴定.黑龙江畜牧兽医,
    2017,17:194-196.

[8]孔繁瑶.家畜寄生虫学.2版(修订版).北京:中国农业大学出版社,2010.

[9]孔繁瑶.家畜寄生虫学.2版.北京:中国农业大学出版社,1997.

[10]孔繁瑶.家畜寄生虫学.北京:中国农业大学出版社,1981.

[11]李国清.兽医寄生虫学.2版.北京:中国农业大学出版社,2015.

[12]秦建华,张龙现.动物寄生虫病学.北京.中国农业大学出版社,2013.

[13]秦建华.动物寄生虫病学.北京:中国农业大学出版社,2013.

[14]秦建华.动物寄生虫病学实验教程.北京:中国农业大学出版社,2015.

[15]曲祖乙.动物吸虫病.北京:中国农业出版社,2011.

[16]宋铭忻,张龙现.兽医寄生虫学.北京.科学出版社,2009.

[17]索勋,李国清.鸡球虫病学.北京:中国农业大学出版社,1998.

[18]索勋,杨晓野.高级寄生虫学实验指导.北京:中国农业科学技术出版社,2005.

[19]唐仲璋,唐崇惕.人畜线虫学.北京:科学出版社,2009.

[20]汪明.兽医寄生虫学.北京:中国农业大学出版社,2003.

[21]谢明权,李国清,现代寄生虫学.广州:广东科技出版社,2003.

[22]杨光友.动物寄生虫病学.成都:四川科学技术出版社,2005.

[23]杨晓野.畜牧兽医教程——家畜疫病防治技术.呼和浩特:内蒙古大学出版社,2009.

[24]杨晓野.兽医寄生虫学实验指导.呼和浩特:内蒙古大学出版社,2006.

[25]张西臣,李建华.动物寄生虫病学.3版.北京.科学出版社,2010.

[26]周小农.人兽共患寄生虫病.北京:人民卫生出版社,2009.

[27]朱兴全,龚广学,薛富汉,等.旋毛虫病.郑州:河南科学技术出版社,1993.

[28]CASTAñón C A, FRAGA J S, FERNANDEZ S,et al. Biological shape characterization
    for automatic image recognition and diagnosis of protozoan parasites of the genus
    Eimeria. Pattern Recognition,2007,40(7):1899-1910.

[29]FERNANDEZ S,PAGOTTO A H,FURTADO M M,et al. A multiplex PCR assay for
    the simultaneous detection and discrimination of the seven *Eimeria* species that infect

domestic fowl. Parasitology,2003,127: 317-325.

[30]FOREYT W J. Veterinary parasitology. 5th Edition. Iowa: Blackwell Publishing,2001.

[31]HINSU A T, THAKKAR J R, KORINGA P G, et al. Illumina next generation sequencing for the analysis of *Eimeria* populations in commercial broilers and indigenous chickens. Frontiers in Veterinary science,2018,5:176.

[32]KUNDU K, KUMAR S, BANERJEE P S, et al. Quantification of *Eimeria necatrix*, *E. acervulina* and *E. maxima* genomes in commercial chicken farms by quantitative real time PCR. Journal of Parasitic Diseases,2020,44(2):1-7.

[33]LIU G H, HOU J, Weng Y B,et al. The complete mitochondrial genome sequence of *Eimeria mitis* (Apicomplexa:Coccidia). Mitochondrial DNA,2012,23(5): 341-343.

[34]Ministry of Agriculture,Fisheries and Food. Manual of veterinary parasitological laboratory techniques. 3rd ed. London: Her Majestyis stationery office,1986.

[35]PAOLETTI M,MATTIUCCI S, COLANTONI A,et al. Species-specific real time-PCR primers/probe systems to identify fish parasites of the genera *Anisakis*, *Pseudoterranova* and *Hysterothylacium* (Nematoda: Ascaridoidea). Fisheries Reasearch, 2018,202: 38-48.

[36]RATHINAM T, GADDE U, CHAPMAN H D. Molecular detection of field isolates of Turkey *Eimeria* by polymerase chain reaction amplification of the cytochrome coxidase Ⅰ gene. Parasitology Research,2015,114(7):2795-2799.

[37]TANIA N,STEPHEN B,PCR technology: current innovations. 3rd Edition. Boca Raton: CRC Press,2013.

[38]THIENPONT D,ROCHETTE F,Vanparijs O F J. Diagnosing helminthiasis by coprological examination. 2nd ed. Beerse,Belgium: Janssen Research Foundation,1986.

[39]VRBA V, BLAKE D P, POPLSTEIN M. Quantitative real-time PCR assays for detection and quantification of all seven *Eimeria* species that infect the chicken. Veterinary Parasitology,2010,174(3-4):183-190.

[40]XIAO X, QI R, HAN H J et al. Molecular identification and phylogenetic analysis of *Cryptosporidium*, *Hepatozoon* and *Spirometra* in snakes from central China. International Journal for Parasitology: Parasites and Wildlife, 2019,10: 274-280.

[41]ZAJAC A M,CONBY G A, Veterinary clinical parasitology. 8th ed. Oxford: Wiley-Blackwell,2011.